计算机科学与技术专业"十四五"规划教材

多媒体技术及应用

叶含笑　张　晶　主编

国防工業出版社

·北京·

内 容 简 介

本书系统地介绍了多媒体技术的基础知识和多媒体软硬件系统;详细描述了数字音频处理和人体音频信号处理的方法;详细介绍了视觉和图像处理技术;在音频信号处理及图像处理等方面采用 MATLAB 语言进行了案例分析;简明扼要地介绍了多媒体数据压缩与编码技术、多媒体视频处理技术、多媒体存储技术、虚拟现实技术基础等内容;详细介绍了医学动画技术、医学多媒体案例的制作过程。

本书既可作为高等院校相关课程的教材,也可供从事多媒体应用研究与开发的工程技术人员参考。

图书在版编目(CIP)数据

多媒体技术及应用/叶含笑,张晶主编. —北京:国防工业出版社,2021.9

ISBN 978-7-118-12307-4

Ⅰ.①多… Ⅱ.①叶… ②张… Ⅲ.①多媒体技术 Ⅳ.①TP37

中国版本图书馆 CIP 数据核字(2021)第 172563 号

※

国防工业出版社出版发行

(北京市海淀区紫竹院南路 23 号 邮政编码 100048)

三河市天利华印刷装订有限公司印刷

新华书店经售

*

开本 787×1092 1/16 **印张** 17 **字数** 383 千字

2021 年 9 月第 1 版第 1 次印刷 **印数** 1—3000 册 **定价** 56.00 元

(本书如有印装错误,我社负责调换)

国防书店:(010)88540777 书店传真:(010)88540776

发行业务:(010)88540717 发行传真:(010)88540762

《多媒体技术及应用》
编委会

主　编　叶含笑　张　晶

副主编　应　航　刘继来　李振华　吴紫薇

参　编　姜　力　肖助新

前　言

多媒体技术是一门用途广泛的交叉性综合学科，内容涉及计算机技术、图像处理技术、音频和视频处理技术、通信技术、仿真技术、网络技术、虚拟现实技术和人工智能等领域。目前多媒体技术已渗透至各行各业，编者长期从事多媒体技术及应用教学工作，从教学、创新、创业、科研等多角度、多维度的思考形成了本教材的主要内容，本教材理论与实践相结合，同时突出了多媒体技术在医学领域的应用。

本书相关讲义经过浙江中医药大学计算机技术类各专业高年级本科生、医学专业背景研究生及兄弟院校本科生多次使用，在内容上进行了不断充实和完善，且鉴于国内高校对“多媒体技术及应用”课程相关教材的迫切需求，编者决定将该讲义以教材形式出版。本书难易程度适中，既讲解了常用多媒体软硬件的使用方法，也涉及了多媒体技术的理论知识，通过 MATLAB 编程技术实现了从理论到实践的转化，因此本书既适合于对工学理论知识要求较高的计算机专业本科生使用，也适合于具有医学背景专业的研究生对医学多媒体技术的学习。

本书在撰写时参考了目前已出版的与“多媒体技术及应用”有关的书籍，集各家所长，进行重新整合、扩展与整理，将一些原本深奥的多媒体概念通过一些简单实例进行解析，让读者能够轻松掌握多媒体作品设计的精髓。本书以“案例驱动教学”为原则进行案例的编写，以多媒体信号处理由易到难递进的方式来编排章节，对音频处理、图像处理、动画制作等内容都安排了部分实例，供不同层次和专业背景的学生学习和参考，并为科研编程提供基础代码，所有代码均在 MATLAB 和 FLASH 环境下通过测试且运行无误。

本书共 11 章，分别介绍了多媒体技术基础知识、多媒体软硬件系统、数字音频处理、人体音频信号处理、视觉和图像处理、多媒体数据压缩与编码技术、多媒体视频处理技术、医学动画技术、医学多媒体案例、多媒体存储技术、虚拟现实技术基础等内容。通过对本书的学习，学生不但能掌握多媒体技术及应用的基本知识和基本操作，也能接触到该学科方向的前沿科技，更能拓展多媒体技术方向的创业、就业以及提供相关专业背景的科研思路。

本教材主编为叶含笑、张晶，副主编为应航、刘继来、李振华、吴紫薇，参编为姜力、肖助新，全书由叶含笑统稿，书中素材由吴紫薇采集。

由于多媒体技术的发展，本书难免存在不足，希望读者提出宝贵意见与改进建议。

叶含笑

目　录

第1章　绪论

媒体在计算机领域有两种含义:一是指表示和传播信息的载体,如语言、文字、图像、视频、音频等;二是指存储信息的载体,如磁盘、光盘、U盘、云存储等。多媒体技术是当今信息领域发展最快、最活跃的技术之一,是新一代电子技术发展的热点,正在加速渗透到各行各业。

多媒体技术中的媒体主要指传播信息的载体。多媒体技术就是利用计算机技术把文字、图形、图像、动画、音频、视频等媒体信息数字化,并将其有机集成,使计算机具有交互展示不同媒体形态的功能,它极大地改变了人们获取信息的方法。本章综合介绍多媒体技术的相关概念以及多媒体技术的主要应用领域。

1.1　多媒体技术概论

多媒体技术(Multimedia Technology)是一门融合计算机技术、通信技术、网络技术、图形图像技术、声学技术、人工智能等多种技术的综合性技术。多媒体技术能将多种媒体有机集成,如对音频、视频、文本、图形、图像、动画等进行集成处理和传输,并可进行多种信息的多维度交互式操作。

多媒体技术包括以下几个关键技术:多媒体信息采集技术、多媒体信息处理技术、信息压缩和解压缩技术、多媒体数据存储技术、多媒体数据传输技术、分布式多媒体技术和虚拟现实技术。

多媒体信息采集技术主要包括图像信息采集、声音录制、遥感信号采集、视频信号采集等。涉及的硬件主要有视频卡、音频卡、信号传感器、摄像仪、扫描仪、电子计算机断层扫描(CT)、核磁共振(MR)、超声波、内窥镜等多种媒体采集设备;涉及的领域主要包括医学、工业自动化、信息传输、视频智能分析等领域;跨越的学科包括光学、物理学、电学、电子信息、信号处理、软件工程、机器视觉、人工智能等。

多媒体信息的处理主要包括:多媒体信息的数字化、标准化、压缩和解压缩技术、音频编辑技术、语音识别技术、语音文字转换技术、视频编辑技术、图像编辑技术和多媒体信息传输技术等。

多媒体数据的存储涉及大容量存储器的研发和生产以及云存储的开发等。分布式多媒体系统是指将多个分布在不同地点的终端、交换设备和多媒体服务器通过高速通信网络互联的方式实现多媒体通信业务,分布式多媒体系统也称为多媒体通信系统。分布式数据处理技术是分布式多媒体应用系统的基础。多媒体技术不断地融合各种新的信息技术,既是计算机技术发展的必然趋势,也是多媒体技术发展的必然趋势。

1.1.1 多媒体的特征

多媒体一词源自20世纪80年代初出现的英文单词Multimedia，与多媒体对应的一词是单媒体(Monomedia)，从字面上看，多媒体就是由单媒体有机集成的、融合两种以上媒体的人机交互式信息交流和传播的媒体，具有以下特征。

1. 信息载体的多样性

信息载体的多样性是指信息媒体的多样性，人类主要通过视、听、嗅、味与触觉感知外界的信息，其中视、听、嗅获得的信息可达总量的95%左右。但目前计算机还远远达不到人类处理复杂信息的水平，一般只能按照单一方式来对信息进行加工处理。多种单一信息经过变换处理后集成为有机的多媒体信息后才能被人类所接受，因此把多种媒体有机地结合起来形成多样性和多维化是多媒体关键技术之一。多媒体是由文字、图形、视频、音频等组合而成的一个多维度、生动、立体的信息。

2. 多种媒体的交互性

多媒体的交互性是指用户可以与计算机的多种信息媒体进行交互操作从而为用户提供更加有效的控制和使用信息的手段，电视机虽然图文声像一体化，但其为线性播放而不具备交互性，用户只能被动获取信息，而不能自由控制和处理电视媒体。借助于多媒体的交互性，人们可以通过检索、提问、回答来主动地获取信息。

人机交互的发展历史，是从人适应计算机到计算机不断适应人的发展史，人机交互的发展经历了几个阶段：早期的手工作业阶段，作业控制语言及交互命令语言阶段，图形用户界面(GUI)阶段，网络用户界面，多通道、多媒体的智能人机交互阶段。传统的人机交互主要通过鼠标、键盘来实现，用户通过人机交互界面与系统交流，并进行操作，人们主要关注界面操作的方便、美观和友好。新一代多媒体交互技术则考虑软件技术与硬件技术多方面的结合，人机交互功能通过可输入/输出的外部设备和相应的软件来完成。

可供人机交互的设备除了传统的键盘、显示器、触摸屏、鼠标，还包括耳机、麦克风以及各种模式识别设备。新一代人机交互技术的应用非常广泛，其中以多媒体信息展览展示应用最具代表性。在上海举办的第41届世界博览会中，各个展馆都有出色的交互式多媒体技术展示，从中国国家馆极具震撼力的多媒体版《清明上河图》，到沙特馆如梦如幻的巨幕高清投影；从德国馆巨大的LED“互动球”，到“城市最佳实践区”蒙特利尔案例呈现的720块活动面上的动态影像等，在这些多媒体技术中应用最为广泛的就是新一代虚拟交互技术。在虚拟现实中通过智能识别技术，多媒体系统可以根据人的指令做出交互反应。

增强现实(Augmented Reality,AR)技术是一种全新的人机交互技术：是以逼真的视、听、触和动的虚拟环境，以交互和构想为基本特征的人机界面，利用这样一种技术，可以模拟真实的场景，与VR不同的是，AR中包含了一部分真实场景。使用者不仅能够通过虚拟现实技术感受到在客观世界中所经历的“身临其境”的真实感，而且能够突破空间、时间等客观限制，感受到在真实世界中无法亲身经历的体验。

如图1-1所示，下一代人机交互技术，可能支持智能生物识别技术、Voice语音识别功能、自然融合导向拨号功能、极速放大缩小图像功能、组内数据修改传输功能，使得系统操作起来更加智能与便捷。

图1-1　电影中展示的具有虚拟交互性的智能化多媒体系统

未来的交互系统将向感应交互转换，人们可以用手在感应区作出各项指令，或选择空中不同的点来构型，感应交互系统可以立即将这些手上动作转化成图形或操作命令。人机交互技术正在形成一门独立的综合性技术。

3. 多种媒体的集成性

多媒体集成性是指以计算机为中心综合处理多种信息媒体，它包括信息媒体的集成和处理这些媒体的设备的集成。多媒体信息表达的集成性表示信息的采集可以通过多通道同时统一采集、加工处理、存储传输文字、音频、图形、图像、视频等多种信息。与传统的多媒体信息集成相比，内容更深刻，画面更清晰，形象更逼真。

多媒体设备的集成性是指多媒体信息采集、处理加工、存储过程中强调各种媒体设备之间的协同关系，计算机和各种输入/输出设备和外设（如打印机、扫描仪、摄像机、音响等设备）协同工作形成一个统一的整体。

4. 媒体信息的数字化

媒体信息的数字化是针对现实中的模拟信号而言的，存在现实中的信息都是在时间上连续的模拟信号，到目前为止，最为广泛使用的计算机依然是数字计算机，因此媒体信息在计算机中主要以数字化形式存在。常规计算机是用二进制进行信息存储与处理的，在用计算机处理图片之前需要先进行数字化。同样视频信息由一连串相关的静止图像组成，组成视频的一幅图像称为一个帧，在用计算机进行视频处理时同样需要进行数字化。二值化位图在计算机中的常规表示如图1-2所示。模拟信号的数字化是涉及多媒体多个技术的数字化过程。

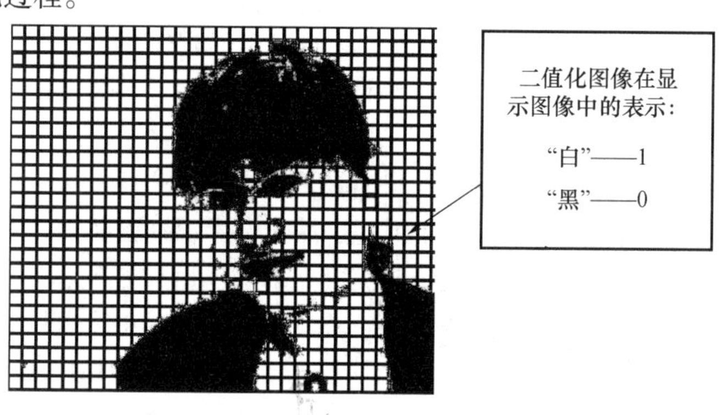

图1-2　二值化图像在计算机中的表示

5. 多媒体信息的实时性

实时性是指音频、动态图像(视频)随时间变化,各种信息有机结合同步出现。在多媒体信息远程传输中,多路信息传输的实时性尤为重要,解决的常用方案是打包、多线程机制、多内存轮流。流媒体(Streaming Media)是一种新兴的网络传输技术,是指将一连串的媒体数据压缩后,以流的方式在网络上分段传输,实现音频、视频实时播放的效果。流媒体技术应用于流媒体数据的采集、视频/音频编解码、存储、传输、播放等领域。流媒体的体系构成包括:

(1) 编码工具,用于创建、捕捉和编辑多媒体数据,形成流媒体格式。

(2) 流媒体数据。

(3) 服务器,用于存放和控制流媒体的数据。

(4) 适合多媒体的传输协议,包括拥有实时传输协议的网络。

(5) 播放器,供客户端浏览流媒体文件。

1.1.2 多媒体的种类

根据 ITU(国际电信联盟)建议的定义,媒体可分为下列五大类:

(1) 感觉媒体(Perception Medium):能够直接作用于人的感觉器官,使人产生直接感觉的媒体,感觉媒体与人类的视觉、听觉、触觉、味觉和嗅觉有关,如语言、音乐、图像、图形、动画、文本等。

(2) 表示媒体(Representation Medium):指信息内容的表述形式,定义了信息的特征,是文本、图形、图像、语言、音频、动画和视频等的编码表示,包括语言编码、电报码、条形码、静态图像编码、动态图像编码以及文本编码等。

(3) 显示媒体(Presentation Medium):指显示感觉媒体的设备。显示媒体又分为两类:一类是输入显示媒体,如话筒、摄像机、鼠标、键盘等;另一类是输出显示媒体,如扬声器、显示器、打印机等。

(4) 存储媒体(Storage Medium):指存储数据的介质,如磁带、磁盘、光盘、硬盘等。

(5) 传输媒体(Transmission Medium):指传输数据所需的物理设备或物质,如电缆、光纤和电磁波等。

1.1.3 多媒体系统

多媒体系统是指利用计算机技术和数字通信网技术来处理和控制多媒体信息的系统。从广义上分,多媒体系统就是集电话、电视、媒体、计算机网络等于一体的信息综合化系统。多媒体系统主要由两部分组成:多媒体硬件系统和多媒体软件系统。多媒体软件系统包括多媒体操作系统、媒体处理工具、用户应用软件。

(1) 多媒体硬件系统:也包括计算机硬件、音频/视频处理器、多种媒体输入/输出设备及信号转换装置、通信传输设备及接口装置、各种模式识别设备等。核心是计算机,其中,最重要的是根据多媒体技术标准而研制生成的多媒体信息处理芯片和板卡等。

(2) 多媒体操作系统:也称为多媒体核心系统(Multimedia Kernel System),具有实时任务调度,多媒体数据转换和同步控制以及对多媒体设备的驱动和控制,图形用户界面管理等功能。

（3）媒体处理工具：也称为多媒体系统开发工具软件，主要包括媒体素材制作软件及多媒体函数库、多媒体外部设备驱动软件和驱动器接口程序等，是多媒体系统的重要组成部分。

（4）用户应用软件：用户应用软件是根据多媒体系统终端用户要求而定制的应用软件或面向某一领域的用户应用软件系统，它是面向大规模用户的多媒体作品创作工具。

1.1.4　多媒体素材

根据媒体的视觉和听觉的表现形式，现阶段可以将媒体分为五个基本类别：文本媒体、音频媒体、图形媒体、图像媒体和视频媒体。计算机动画和数字电影可以当作图形媒体或图像媒体的衍生媒体。文本媒体是由视觉感知的感觉媒体之一。它是指计算机通过机器码索引的方法，将文字的点阵或矢量信息从字库中读出，经过处理显示在显示器上，以表达所要传递的信息。文本媒体通过文字识别可以转化为音频媒体。

音频媒体是由人类听觉感知的感觉媒体，它通过语音完成信息的传递任务。常用的音频媒体文件类型有：波形文件，以 wav 作为后缀；音乐演奏指令序列文件，以 mid 作为后缀。波形文件是将模拟音频信号通过采样、量化、编码等数字处理后得到的音频数字文件。波形文件的描述参数有码长、采样频率、编码方式、声道数等。码长决定了数字音频文件还原后声音的音质，码长越长音质越好，但数字音频文件存储容量随之增加，一般常采用 8 位或 16 位码长。采样频率决定所录音频的不失真最高频率，采样频率越高，录制的声音高频特性越好，文件数据量也相应增大，一般常采用 22.05kHz 或 44.1kHz 采样频率。编码方式决定数字音频文件的格式，目前被普遍支持的是脉冲编码调制（Pulse Code Modulation，PCM）。声道（Sound Channel）是指声音在录制或播放时在不同空间位置采集或回放的相互独立的音频信号，所以声道数也就是声音录制时的音源数量或回放时相应的扬声器数量。midi 文件属于二进制文件，这种文件一般都有如下基本结构：文件头 + 数据描述。文件头一般包括文件的类型，因为 midi 文件仅以.mid 为扩展名的就有 0 类和 1 类两种。与波形文件不同，midi 文件不对音乐进行抽样，而是对音乐的每个音符记录为一个数字，所以与波形文件相比文件要小得多，但音质依赖于设备，一般被用于制作手机铃声、网站背景音乐等。在音频媒体的使用中，二个以上的 *.wav 文件或 *.mid 文件同时使用时，需要 CPU 工作速度足够快，而一个 *.wav 文件和一个 *.mid 文件同时工作，对 CPU 要求不高。一般情况下，常以 *.wav 文件播放解说、*.mid 文件播放背景音乐来降低客户机的硬件配置。

图形媒体是人类通过视觉感知的感觉媒体之一，它是通过数学模型的方法对所要表述的事物进行描述和表达，它对客观事物的刻画是以规则体采用布尔代数运算、通过逼近的方法得到的。因此可见，对客观事物描述越细致，数据量越大，很可能超过同等画幅和画面质量的图像。图形具有任意放大缩小，显示质量不改变，图形形状大小与文件数据量无关等特点。常用的文件格式有：*.wmf、*.eps 和 *.ai 等。图形媒体适合描述规则体等客观事物，常用作描述一些规则体的结构特征，例如：机器零部件和关系、发动机内部结构等。

图像媒体也是视觉媒体之一，图像媒体是通过将每一个像素点都进行描述的方法进行信息表达，因此数据量较大，且随着图像尺寸大小的改变，文件数据量也随之变化，对图像放大将会造成图像马赛克。图像媒体适合描述不规则体表征的客观事物。常用的文件格式有：*.bmp、*.jpg、*.png、*.tif 和 *.gif 等。图形、图像媒体承载的信息量和数据量较大,在选材时需要考虑媒体的构图方法、色彩和对比、用光和节奏,媒体中主体与背景的呼应关系、位置关系、空间色彩关系、明度关系等。

计算机动画和数字电影是动态的图形和图像媒体,例如:动画中的 *.swf 文件格式为动态图形媒体,动画或数字电影文件格式 *.avi 为动态图像媒体, *.mpg 为经 MPEG 压缩算法处理的动态图像媒体等。动画是计算机经常使用的媒体形式之一,是通过计算机的方法制作的视觉媒体,在表现形式上,它可以较为真实地模拟一些采用电影或录像难以拍摄到的动态图像,如心脏的工作原理、汽车发动机的工作原理等。

动画的工作原理接近于视频,都是利用人的视觉延迟,即当人眼观看一个物体时,在人脑中形成一个对应的物像,该物体突然消失,人脑中的物像并不会同时消失,仍然有一段时间的滞留。若有一组画面内容相关的图像,以一定的速度播放,当播放速度大于 25 帧/s 时,人眼视觉分辨不出这种高速变化,而感觉看到的是一组连续动作的画面。动画就是由按一定速度播放的一组连续变化的动作画面组成的。

动画因其数据格式的不同分为位图动画和矢量动画,因其幅间变化制作的不同分为逐帧动画和渐变动画,还因其视觉感觉不同分为二维动画和三维动画。

(1) 位图动画:动画中的每一个画面都是图像媒体。

(2) 矢量动画:画面的媒体形式为图形媒体。

(3) 逐帧动画:通过制作一个个内容相关、独立画幅、具有固定播放顺序的图像来实现的动画,它具有画面真实感强,色彩丰富等特点。缺点是制作工作量和文件数据量较大。

(4) 渐变动画:需要制作的只是动画中的关键帧,即一组动作的起点和终点,关键帧与关键帧之间动作过渡由制作软件生成。优点是文件数据量小,动作连续,缺点是画面变化随意性较差。

(5) 二维动画:在二维空间中表述客观事物而绘制和制作的动画称为二维动画。

(6) 三维动画:在三维空间中表述客观事物而绘制和制作的动画称为三维动画。实际上,在以监视器或投影电视为显示装置的系统中制作的动画,基本上都属于二维动画。三维效果的实现是通过改变视角、用光等参数,控制物体大小、变形、虚化等视觉效果实现的。

数字电影指的是将视频图像或外部设备存储的视频图像文件采集到计算机中,形成数字视频文件。

数字电影因压缩算法的不同分为:AVI(Audio Video Interleaved)压缩格式,这种压缩格式生成的是 *.avi 文件;MPEG(Moving Pictures Experts Group)-I 压缩格式,这种压缩格式生成的是 *.mpg 文件;MPEG-II 压缩格式,这种压缩格式生成的是 *.mpg 文件;MPEG-IV 压缩格式,这种压缩格式生成的是 *.avi 文件和 *.rm 文件。

在多媒体创作中,事先对所要使用的媒体素材进行分类整理,根据需要选择合适的多媒体编辑软件,可以起到事半功倍的效果。

1.2 多媒体常用标准

多媒体作品能够实现交互离不开各种脚本语言,在本节中介绍几个与多媒体环境及脚本开发密切相关的重要概念和常用标准,让使用者进一步加深对多媒体作品开发的了解,并从整体上了解多媒体与超文本、超媒体、HTML、SGML 和 VRML 等语言之间的相关性。

多媒体开发工具向着便捷、动画、视频、音频、多维等多功能创作方向日新月异地发展,与开发工具相对应的是多媒体技术开发标准的制定。下面是对与多媒体技术密切相关或容易混淆的超文本、超媒体、HTML、SGML 和 VRML 等语言特征和标准的简单介绍。

1. 超文本(Hypertext)

美国人 Ted Nelson 在 1965 年杜撰了“Hypertext”(超文本)和“Hypermedia”(超媒体)这两个术语,1968 年他与 Andries Van Dam 一起在布朗大学共同开发超文本编辑系统。这些术语的前缀“Hyper”的词义出自希腊语的“超越、超出”一词。所谓超文本就是计算机使用者通过超链接和其他人共享文本信息的一种文本。超文本的首次使用是 20 世纪 60 年代 Douglas Engelbart 在斯坦福大学开发的“On-Line 系统”上实现的。超文本建立了网络链接的基础,后来发展了超文本标记语言。超文本的两个要素:节点(Node)是指信息块,包括段、帧、卷、文本,以及链(Link)节点之间的指针。相对于超媒体来说,超文本的节点仅含文本,即文字、符号、数字。

2. 超媒体(Ultramedia)

超媒体是超级媒体的简称,是超文本和多媒体在信息浏览环境下结合的跨媒体平台。可以说超媒体是超文本的衍生或者说是必然的发展趋势,因此超媒体在本质上和超文本是一样的,只不过超文本技术在诞生初期管理的对象是纯文本,所以叫作超文本。在 20 世纪 70 年代,用户语言接口方面的先驱者 Andries Van Dam 创造了一个新词“电子图书”,电子图书中自然包括许多静态图片和图形,它的含义是指可以在计算机上去创作作品和联想式地阅读文件,它保存了用纸做存储媒体的最好的特性,而同时又加入了丰富的非线性链接,这就促使在 20 世纪 80 年代产生了超媒体(Hypermedia)技术。发展到现在,超媒体正在进行着全方位的蜕变,超媒体的英文术语不再是 Hypermedia 而是 UltraMedia(简称 U-Media)。超媒体的节点按属性和功能可以分为:图形、图像、动画、视频、语言、音乐、声响、混合媒体、索引媒体以及规则等。

超媒体打破了传统的单一媒体界限和传统思维,将平面媒体、电波媒体、网络媒体整合在一起,目前每个人都已经深刻感受到了超媒体的倍增效应——“用得上,用得起,用得好”。超媒体的功能需要超链接来实施,鼠标滑向具有超链接标志的对象上时会出现一只手的形状。超媒体示意图如图 1-3 所示,其中的箭头表示可创建的链接关系。

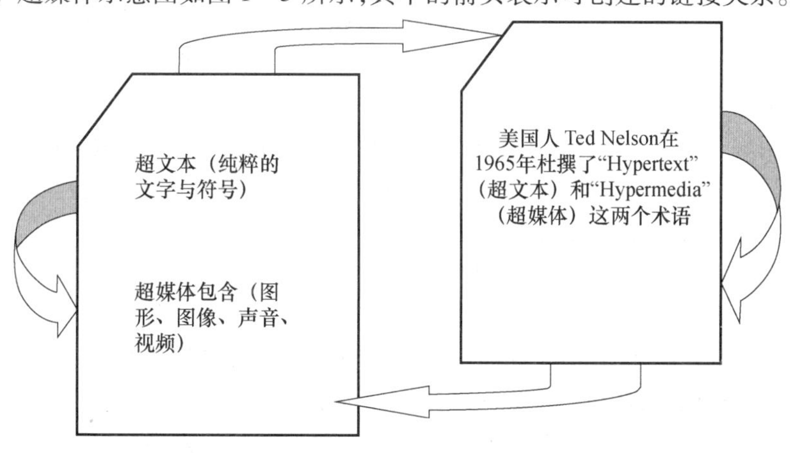

图 1-3 超媒体示意图

3. 标记语言(Markup Language)

标记(Markup)是为了传达有关文档的信息而添加到文档数据中的文本。标记可以分为说明性标记和过程性标记。标记语言(Markup Language)用标记描述结构化数据,并且是有严格语法规则的形式语言。标记用于定义文本格式与处理、通信语义、数据库字段的含义与关系、多媒体数据源。

标记语言的发展过程如图1-4所示。

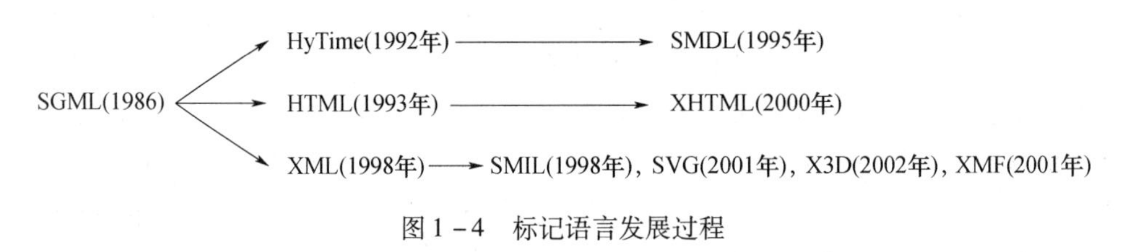

图1-4　标记语言发展过程

标准通用标记语言(Standard Generalized Markup Language,SGML)是一个组织和标记文档元素的系统。国际标准化组织(ISO)于1986年开发了SGML,并使其成为国际标准。SGML本身并不指定任何特定的格式,而是指定了用于标记元素的规则。这些标记符因而被阐释以不同的方式安排元素的格局。SGML被广泛地用于管理那些需要频繁的修改和以使用不同格式打印的大型文档。由于它是一个庞大而复杂的系统,所以还没有广泛地被应用于个人计算机。然而,由于互联网使用依照SGML规则定义和阐释标记符的HTML语言,其发展正不断激发着人们对SGML的兴趣。图1-4中包含了超媒体/时基结构化语言(HyTime),国际标准中定义的超媒体/时基结构化语言提供许多功能,用来表示超文本工具和多媒体应用程序处理和相互交换的信息,包括静态信息和动态信息。HyTime其实是ISO 8879即标准通用标注语言(SGML)的一种应用,它所制定的标准机制是指通过设置超链接让文档内容与其他信息载体产生关联,同时,还用来对多媒体信息从时间和空间角度进行组织。可扩展标记语言(XML),是从SGML(ISO 8879)中派生出的简单灵活的文本格式。设计XML的最初目的在于应对大规模电子出版的挑战,而在互联网上大量不同类型数据的交换中,XML也发挥了重要的作用。

4. 标准通用标记语言(SGML)

标准通用标记语言(Standard Generalized Markup Language),是标记语言的鼻祖,现在流行的标记语言都是它的应用或其派生语言。SGML具备以下特点:

(1)不指定文本的格式与显示,不是一种格式化语言,对文档排版没有影响。

(2)使用基于内容的标记而不是基于个体的标记,方便信息的检索与管理。

(3)它是一种元标记语言,不是一种特定的标记语言,有一套用于创建具体标记语言的规范,使文本的格式一致性非常容易。

(4)适用于涉及大量结构相似的数据,如目录、手册、清单和摘要等。

5. 超文本标记语言(HTML)

HTML(Hyper Text Markup Language)即超文本标记语言或超文本链接标示语言,是目前网络上最为流行的语言,也是构成网页文档的主要语言。HTML标记语言成对出现,并存放在尖括号中,HTML命令可以说明文字、图形、动画、声音、表格、链接等。HTML的结构包括头部(Head)、主体(Body)两大部分,其中头部描述浏览器所需的信息,而主体则包含所要说明的具体内容。1982 年,Tim Berners-Lee 为使世界各地的物理学家能够方便地进行合作研究,建立了 HTML。Tim Berners-Lee 设计的 HTML 以纯文字格式为基础,可以用任何文字编辑器进行编辑,最初仅有少量标记,因此易于掌握运用。随着 HTML 使用率的增加,人们不满足于只能看到文字。Tim Berners-Lee 给出原始定义,由互联网工作小组(Internet Engineering Task Force,IETF)用简化的 SGML 语法进行进一步发展的 HTML,后来成为国际标准,由万维网联盟维护。包含 HTML 内容的文件最常用的扩展名是 . html,但是像 DOS 这样的旧操作系统限制扩展名为最多 3 个字符,所以 . htm 扩展名也被使用。1993 年,还是大学生的 Marc Andreessen 在他的 Mosaic 浏览器中加入了超文本标记,从此可以在 Web 页面上浏览图片。但人们认为仅有图片还不够,希望可将任何形式的媒体加到网页上。因此,HTML 的功能处于不断的扩充和发展中。

HTML 之所以没有 1. 0 版本是因为当时有很多不同的版本同时存在。有些人认为 Tim Berner-Lee 的版本应该算初版,这个版本没有 IMG 元素。当时被称为 HTML + 的后续版的开发工作于 1993 年开始,最初被设计成为“HTML 的一个超集”。所以第一个正式规范为了和当时的各种 HTML 标准区分开来而使用了 2. 0 作为其版本号。以下为 HTML 各版本简要介绍:

(1) HTML 2. 0,1995 年 11 月作为 RFC 1866 发布,在 RFC 2854 于 2000 年 6 月发布之后被宣布已经过时。

(2) HTML 3. 2,发布于 1996 年 1 月 14 日,W3C 推荐标准。

(3) HTML 4. 0,发布于 1997 年 12 月 18 日,W3C 推荐标准。

(4) HTML 4. 01(微小改进),发布于 1999 年 12 月 24 日,W3C 推荐标准。

(5) ISO/IEC 15445,发布于 2000 年 5 月 15 日,基于严格的 HTML 4. 01 语法,是国际标准化组织和国际电工委员会的标准。

(6) HTML 5,发布于 2014 年 10 月 29 日,至此,经过接近 8 年的艰苦努力,该标准规范终于制定完成。

HTML 3. 0 规范由当时刚成立的 W3C 于 1995 年 3 月提出,提供了很多新的特性,例如表格、文字绕排和复杂数学元素的显示。虽然它是被设计用来兼容 2. 0 版本的,但是实现这个标准的工作在当时过于复杂,在草案于 1995 年 9 月过期时,标准开发也因为缺乏浏览器支持而中止了。3. 1 版从未被正式提出,而下一个被提出的版本是开发代号为 Wilbur 的 HTML 3. 2,去掉了大部分 3. 0 中的新特性,但是加入了很多特定浏览器,例如 Netscape 和 Mosaic 的元素和属性。HTML 对数学公式的支持最后成为另外一个标准——MathML。

HTML 4. 0 同样也加入了很多特定浏览器的元素和属性,但是同时也开始“优化”这个标准,把一些元素和属性标记为过时的,建议不再使用它们。HTML 的未来和 CSS 结合会更好。XHTML 是一组当前和未来的文档类型及对 HTML 4. 0 进行再生、细化和扩展的模块。XHTML 族文档类型是基于 XML 的,并最终被设计来与基于 XML 的用户代理协同工作。

HTML 5 由 W3C 接纳和推荐,HTML 5 草案的前身名为 Web Applications 1. 0。于 2004 年由 WHATWG 提出,于 2007 年被 W3C 接纳,并成立了新的 HTML 工作团队。在 2008 年 1 月 22 日,第一份正式草案发布。

(1) XHTML 1.0,发布于 2000 年 1 月 26 日,该标准由 W3C 推荐,后来经过修订于 2002 年 8 月 1 日重新发布。

(2) XHTML 1.1,发布于 2001 年 5 月 31 日, W3C 推荐标准。

(3) XHTML 2.0 为 W3C 工作草案。

(4) HTML 4.01 是常见的版本。

(5) XHTML 5,源于 XHTML 1.x 的更新版,基于 HTML 5 草案。

6. 虚拟现实造型语言

虚拟现实(Virtual Reality,简称 VR,又译作灵境、幻真)是近些年来出现的高新技术,也称灵境技术或人工环境。虚拟现实是利用计算机模拟产生一个三维空间的虚拟世界,提供使用者关于视觉、听觉、触觉等感官的模拟,让使用者如同身临其境一般,可以通过漫游的方式观察数字化三维空间事物。虚拟现实是人们通过计算机对复杂数据进行可视化操作与交互的一种全新方式,人可以通过使用特殊装置将自己"投射"到这个环境中,并操作、控制环境,实现虚拟现实交互的目的,而人是这种环境的主宰。

虚拟现实造型语言(Virtual Reality Modeling Language)的英文缩写是 VRML,它本质上是一种面向 Web、面向对象的三维造型语言,它是一种解释性语言。1993 年 9 月,Tong Pari-si 和 MarkPesce 开发了第一个 VRML 浏览器。在第一届万维网会议上(1994 年秋于日内瓦),由 Tim Berners-Lee 和 Dave Raggett 所组织的一个名为 BOF 的小组提出了 VRML 这个名字,但当时所用的英文名为 Virtual Reality Markup Language,后来为了反映三维世界的建模而将 Markup 改为了 Modeling,缩写仍为 VRML。在这次大会后,一个名为 www-vrmlmail list 的组织成立了,并于 1994 年秋在第二次 WWW 大会上发布了 VRML 1.0 的草稿。VRML 1.0 允许单个用户使用非交互功能,且没有声音和动画,它只允许建立一个可以漫游的环境。虽然 VRML 1.0 给人的最初印象看起来十分有限,但它形成了一组可以被开发扩展的工作核心,以便建立 RML 2.0、VRML 3.0 或更新的版本。VRML 2.0 的规范于 1996 年 8 月通过,它在 VRML 1.0 的基础上进行了很大的补充和完善。它以 SGI 公司的 Move World 提案为基础。SGI 公司是最有影响力的 VRML 厂商,已经引进 Cosmo3D(一个 VRML 2.0 的 API)作为其新的工具结构 Viper 的基础。Cosmo3D 的附件是为了支持 SGI 公司已有工具而编写的应用程序,而这些应用程序也就变成了 Viper 内置的专用功能。SGI 公司许多广为传播的工具也支持 VRML 2.0。

1.3 多媒体技术的发展

1.3.1 多媒体关键技术

多媒体的关键技术主要包括数据压缩与解压缩、媒体同步、多媒体网络、超媒体、专用硬件芯片技术、多媒体软件技术等,其中以视频和音频数据的压缩与解压缩技术最为重要。视频和音频信号的数据量大,同时要求传输速度要高,因此,对多媒体数据必须进行实时的压缩与解压缩。自从 1948 年出现 PCM(脉冲编码调制)编码理论以来,编码技术已有了 50 年的历史,日趋成熟。目前主要有三大编码及压缩标准。

1. JPEG(Join Photographic Expert Group)标准

JPEG 是 1986 年制定的主要针对静止图像的第一个图像压缩国际标准。该标准制定了有损和无损两种压缩编码方案,对单色和彩色图像的压缩比通常为 10∶1 和 5∶1。JPEG 广泛应用于彩色图像传真、图文档案管理等方面。

2. MPEG(Moving Picture Expert Group)标准

MPEG 即"活动图像专家组",是国际标准化组织和国际电工委员会组成的一个专家组。现在已成为有关技术标准的代名词。

MPEG 是目前热门的国际标准,用于活动图像的编码。在这里,编码指的是信息的压缩和解压缩。我们欣赏的视频完全得益于信息的压缩和解压缩。

MPEG 包括 MPEG-Video、MPEG-Audio、MPEG-System 三个部分。MPEG 最早是针对 CD-ROM 式有线电视传播的全动态影像,它严格规定了分辨率、数据传输率和格式。其平均压缩比为 50∶1。MPEG-1 的设计目标是达到 CD-ROM 的传输率和盒式录音机的图像质量。它广泛地适应于硬盘、可读写光盘、局域网和其他通信通道。MPEG-2 的设计目标是在一条线路上传输更多的有线电视信号,它采用更高的数据传输率,以求达到更好的图像质量。MPEG-4 计划用于传输率低于 64KB/s 的实时图像。当前,全世界普遍对三个方面感兴趣——无线移动通信、交互式的计算机应用、音频数据及不断增加的各种应用的集成。MPEG-4 着力于把这三个方面的应用汇聚在一起,提供了一种允许交互性、高压缩和通用的可访问性的新音频编码标准。MPEG-System 则是用于处理视频和音频数据的复合和同步的标准。

3. H. 261(又称为 P×64 标准)

H. 261 是 CCITT(国际电报电话会议)所属专家组主要为可视电话和电视会议而制定的标准,是关于视频和音频的双向传输标准。

近 50 年来,已经产生了各种不同用途的压缩算法、压缩手段和实现这些算法的大规模集成电路和计算机软件。人们还在不断地研究更为有效的算法。

1. 3. 2　多媒体技术的应用

多媒体技术的应用领域非常广泛,几乎已渗透到各行各业。由于多媒体具有直观、信息量大、传播速度快等显著特点,因此多媒体应用领域的拓展十分迅速。多媒体技术应用领域集文字、声音、图像、视频、通信等多项技术于一体,采用计算机的数字记录和传输传送方式,对各种媒体进行处理,具有广泛的用途,甚至可代替目前的许多种家用电器,集计算机、电视机、录音机、录像机、DVD 机、电话机、传真机等为一体。多媒体技术是一个涉及面极广的综合技术,是开放性的没有最后界限的技术。多媒体技术的研究涉及计算机硬件、计算机软件、计算机网络、人工智能、数字出版等,其产业涉及电子工业、计算机工业、广播电视、出版业和通信业等。多媒体技术常应用于以下几个方面:

(1) 军事(军事仿真、模拟军演):就是在军事方面进行建模,然后利用仿真的技术进行模拟战略、战役、战术的方法。这方面的典型应用有作战指挥自动化系统。该系统在情报侦察、网络信息通信、信息处理、电子地图、电子沙盘、战场态势显示、作战方案选优、战果评估等方面均大量采用了多媒体技术。其他如多媒体作战对抗模拟系统、多媒体作战指挥远程会议系统、虚拟战场环境模拟等也都大量采用了多媒体技术。

(2) 教育(形象教学、模拟展示、多媒体课件):多媒体教材通过图、文、声、像的有机结合,能多角度、多侧面地展示教学内容。可以通过电子教案、形象教学、模拟交互过程、网络多媒体教学、仿真工艺过程等方式来展示。目前由多媒体参与的教学主要分成以下几类:计算机辅助教学(CAI)、计算机辅助学习(CAL)、计算机化教学(CBI)、计算机化学习(CBL)、计算机管理教学(CMI)等。

(3) 商业广告(特技合成、大型演示):多媒体技术主要应用于影视商业广告、公共招贴广告、大型显示屏广告、平面印刷广告、网络营销等。

(4) 影视娱乐业(电影特技、变形效果):主要应用在影视作品中,电视/电影/卡通混编特技、演艺界 MTV 特技制作、三维成像模拟特技、仿真游戏等。

(5) 医疗(远程诊断、远程手术):网络多媒体技术、网络远程诊断、网络远程手术及远程会诊等。

(6) 旅游业(景点介绍):风光重现、风土人情介绍、服务项目介绍,旅游景点虚拟现实展示等。

(7) 人工智能模拟(生物、人类智能模拟):生物形态模拟、生物智能模拟、人类行为智能模拟等。

(8) 多媒体通信:按通信网来分,多媒体技术主要应用在电话网、广电网、计算机网上。表现形式主要有视频会议技术、3G 和 4G 手机等。

(9) 影视创作:主要应用于音效处理、影视特技、三维动画等。

(10) 数字地球:数字地球是一个以地球坐标为依据的、具有多分辨率的海量数据和多维显示的地球虚拟系统。是美国前副总统戈尔于 1998 年 1 月在加利福尼亚科学中心开幕典礼上发表的题为《数字地球——新世纪人类星球之认识》演说时,提出的一个与全方位的地理信息系统(Geographic Information System,GIS)、网络、虚拟现实等密切相关的概念。严格地讲,数字地球是以计算机技术、多媒体技术和大规模存储技术为基础,以宽带网络为纽带,运用海量地球信息对地球进行多分辨率、多尺度、多时空和多种类的三维描述,并利用它作为工具来支持和改善人类活动和生活质量。

以上列举的只是多媒体技术应用的极少一部分,其实多媒体技术是一个涉及面极广的综合性技术,是开放性的、没有最后界限的技术。

练　习

一、选择题

1. 多媒体技术中的媒体指的是(　　)。

A. 感觉媒体　　B. 表示媒体

C. 表现媒体　　D. 存储媒体

2. 下面哪项属于多媒体范畴(　　)。

A. 交互式视频游戏　　B. 立体声音乐

C. 彩色电视　　D. 彩色画报

3. 超文本和超媒体的概念是由(　　)的程序员提出的。
A. 美国　　B. 法国
C. 英国　　D. 德国

4. 一般认为,多媒体技术研究的兴起,从(　　)开始。
A. 1972 年,Philips 公司展示播放电视节目的激光视盘。
B. 1984 年,美国 Apple 公司推出 Macintosh 系列机。
C. 1986 年,Philips 公司和 Sony 公司宣布发明了交互式光盘系统 CD-I。
D. 1987 年,美国 RCA 公司展示了交互式数字影像系统 DVI。

5. 多媒体技术未来发展的方向是(　　)。
(1)高分辨率,提高显示质量　(2)高速度化,缩短处理时间
(3)简单化,便于操作　(4)智能化,提高信息识别能力
A. (1)(2)(3)　　B. (1)(2)(4)
C. (1)(3)(4)　　D. 全部

6. 下列不属于多媒体技术中的媒体的范围的是(　　)。
A. 存储信息的实体　　B. 信息的载体
C. 文本　　D. 图像

7. 在超文本和超媒体中不同信息块之间的连接是通过(　　)连接的。
A. 节点　　B. 链
C. 线　　D. 字节

8. 多媒体技术在军事领域的应用有哪些(　　)。
(1)军事演习　(2)多媒体制导技术
(3) 多媒体视频监控技术　(4)多媒体通信设备
A. (1)　　B. (1)(2)
C. (1)(2)(3)　　D. 全部

9. 下列哪项不是多媒体的应用领域(　　)。
A. 咨询软件的策划和制作　　B. 娱乐
C. 旅游指南　　D. 企业管理

10. 下列(　　)说法正确?
(1)多媒体技术促进了通信、娱乐和计算机的融合。
(2)多媒体技术可用来制作影视音响、卡拉 OK 机。
(3)多媒体技术极大地改善了人机界面。
(4)利用多媒体是计算机产业发展的必然趋势。
A. (1)　　B. (1)(2)
C. (1)(2)(3)　　D. 全部

二、填空题

1. 多媒体技术是利用________对多种信息进行综合处理、建立________,集成为一个系统并具有________。

2. 多媒体技术交互式应用的高级阶段是________。

3. MPC 是________的简称。

三、简答题

1. 什么是多媒体技术?
2. 简述多媒体技术的特征。
3. 媒体分为哪几类?
4. 多媒体的关键技术是什么?
5. 多媒体技术的应用领域有哪些?试举例说明。
6. 多媒体前沿技术有哪些?

第2章　多媒体系统

目前媒体信息化要解决的首要问题是各种多媒体信息的数字化,多媒体系统是一个能综合处理多种媒体信息的计算机系统,由多媒体硬件系统和多媒体软件系统组成。多媒体硬件系统其核心是高性能的计算机系统,外部设备主要由能够处理音频、视频的设备和存储设备组成。本章主要介绍多媒体硬件系统、多媒体软件系统。

2.1　多媒体系统结构

多媒体是综合集成两种或两种以上的媒体而构成的共同表示、存储与传输同一信息的全新媒体。

多媒体计算机技术(Multimedia Computer Technology,简称多媒体技术)则是利用计算机综合地加工处理文字、图像、声音、视频、动画等媒体,使多种媒体信息建立逻辑连接,集成为一个系统并具有交互性的技术。

多媒体技术有两层含义:

(1)计算机以预先编制好的程序控制多种信息载体,如DVD、摄像机和立体声设备等。

(2)计算机处理信息种类的能力,即把数字、文字、声音、图形、图像和动态视频信息集成为一体的能力。

多媒体计算机系统是对普通计算机系统的软、硬件功能的扩展,作为一个完整的多媒体计算机系统,能综合处理多种媒体信息,使信息之间建立联系,并具有交互性。多媒体计算机系统一般由多媒体硬件系统和多媒体软件系统组成,通常应包括5个层次结构,如图2-1所示。

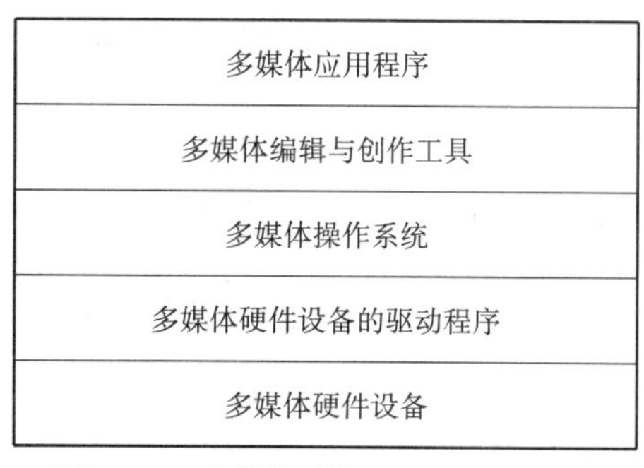

图2-1　多媒体计算机系统层次结构

第一层为多媒体硬件设备,其关键设备是多媒体计算机主机(Multimedia PC,MPC),其他还有各种多媒体外设的控制接口和设备。构成多媒体硬件系统除了需要较高性能的计算机主机硬件外,通常还需要音频处理设备、视频处理设备、光盘驱动器、各种媒体输入/输出设备等,例如摄像机、电视机、话筒、录音机、扫描仪、DVD、高分辨率屏幕、视频卡、声卡、实时压缩和解压缩专用卡、家电控制卡、通信卡、操纵杆、键盘、触摸屏等。其主要任务是能够实时地综合处理文、图、声、像信息,实现全动态视像和立体声的处理,部分多媒体信息实时的压缩和解压缩功能也在该层实现。

第二层是多媒体硬件设备的驱动程序。它主要包括多媒体通信软件和多媒体驱动程序等部分。多媒体通信软件主要支持网络环境下的多媒体信息的传输、交互与控制。多媒体设备驱动程序除驱动和控制多媒体设备外,还提供输入/输出控制界面程序(I/O 接口程序)。

第三层是多媒体操作系统,操作系统具有实时任务调度、多媒体数据转换和同步控制以及图形用户界面管理等功能,为支持计算机对文字、音频、视频等多媒体信息的处理,解决多媒体信息的时间同步问题,提供多任务的环境。目前微机操作系统主要是 Windows 视窗系列、Unix 系统、Linux 系统和用于苹果机的 MAC OS 系列。负责对多媒体计算机的硬件、软件的控制与管理。多媒体应用程序接口 API,为上层提供软件接口,使程序开发人员能在高层通过软件调用系统功能,并能在应用程序中控制多媒体硬件设备。多媒体操作系统除一般的操作系统功能外,它为多媒体信息处理提供与设备无关的媒体控制接口。程序员在高层通过软件调用系统功能,并能在应用程序中控制多媒体硬件设备。为了能够让程序员方便地开发多媒体应用系统,Microsoft 公司推出了 DirectX 多媒体编程接口,提供了让程序员直接使用操作系统的多媒体程序库的界面,使 Windows 变成一个集声音、视频、图形和游戏于一体的增强平台。

第四层是多媒体编辑与创作工具。它是在多媒体操作系统的支持下,利用图形和图像编辑软件、视频处理软件、音频处理软件等编辑与制作多媒体节目素材,并在多媒体制作工具软件中集成。设计者可利用该层提供的接口和工具采集、制作媒体数据。多媒体制作工具的设计目标是缩短多媒体应用软件的制作开发周期,降低对制作人员技术方面的要求。

第五层是多媒体应用程序,即多媒体播放软件。这一层直接面向用户,用于满足用户的各种需求。多媒体应用系统要求有较强多媒体交互功能,良好的人机界面。

2.2 多媒体硬件系统

多媒体硬件系统包括多媒体计算机、音频与视频获取系统、存储系统和显示系统等。为促进多媒体计算机的标准化,Microsoft、IBM 等公司组成了多媒体 PC 机工作组(The Multimedia PC Working Group),先后发布了 4 个 MPC 标准。按照 MPC 联盟的标准,多媒体计算机应包含 5 个基本单元:主机、光盘驱动器、声卡、音箱和多媒体操作系统。特别是 MPC 4.0,它为将 PC 机升级成 MPC 提供了一个指导原则,MPC 4.0 要求在普通微机的基础上增加以下四类软、硬件设备:

(1) 声/像输入设备:话筒、扫描仪、录音机、摄像机等。

(2) 声/像输出设备:音响、显示器、投影仪、打印机等。

(3) 功能卡:音频卡、视频采集卡、视频输出卡、网卡、VCD 压缩卡等。

(4) 软件支持:音频、视频和通信信息等的实时、多任务处理软件。

MPC标准定义的多媒体计算机系统是一个开放式的标准,用户可以在此基础上附加其他的硬件,使其功能更强。从现在的多媒体计算机的软、硬件性能来看,已完全超过MPC标准的规定,MPC标准已成为历史,但MPC标准的制定对多媒体技术的发展和普及起到了重要的推动作用。

2.2.1　多媒体常用硬件

为了使计算机能够实时地处理多媒体信息,对多媒体数据进行压缩编码和解码,早期的解决方法是设计制造专门的接口卡。目前的发展趋势是将上述功能集成到处理器芯片中,这样的芯片可分为三类。第一类是采用超大规模集成电路(Very Large Scale Integration, VLSI)实现的通用和专用的数字信号芯片,可用于数字信息的处理;第二类是在现有的CPU芯片中增加多媒体与通信的功能;第三类称为媒体处理器,它以多媒体和通信功能为主,同时融合CPU芯片的原有计算机功能。

1. 数字信号处理器

数字信号处理器(Digital Signal Processing,DSP)是一种用超大规模集成电路实现的通用和专用的数字信号芯片,以数字计算的方法对信号进行处理,具有处理速度快、灵活、精确、抗干扰能力强、体积小等优点。DSP有硬件、算法和理论等三方面支撑着它的发展和应用。目前许多芯片的运算速度已超过几千万次每秒,最高达到16亿次每秒,价格也大幅降低。其结果是使基于DSP的数字信号处理技术日益广泛地应用于通信、语音、图像、仪器等各个领域。因为DSP在推动当代信息处理数字化方面正在起着越来越大的作用。DSP主要生产商包括NXP Semiconductors、Texas Instruments Incorporated、SAMSUNG、Fujitsu、Intel Corporation、LSI Logic Corporation、MIPS等,上述厂商中有的成立时间还很短,但其母公司却有着悠久的半导体生产历史。DSP应用领域包括通信、军事、航天、电子等。2018年初,南京电子技术研究所在北京举行的第三届军民融合发展高技术装备成果展览暨论坛,展出了联合清华大学、龙芯中科等单位研发的华睿DSP芯片,标志着中国国产雷达长期依赖进口DSP芯片历史的结束。

DSP技术的发展速度十分惊人,以得克萨斯仪器公司推出的TMS320C6X芯片为例,片内有两个高速乘法器、6个加法器,能以200MHz频率完成8段32位指令操作,可以完成16亿次每秒操作,并且可以利用成熟的微电子工艺进行批量生产,使单个芯片成本得以降低,推出了C2X、C3X、C5X、C6X等不同应用范围的系列产品,使新一代的DSP芯片在移动通信、数字电视、可视电话和消费电子领域得到广泛应用。

2. 具有多媒体功能的微处理器

计算机微处理器芯片是多媒体计算机的核心,它的性能好坏直接影响着多媒体计算机的整体功能。为加速对多媒体信息的处理速度,Intel公司推出了基于MMX技术的微处理芯片。MMX技术将面向多媒体数据处理的指令集成到CPU芯片内,这给多媒体系统的体系结构带来了革命性的变化,具有足够的能力完成高速通信或带有多媒体任务的应用程序,使多媒体系统得到更丰富的色彩、更平滑的影像、更快捷的图像传输和逼真的音效。

MMX技术包含新的用于多媒体处理的指令和数据类型,支持并行处理。由于对多媒体信息的处理总包含大量的并行算法,所以MMX技术提高了计算机在多媒体及通信领域中的应用能力,使计算机的性能达到一个新的水准。同时这种技术保持了与现有操作系统、应用程序的完全兼容性。所有 Intel 基本结构软件都能在使用 MMX 技术的微处理器系统上运行。由于 MMX 技术采用了并行处理技术,加快了多媒体操作的速度,使得过去只能由硬件完成的操作可以由纯软件替代,大大降低了系统成本。

3. 媒体处理器

媒体处理器是一种被优化的实时处理多种媒体类型数据的可编程装置,专门用于处理多媒体数据,但它并不能取代现有的通用处理器。在媒体处理器中执行特定多媒体功能的软件被称为媒体件。由媒体处理器和媒体件共同处理包括图形、视频、音频和通信在内的各种多媒体数据。媒体处理器是现有通用处理器的强有力的支持芯片,通过软件同时实现多种功能,而其可编程性使得增加新功能只需要进行软件升级,而不必废弃原有的硬件。当它与最新的 CPU 配合时,能构成高档多媒体设备。

2.2.2 多媒体输入/输出设备

多媒体计算机的输入/输出设备将图形、图像、音频、视频等多媒体信息输入计算机,或将计算机处理的信息通过辅助输出设备输出。目前多媒体系统常用的输入/输出设备包括以下类型。

1. 多媒体显示系统

显示系统是人机交互的一个重要设备,其性能优劣直接影响多媒体编辑和处理的效率与质量。常规多媒体显示系统包含投影仪、显示器和显示适配器等。

显示器按照显示屏幕尺寸进行区分,也可以按照工作原理不同,分为阴极射线管(CRT)显示器、液晶(LCD)显示器和等离子(PDP)显示器,以及目前市场上比较热门的 LED 显示器和 OLED 显示器。LED 是发光二极管 Light Emitting Diode 的英文缩写,就 LED 生产技术而言,中国的设计和生产能力水平基本与国际同步。

按照显示的功能分类,有普通显示器和显示终端两大类。显示器和显示终端是两个不同的概念。显示器的功能简单,只作为计算机系统的输出设备。显示终端是由显示器和键盘组成的一套独立完整的输入/输出设备,它可以通过标准通信接口接到远离主机的地方,其结构也比显示器复杂很多。

CRT 的工作原理可以简单理解为:高速的电子束由电子枪发出,经过聚焦系统、加速系统和磁偏转系统就会到达荧光屏的特定位置。荧光物质在高速电子的轰击下会发生电子跃迁,即电子会从高能态重新回到低能态,这时将发出荧光,屏幕上的像素点就会亮起来。显然从发光原理可以看出这样的光不会持续很久,所以要保持显示一幅稳定的画面必须不断地发射电子束。

与 CRT 显示器相比,液晶显示器工作电压低,功耗小,几乎没有辐射,完全平面,无闪烁,无失真,可视面积大,轻薄。液晶显示器的性能指标包括分辨率、刷新率、防眩光、防反射、可视角度、亮度、对比度、响应时间、点距等。

LED 显示器也被称为 LED 背光源液晶显示器,是一种通过控制半导体发光二极管的显示方式,用来显示文字、图形、图像、动画、视频、录像信号等各种信息的显示器。通过发光二极管芯片的连接(包括串联和并联)和光学结构,可构成发光显示器的发光段或发光点。由这些发光段或发光点可以组成数码管、符号管、米字管、矩阵管、电平显示器管等。

与LCD显示器相比,LED显示器在亮度、功耗、可视角度和刷新频率等方面都更具优势。利用LED技术,可以制造出比LCD更薄、更亮、更清晰的显示器。两者的区别主要如下:

(1) LED与LCD的功耗比大约为1:10,LED更节能。

(2) LED拥有更高的刷新频率,在视频方面有更好的性能表现。

(3) LED提供宽达160°的视角,可以显示各种文字、数字、彩色图像及动画信息。

(4) LED显示屏的单个像素反应速度是LCD液晶屏的1000倍,在强光下也可以很清晰地进行显示,并且LED显示屏能适应-40°的低温,是最适合户外使用的显示屏。

OLED(Organic Light-Emitting Diode),又称为有机电激光显示、有机发光半导体(Organic Electro Luminesence Display,OLED)。OLED是一种电流型的有机发光器件,通过载流子的注入和复合发光,发光强度与注入的电流成正比。OLED在电场的作用下,阳极产生的空穴和阴极产生的电子会发生移动,分别向空穴传输层和电子传输层注入,迁移到发光层。当二者在发光层相遇时,产生能量激子,从而激发发光分子最终产生可见光。OLED利用多层有机薄膜结构发光,驱动电压低,OLED显示屏比LCD更轻薄、亮度高、功耗低、响应快、清晰度高、柔性好、发光效率高,能满足消费者对显示技术的新需求。全球越来越多的显示器厂家纷纷进行研发,大大地推动了OLED的产业化进程。相较于LED或LCD的晶体层,OLED的有机塑料层更薄、更轻而且更富于柔韧性。OLED的发光层比较轻,因此它的基层可使用富于柔韧性的材料,而不会使用刚性材料。OLED基层为塑料材质,而LED和LCD则使用玻璃基层。OLED有机层要比LED中与之对应的无机晶体层薄很多,因而OLED的导电层和发射层可以采用多层结构。此外,LED和LCD需要用玻璃作为支撑物,而玻璃会吸收一部分光线,OLED则无需使用玻璃。OLED并不需要采用LCD中的逆光系统。LCD工作时会选择性地阻挡某些逆光区域,从而让图像显现出来,而OLED则是靠自身发光。因为OLED不需逆光系统,所以它的耗电量小于LCD(LCD所耗电量中的大部分用于逆光系统)。这一点对于靠电池供电的设备(例如移动电话)来说,尤其重要。OLED制造起来更加容易,还可制成较大的尺寸。OLED的视野范围很广,可达170°左右,而LCD工作时要阻挡光线,因而在某些角度上存在天然的观测障碍。OLED自身能够发光,所以视域范围也要宽很多。

由于OLED具有众多优势,OLED技术要比LCD技术应用范围更加广泛,可以延伸到电子产品领域、商业领域、交通领域、工业控制领域、医用领域当中,再加上近些年国际各大企业都在不断加强对OLED技术的研究,OLED技术会进一步得到完善。在商业领域当中,POS机、复印机、ATM机中都可以安装小尺寸的OLED屏幕,由于OLED屏幕具有可弯曲、轻薄、抗衰性能强等特性,既美观又实用。大屏幕可以用作商务宣传屏,也可以用作车站、机场等广告投放屏幕,这是因为OLED屏幕广视角、亮度高、色彩鲜艳,视觉效果比LCD屏好很多。电子产品领域中,OLED应用最为广泛的就是智能手机,其次是笔记本电脑、显示器、平板电视、数码相机等领域,由于OLED屏幕色彩更加浓艳,并且可以对色彩进行调节(可选择不同显示模式),因此得到了非常广泛的实际应用。LCD屏幕观看VR设备有非常严重的叠影,但在OLED屏幕中会缓解很多,这是因为OLED屏幕是通过光分子显示内容的,而液晶是通过光液体流动。因此,在2016年OLED屏幕正式超越了LCD屏幕,成为了手机界的新宠儿。在交通领域中,OLED主要用作轮船导航、飞机仪表、GPS、可视电话、车载显示屏等,并且以小尺寸为主,这些领域主要是注重 OLED 广视角性能,即使不直视也能够清楚看到屏幕内容,LCD 显示器则做不到。在当今的工业领域中,我国工业正在朝着自动化、智能化方向发展,所引入的智能操作系统也越来越多,这就对显示屏有了更高的要求。无论是在触屏显示上还是观看显示上,OLED 的应用范围要比 LCD 更广。医疗领域中,医学诊断影像显示和手术监控都离不开屏幕,为了适应医疗显示的广视域要求,OLED 屏幕则比其他类型的屏幕表现更优秀。

可见,OLED 屏幕的发展空间非常大,市场潜力巨大。但是相比 LCD 屏幕,OLED 屏幕制造技术还不够成熟,产量低,成本高,因此以前在市场上只有一些比较高端的设备才会采用 OLED 屏幕。目前,各个厂商都加大了对 OLED 技术的研究投入,并且我国很多中端电子产品都应用了 OLED 屏幕。从手机行业来看,从 2015 年以后,OLED 屏幕的应用比例逐年提高,虽然依然没有 LCD 产品多,但是高端智能手机都采用了最先进的 OLED 屏幕,因此,智能手机等电子产品的发展势必会进一步推动 OLED 发展。

显示器的主要技术指标如下:

(1) 像素和分辨率。显示器屏幕显示出来的图像是由一个一个的发光点组成的,这些发光点即为像素,每个像素包含一个红、绿、蓝色的磷光体。定义显示器画面解析度的标准由每帧画面的像素决定,分辨率简单地说就是屏幕每行每列的像素数。最大分辨率取决于显示器在水平和垂直方式上最多可以显示点的数目。分辨率以“水平显示的像素个数 × 垂直扫描线数”表示。

(2) 屏幕尺寸。屏幕尺寸指显示器屏幕对角线的长度,单位为英寸(1in = 2.54cm),如 14in、15in、17in、19in、21in、25in、27in 等。

(3) 点距。点距是指屏幕上相邻两个相同颜色的荧光点之间的距离。点距的单位是毫米。点距越小意味着单位显示区域内可以显示的像点越多,显示的图像就越清晰细腻。常见点距规格有 0.25mm、0.31 mm、0.28 mm 等。

(4) 刷新频率。刷新频率指屏幕的刷新速度,刷新频率越低,图像的闪烁和抖动越严重。刷新频率又分垂直刷新频率和水平刷新频率。垂直刷新频率以 Hz 为单位,是画面的刷新次数,一般应在 75Hz 以上,低于 60Hz 人眼就会感觉屏幕闪烁。

(5) 视频带宽,指每秒电子枪扫描过的总像素数即单位时间内每条扫描线上面显示频点数的总和。像素时钟(点时钟)可以计算为“水平分辨率(总数) × 垂直分辨率(总数) × 场频(画面刷新次数)”,与行频相比,带宽更具有综合性,也更直接地反映显示器性能,在实际应用中,为了避免图像边缘的信号衰减,保持图像四周清晰,电子枪的扫描能力需要大于分辨率尺寸,水平方向通常要大 25%,垂直方向要大 8%。

2. 扫描仪

扫描仪是输入设备,它可将各种资料扫描输入到计算机,转换成数字化图像数据供保存和使用。配备专门的图像处理软件后,计算机系统就可以进行图文档案管理、图文排版、计算机广告创意、光学符号识别、工程图纸扫描录入、计算机传真和复印等。图像扫描仪一般分为平板式、手持式和滚筒式三种。

扫描仪是光机电一体化的产品,主要由光学成像部分、机械传动部分和转换电路部分组成。扫描仪的核心是完成光电转换的电荷耦合器件 CCD。扫描仪自身携带的光源将光线照在将要输入的图纸上产生反射光或透射光,光学系统收集这些光线将其聚集到 CCD

上,由 CCD 将光信号转换成电信号,然后再进行模数转换,生成数字图像信号传送给计算机。扫描仪采用线阵 CCD,即一次成像只生成一行图像数据,当线阵 CCD 经过相对运动将图纸全部扫描一遍后,一幅完整的数字图像就送入到计算机中了。

3. 打印机

根据工作原理,可以将打印机分为三类:点阵打印机、喷墨打印机和激光打印机。点阵打印机利用打印头内的点阵撞针,撞击打印色带,在打印纸上产生打印效果。针式打印机打印头上的钢针数有 9 针、24 针等。喷墨打印机的打印头是由几百个细小的喷墨口组成,当打印头横向移动时,喷墨口可以按一定的方式喷射出墨水,打到打印纸上,形成字符、图形等。国产喷墨打印机有得力 X10 智能微型打印机、得力 L100NW 超大墨量彩色喷墨打印机、得力 L300NW 超大墨量彩色喷墨一体机、小米米家喷墨打印机等。激光打印机是一种高速度、高精度、低噪声的非击打式打印机。它是激光扫描技术与电子照相技术相结合的产物。激光打印机具有最高的打印质量和最快的打印速度,可以输出漂亮的文稿,也可以输出直接用于印刷版的透明胶片。但其购置费用和消耗费用都比较高,因此一般多用于高档次的桌面印刷系统。常见的激光打印机有得力系列、HP Laser Jet 系列、Canon LBP 系列等。

打印机是计算机系统的重要输出设备。近年来,随着彩色打印技术的发展,彩色打印的输出质量越来越好,其单张打印成本和维护成本也越来越低。

彩色图像在计算机中每个像素需要若干二进制位表示,屏幕上的 RGB 颜色并不能被直接打印出来,这是因为发光设备是通过使用红、绿、蓝三原色的附加过程产生色彩的,而色彩显示过程则是把各种波长的色彩以不同的比例叠加起来,进而产生各种不同的颜色。

彩色激光打印机原理和黑白激光打印机原理类似。黑白激光打印机使用黑色墨粉来印刷,彩色激光打印机则是用青、品红、黄、黑四种墨粉各自来印刷一次,依靠颜色混色形成丰富的色彩。

彩色喷墨打印机的作用是将计算机产生的彩色图像或来自扫描仪的彩色图像高质量地打印出来,计算机用 RGB 模式显示的页面必须用 CMY 模式打印。喷墨打印机一般采用微压电和热发泡两种技术控制墨水喷射成像,这两种成像方式需要频繁添加色彩原料,一份墨水能打印的页数也很少。2011 年前后在市场上出现了可连续打印数千张作品的墨仓式打印机。超大容量的墨仓代替了细小的墨盒,单页打印成本被降到很低,特别是彩色打印,相比于激光彩打,一页动辄超一元的价格,墨仓式打印机成本优势明显。

4. 投影仪

投影仪可以与摄像机、影碟机和多媒体计算机系统等多种信号输入设备相连,可将信号放大投影到大面积的投影屏幕上,获得巨大、逼真的画面,从而方便地供多人观看,成为计算机教学、演示汇报等必备设备,正在逐渐发展为一种独立于一般显示设备的标准外设种类。

投影仪主要通过三种显示技术实现,即 LCD 投影技术、数码光路处理器(Digital Light Processor,DLP)投影技术、反射式液晶显示器(Liquid Crystal on Silicon,LCOS)投影技术。

5. 手写输入设备

手写输入笔是一种直接向计算机输入汉字,并通过汉字识别软件将其转换成为文本文件的一种计算机外设产品。它使计算机适用于中国人的书写习惯,省去了背记各种形码、音码等的繁琐过程。除此之外,有些手写输入笔还能用于绘画、网上交流、即时翻译。目前手写输入技术在识别速度、识别率、书写手感、人机界面等方面已经可以满足人们的基本要求。

计算机手写输入的硬件设备一般由两部分组成:一部分是与计算机直接相连的、用于向计算机输入信号的手写板;另一部分是用来在手写板上写字的手写笔。手写板可分为电阻式和感应式两种。前者成本低,制作简单,必须充分接触才能写出字;后者分有压感和无压感两种,其中有压感的输入板能感应笔划的粗细,着色的浓淡,分 256 级和 512 级两种压感级别。

手写识别是将在手写设备上书写时产生的有序轨迹信息转换成汉字内码的过程,实际是手写轨迹的坐标序列到汉字内码的一个映射过程。手写输入笔的软件是手写输入的核心部分,它决定了汉字输入的识别率和汉字输入的易用性和可操作性。

6. 触摸屏

触摸屏是一种定位设备,该系统主要由三部分组成:传感器、控制部件、驱动程序。当用户用手指或者其他设备触摸安装在计算机显示器前面的触摸屏时,所触摸到的位置以坐标形式被触摸屏控制器检测到并送到 CPU,从而确定用户所输入的信息。

一般来讲,触摸屏可分为 5 个基本种类:红外线扫描式触摸屏、电容式触摸屏、电阻式触摸屏、表面声波式触摸屏和矢量压力传感式触摸屏。

7. 数码相机

数码相机是一种能够进行拍摄并通过内部处理把拍摄到的景物转换成数字格式存储的照相机。与普通相机不同,数码相机不使用胶片,而是使用固定或者可拆卸的半导体存储器来保存获取的图像。数码相机可以直接连接到计算机、电视机或者打印机上,在一定条件下,数码相机还可以直接接到移动式电话机或者手持 PC 上。

数码相机是由:镜头、感光器件(Charge-Coupled Device,CCD)、数模转换器、微处理器、内置存储器、LCD、PC 卡和接口等部分组成,数码相机中只有镜头的作用和普通相机相同,其余部分则完全不同。

数码相机在工作时,外部景物通过镜头将光线会聚到感光器件 CCD 上,CCD 由数千个独立的光敏元件组成,这些光敏元件通常排列成与取景器相对应的矩阵。外景所反射的光透过镜头照射在 CCD 上,并被转换成电荷,每个元件上的电荷量取决于其受到的光照强度。由于 CCD 上每一个电荷感应元件最终表现为所拍摄图像的一个像素,因此,CCD 内部包含的电荷感应元件集成度越高,像素就越多,最终图像的分辨率就越高。

8. 数字摄像机

随着数字视频的标准被国际上 55 个大电子制造公司统一,数字视频正以不太高的价格进入消费市场,数字摄像机也应运而生。

数字摄像机自从问世以来,视频记录与视频处理技术得到飞速发展。数字摄像机普及的程度不断提高,在各个领域中人们使用数字摄像机的频率不断提高。数字摄像机的种类众多,根据不同的用途和不同的分类方法将数字摄像机进行了多种方式的分类,按照视频成像质量进行分类，可分为：

(1) 广播级摄像机，这类摄像机图像质量非常高，色彩还原逼真，调整精度比较高，工作性能全面，但价格昂贵。广播级摄像机主要应用于数字电影拍摄和广播电视拍摄领域，如电视台、广告公司和影视剧制作等单位的拍摄和使用。

(2) 专业级摄像机，又称业务用摄像机。专业级摄像机应用在广播电视以外的专业领域中，如教育领域、科教宣传方面、工业生产领域、医疗卫生领域等。这类摄像机的特点就是携带方便、价格相对便宜，图像质量稍低于广播级摄像机。

(3) 民用级摄像机，又称家用摄像机。民用摄像机图像质量等级不如广播级摄像机和专业级摄像机，但这类摄像机主要特点是体积小、重量轻、操作简便、功能多、价格低，例如索尼、松下、佳能等公司的摄像机都具备这些特点。

数字摄像机是将通过 CCD 或 CMOS 转换光信号而得到的图像电信号和通过话筒得到的音频电信号，进行模数转换并压缩处理后发送给磁头进行转换记录的，即以信号数字处理为最大特征。

9. 数字视频展示台

数字视频展示台是一种新型数字化电教设备。数字视频展示台逐渐取代了传统幻灯机，其应用范围大大超出了传统意义上的幻灯机。数字视频展示台不但能将胶片上的内容投影到屏幕上，更主要的是可以直接将各种实物，甚至能将可活动的图像投影到屏幕上。

数字视频展示台实际上是一个图像采集设备，它的作用是将摄像头拍下来的景物，通过与外部输入/输出设备的配合使用，如通过多媒体投影仪、大屏幕背投电视、液晶显示器等设备演示出来。当外设为计算机时，可通过配置或内置的图像采集卡和标准并行通信接口，并利用相关程序软件，将视频展示台输出的视频信号输入计算机，进行各种处理，实现扫描仪和数码相机的部分功能。

10. 虚拟现实的三维交互工具

为了使参与者能以人类自然技能与虚拟环境交互，必须借助于专门的三维交互工具，来把信息输入计算机。同时它又可以向用户提供反馈。

1）跟踪器

跟踪需要使用一种专门的装置——跟踪器。其性能可以用精度、刷新频率、滞后时间和跟踪范围来衡量。不同的应用要求可选用不同的跟踪器，主要有机械式跟踪器、电磁式跟踪器、超声式跟踪器、跟踪球等。

2）数据手套

数据手套是一种多模式的虚拟现实硬件，通过软件编程，可完成虚拟场景中物体的抓取、移动、旋转等动作，也可以用作控制场景漫游的工具。数据手套提供了虚拟现实技术的交互功能，数据手套主要包括虚拟现实数据手套和力反馈数据手套。

目前使用最多的数据手套是一种戴在用户手上的传感装置，它能将用户手的姿势转化为计算机图像位移的数据。光导纤维传感器安装在手套背上，用来监视手指的弯曲。数据手套也包括一个六自由度的探测器，以监测用户手的位置和方向。它能给出用户所有手指关节的角度变化，用于捕捉手指、大拇指和手腕的相对运动。用应用程序来判断除用户在 VR 中进行操作时的手的姿势，从而为 VR 系统提供可以在虚拟环境中使用的各种信号。它允许手抓取或推动虚拟物体,或者由虚拟物体作用于手。

3)立体视觉设备

人类的视觉是最敏锐的感觉器官,用以产生视觉效果的显示设备与普通的计算机屏幕显示不同,虚拟现实要求提供大视野、双眼立体显示。在虚拟现实系统中,常用的视觉反馈工具有头盔显示器、立体眼镜、双眼全方位监视器等,最常用的还是头盔显示器和立体眼镜。但头盔显示器所能提供的临场感要比立体眼镜好得多。其他的视觉反馈工具还有监视器以及大屏幕立体投影等。

2.3 多媒体存储技术

根据记录方式不同,信息存储器的材料大致可以分为磁、光和芯片等。磁记录方法历史悠久,应用也很广泛,目前在发展中的技术主要有机械硬盘与固体硬盘。采用光学方式的记忆装置,因其容量大、可靠性高、存储成本低等特点,受到了较长时间的关注与重视,但随着芯片存储的普及,光存储器逐渐退出了舞台。

2.3.1 磁盘存储技术及其工作原理

磁盘存储器是一个精密的机电结合体,它的主要功能是将主机传递的电脉冲信号转换成磁记录信号保留在涂有磁介质的盘片上,或者从盘片上将被保留的磁记录信号转换为电脉冲信号送往主机。

完成这一功能的关键部件就是磁头。在磁头一个环形导磁体上绕上线圈,导磁体面向磁盘方向开一个滑磁缝隙,当磁头线圈中通以交变信号电流时,导磁体内的磁通量也随着变化,这个交变的磁场从磁头缝隙中泄漏出去,使做匀速运动的磁盘表面上的磁介质感应磁化,磁化后在磁盘上的磁化点即磁元就代表了所要记录的数据。当读出信息时,磁盘匀速转动使得磁化点有顺序地经过磁头,在磁头线圈中感应到相应的电动势,将这一电动势经一定的处理,使它恢复原来写入的状态,这时就完成了读功能。

磁记录介质稳定性好,记录的信息可以脱机长期保存,便于信息传递。同时由于其存储信息所占面积很小,即记录密度高,所以存储容量大。此外,磁记录介质还易于将信息删除,再写入新数据,可以重复使用。同其他存储方式相比,磁介质存储价格相对较低。所以硬盘仍是多媒体系统最重要的数据存储设备。多媒体对硬盘的要求首先是容量足够大,以便存储大的应用程序和多媒体数据;再者是数据传输速率要足够高,以便快速地实现数据的存取和交换。

若要实现大容量及高可靠性的磁盘存储,则可采用廉价冗余磁盘阵列(Redundant Arraysof Independent Disks,RAID)技术。RAID 理论由美国柏克莱大学在 1987 年提出,作为高性能的存储系统,已经得到了越来越广泛的应用。它是用多台小型的磁盘存储器按一定的组合条件组成的一个大容量的、快速响应的、高可靠性的存储子系统。它采取的手段类似于并行处理机,将若干个硬磁盘机按照一定的要求组成一个快速、超大容量的存储系统。

磁盘阵列中针对不同的应用使用不同的技术,目前常用的标准是 RAID 0 至 RAID 5,而 RAID 0、RAID 3、RAID 4、RAID 5 四个级别最为常用,至于要选择哪一种 RAID 标准,应该视用户的操作环境和应用而定。一般来讲,RAID 0 和 RAID 1 适用于 PC 和 PC 相关的系统,如小型的网络服务器和需要大磁盘容量与快速磁盘存取的工作站等;RAID3 和 RAID4 适用于图像、CAD/CAM 等处理;RAID5 适用于 OLTP。

2.3.2 内接存储器接口技术

内接存储器接口高技术配置(Advanced Technology Attachment,ATA)是用传统的40-pin并口数据线连接主板与硬盘的,外部接口速度最大为133MB/s,因为并口线的抗干扰性太差,且排线占空间,不利计算机散热,逐渐被串行硬件驱动器接口(Serial Advanced Technology Attachment,SATA)所取代,SATA 是由 Intel、IBM、Maxtor 和 Seagate 等公司共同提出的硬盘接口新规范。

IDE 的英文全称为"Integrated Drive Electronics",即"电子集成驱动器",俗称 PATA 并口。它是由西部数据公司开发的第一款的 ATA/ATAPI(Advanced Technology Attachment Packet Interface)接口。IDE 不仅仅是指连接器和接口,事实上其驱动控制器已经集成到硬盘内,而不是单独的控制器或者连接到母板上。

SATAⅡ是 Intel 公司与 Seagate 公司在 SATA 的基础上发展起来的,其主要特征是外部传输率从 SATA 的 150MB/s 进一步提高到了 300MB/s,此外还包括原生命令队列(Native Command Queuing,NCQ)、端口多路器(Port Multiplier)、交错启动(Staggered Spin-up)等一系列的技术特征。但是并非所有的 SATA 硬盘都可以使用 NCQ 技术,除了硬盘本身要支持 NCQ 之外,也要求主板芯片组的 SATA 控制器支持 NCQ。

SATAⅢ正式名称为"SATA Revision 3.0",是串行 ATA 国际组织(SATA-IO)在 2009 年 5 月份发布的规范,主要是传输速度达到 6Gb/s,同时向下兼容旧版规范"SATA Revision 2.6"(也就是现在俗称的 SATA 3Gb/s),接口、数据线都没有变动。SATA 3.0 接口技术标准是 2007 年上半年 Intel 公司提出的,由 Intel 公司的存储产品架构设计部技术总监 Knut Grimsrud 负责,Knut Grimsrud 表示,SATA 3.0 的传输速率将达到6Gb/s,将在 SATA 2.0 的基础上增加 1 倍。

小型计算机系统接口(Small Computer System Interface,SCSI),是同 IDE(ATA)完全不同的接口,IDE 接口是普通 PC 的标准接口,而 SCSI 并不是专门为硬盘设计的接口,是一种广泛应用于小型机上的高速数据传输技术。SCSI 接口具有应用范围广、多任务、带宽大、CPU 占用率低,以及热插拔等优点,但较高的价格使得它很难如 IDE 硬盘般普及,因此 SCSI 硬盘主要应用于中、高端服务器和高档工作站中。

光纤通道的英文拼写是 Fibre Channel,最初也不是为硬盘设计开发的接口技术,是专门为网络系统设计的,但随着存储系统对存取速度的需求,才逐渐应用到硬盘系统中。光纤通道硬盘是为提高多硬盘存储系统的速度和灵活性才开发的,它的出现大大提高了多硬盘系统的通信速度。光纤通道的主要特性有热插拔性、高速带宽、远程连接和连接设备数量大等。

光纤通道为多硬盘系统环境而设计,能满足高端工作站、服务器、海量存储子网络等对高数据传输率的要求。

SAS(Serial Attached SCSI)即串行连接 SCSI,是新一代的 SCSI 技术,和现在流行的 Serial ATA(SATA)硬盘相同,都是采用串行技术以获得更高的传输速度,并通过缩短连接线改善内部空间等。SAS是并行SCSI接口之后开发出的全新接口。此接口的设计是为了改善存储系统的效能、可用性和扩充性,并且提供与SATA硬盘的兼容性。

2.4 多媒体软件系统

多媒体软件系统按功能可分为系统软件和应用软件。系统软件是多媒体系统的核心,它不仅具有综合使用各种媒体、灵活调度多媒体数据进行媒体传输和处理的能力,而且要控制各种媒体硬件设备协调地工作。多媒体系统软件主要包括多媒体操作系统、媒体素材制作软件及多媒体函数库、多媒体创作工具与开发环境、多媒体外部设备驱动软件和驱动器接口程序等。

应用软件是在多媒体创作平台上设计开发的面向应用领域的软件系统,通常由应用领域的专家和多媒体开发人员共同协作、配合完成。开发人员利用开发平台、创作工具,制作、组织各种多媒体素材,生成最终的多媒体应用程序,并在应用中测试、完善,形成最终的多媒体产品,例如教育软件、电子图书等。

如果说硬件是多媒体系统的基础,那么软件就是多媒体系统的灵魂。由于多媒体涉及种类繁多的各种硬件,要处理各种各样差别巨大的多媒体数据,因此,如何将这些硬件有机地组织到一起,使用户能够方便地使用多媒体数据,是多媒体软件的主要任务。除了常见软件的一般特点之外,多媒体软件常常要反映多媒体技术的特有内容,如数据压缩、各类多媒体硬件接口的驱动和集成、新型的交互方式以及基于多媒体的各种支持软件或应用软件等。一般来说,各种与多媒体有关的软件系统都可以划归到多媒体的名下,但是实际上许多专门的软件系统,如多媒体数据库、超媒体系统等都单独分出来,多媒体软件常常指那些可分别或集成处理多种信息的软件工具与系统。

多媒体软件可划分为不同的层次或类别,这种划分是在发展过程中形成的,并没有绝对的标准。例如,按照其功能划分可以分为5类:驱动软件、多媒体操作系统、多媒体数据准备软件、多媒体编辑创作软件和多媒体应用软件。

多媒体驱动软件主要完成设备的初始化、各种设备的打开、关闭、基于硬件的压缩解压、图像快速变换等基本硬件功能调用。

多媒体操作系统具有实时任务调度、多媒体数据转换和同步控制机制,对多媒体设备的驱动和控制,以及具有图形和声像功能的用户接口等。一般是在已有的操作系统基础上扩充、改造或者重新设计实现。

多媒体数据准备软件是用于采集多种媒体数据的软件,该部分是创作软件中的一个工具类部分。

多媒体编辑创作软件是多媒体专业人员在多媒体操作系统上开发的供特定应用领域的专业人员组织编排多媒体数据,并把它们连接成完整的多媒体应用的系统工具。

多媒体应用软件是在多媒体硬件平台上设计开发的面向应用的软件系统。多媒体应用软件种类繁多,包括公共型应用支持软件,如多媒体数据库系统等,也有不需二次开发的软件应用。

下面从文本编辑处理、音频编辑处理、视频编辑处理、图形图像编辑处理和动画编辑处理来简述多媒体应用软件的使用。

2.4.1　常用多媒体创作工具

Authorware 是 Macromedia 公司(现已被 Adobe 公司收购)开发的著名多媒体作品开发工具,它不仅是众多的公司、企业制作多媒体产品的开发平台,更是很多大、中、小学教师制作多媒体 CAI 课件的首选工具。Authorware 结合微软公司开发的办公软件 Access 可以开发出具有较复杂的、交互性的、具备多媒体数据库特性的一些多媒体课件。2007 年 8 月 3 日,Adobe 宣布停止在 Authorware 的开发计划,也没有为 Authorware 提供其他相容产品作替代。Adobe 解释:由于科技日新月异,电子学习与传统学习模式的界线变得愈来愈模糊。所以,现时学习管理系统并不再适用,反而应该着眼于推广其他可以让教学人员快速学习的工具,例如 Adobe Acrobat、Adobe Connect、Captivate 等软件。Director 也是 Macromedia 公司开发的一款多媒体作品创作软件,目前很多著名的多媒体产品是用 Director 开发的,受到多媒体设计专家、艺术工作者等的青睐。使用 Director 不但可以创作多媒体教学光盘、活灵活现的网页、多媒体的互动式简报,还可以制作出色的动画。多媒体作品的制作也不应该只拘泥于一种开发工具,比如 Flash 软件加平面设计 Photoshop 软件再加上脚本语言、数据库、声音编辑器等可以创作出非常优秀的多媒体作品。与 Flash 软件类似的开发工具还有 Swishmax,有时用 Flash 需要一个小时才能完成的多媒体效果,用 Swishmax 几分钟就可以完成了,Swishmax 可以通过拖曳对象快速完成动画路径的制作,可以根据命令自动生成简单的脚本。Swishmax 可以部分兼容 Flash 源码。

三维多媒体软件的常用开发工具 3ds Max 是由 Autodesk 公司推出的,应用于 PC 平台的三维动画软件,从 1996 年开始就一直被使用于三维动画领域,具有优良的多线程运算能力,支持多处理器的并行运算,丰富的建模和动画能力,出色的材质编辑系统,这些优秀的特点吸引了大批的三维动画制作者和公司。现在在国内 3ds Max 的使用人数大大超过了其他三维软件。现在 Nurbs、Dispace Modify、Camer Traker、Motion Capture 这些原来只有在专业软件中才有的功能,也被引入到 3ds Max 中。可以说今天的 3ds Max 给人的印象绝不是一个运行在 PC 平台的业余软件了,从电视到电影,都有 3ds Max 的作品。

3ds Max 的成功在很大的程度上要归功于它的插件。全世界有许多的专业技术公司在为 3ds Max 设计各种插件,他们都有自己的专长,各种插件也非常专业。例如增强的粒子系统 Sandblaster,Ourburst,设计火、烟、云的 Afterburn,制作肌肉的 Metareyes,制作人面部动画的插件 Jetareyes,还有 VR 渲染,有了这些插件,就可以轻松设计出逼真的虚拟现实效果。几乎每天都有新的为 3ds Max 设计的插件推出。不过 3ds Max 也有不足之处,虽然它有 Radisoray、Raygun 这些增强的渲染器,但不管从渲染质量还是渲染速度上来讲,同 Softimage 3D 这类软件还是有差距。

Softimage 3D、Maya、Flint 等软件在 SGI 平台上可以发挥最好的性能。Softimage 3D 是 Softimage 公司出品的三维动画软件。Maya 是 Alias 公司出品的三维动画软件(之后 Alias 公司被 Autodesk 公司收购),其强大的功能有超过 Softimage 3D 的势头。

Houdini 在国外是一个非常惹人注目的三维动画和视觉特技软件。同其他软件不同的是,它把三维动画同非线性编辑结合在了一起。Houdini 比较强的功能是它的粒子系统和变形球系统。Houdini 的界面比较复杂,每个控制的参数很多,通过网站 http://www.sidefx.com/可以对它有更多的了解。

Lightwave在好莱坞所具有的影响也不比Softimage、Alias等差，并且它的价格却非常的低廉，这也是众多公司选用它的原因之一。不光有低廉的价格，Lightwave 3D作品的品质也非常出色。

目前在电影与电视的三维动画制作领域中，使用Lightwave 3D的频率大大高于其他软件。Digital Domain、Will Vinton、Amblin Group、Digital Muse、Foundation等顶尖制作公司，也纷纷采用Lightwave 3D来进行创作。Lightwave 3D是兼容大多数工作平台的3D系统。Lightwave 3D 5.5版包含了动画制作者所需要的各种先进的功能：光线追踪（Raytracing）、动态模糊（Motion Blur）、镜头光斑特效（Lens Flares）、反向运动学（Inverse Kinematics，IK）、Nurbs建模（Meta Nurbs）、合成（Compositing）、骨骼系统（Bones）等。http://www.newtek.com/是Lightwave 3D官方网址。

3D动画制作软件需要有建模的功能。Rhino 3D具有一套超强功能的Nurbs建模工具。Rhino 3D是真正的Nurbs建模工具。它提供了所有Nurbs功能，丰富的工具涵盖了Nurbs建模的各方面——Trim、Blend、Loft、Fourside，可以说是应有尽有，你能够非常容易地制作出各种曲面。Rhino 3D的另一大优点就是它提供了丰富的辅助工具，如定位、实时渲染、层的控制、对象的显示状态等，这些可以极大地方便用户的操作。

Rhino 3D可以定制自己的命令集。可以将常用到的一些命令集做成一个命令按钮，使用后可以产生一系列的操作，很像DOS里的批处理命令。这对那些经常要重复的操作特别有用，例如调整人脸形状。Rhino 3D还提供命令行的输入方法，用户可以输入命令的名称和参数。因为Rhino 3D是专门的Nurbs建模软件，所以不提供动画的功能。在渲染方面Rhino 3D还不错，提供了材质等较多的控制。

Rhino 3D可以输出许多种格式的文件。现在已经可以直接输出Nurbs模型到3ds Max、Softimage 3D等软件中，也可以把Nurbs转换为多边形组成的物体，供其他软件来调用。转换时用户可以方便地选择生成不同质量的模型，适应不同的需求。现在已经有越来越多的人使用Rhino 3D来建模，它的官方网址是http://www.rhino3d.com/。

在三维动画领域当中，制作令人信服的三维地貌环境是三维多媒体作品创作难点之一。如果用普通的三维动画制作软件来制作的话，需要花费大量的时间和精力来实现现实环境中的每一个细节。World Builder是一套专门的三维造景软件，它可以非常方便地生成各种地形地貌与各种逼真的三维花草树木，可以从各个角度观看或者是生成动画。这一切恐怕还要归功于World Builder内建的材料库了，包括地面、水、花草树木、天空等，World Builder内建的材料库资源非常丰富。但World Builder的渲染速度是一个弱点，如果要渲染一张比较复杂的场景，可能花费很长的时间，不过渲染的品质不错。这个软件的界面非常像3ds Max，而且许多操作也非常类似。World Builder还与其他一些三维动画软件兼容，可以将在World Builder里生成的场景直接调入到3ds Max、Lightwave等软件里去使用，并且可以将场景的材质也一同输出。因此通过World Builder来生成场景，用3ds Max这样的动画软件来实现后期的着色和动画。

World Constrution Set也是一套3D造景软件，它所实现的功能基本上与World Builder相同，World Constrution Set同其他造景软件一样，提供了许多现成的库供设计者调用，但不同的是，在World Constrution Set中，云朵、湖泊等都可以设置为运动的，在渲染后的动画中可以产生非常真实的效果。World Constrution Set的一个不足之处是场景中许多精细的地方是由贴图来实现的，而不是真正的三维模型，所以有些地方放大后会有不小的粗糙感。

World Constrution Set 的界面设计得非常好，直观的地图编辑器可以方便地产生各种真实的地貌。相比之下，World Builder 在这点上就较差了。这套软件可以和 3ds Max 等软件做配合使用。

True Space 是 Windows 环境下的一个三维软件，True Space 4.0 高超的渲染品质要归功于全新的渲染器，由 Lightwork Design 公司开发的 Light Works Pro 渲染引擎，True Space 4.0 将高级的光传导渲染法（radiocity）与传统的渲染功能完美地整合在一起，如光线追踪（raytrace）。光传导技术的运用可以大大加强场景的真实性。

True Space 4.0 与前几个版本一样拥有迷人的界面，在 True Space 4.0 中，增加了更多传统的控制元件，如按钮、面板、滑动器等，界面本身已经变成 3D 工作中的一部分了，并且完全可由 3D 硬件来加速。

由此可见，多媒体软件日新月异，未来的多媒体软件将会越来越往便捷的编辑处理方式发展，同时也会增加更多虚拟现实的编辑功能。

2.4.2　文本编辑

数字和文字可以统称为文本，是符号化的媒体中应用最多的一种，也是非多媒体计算机主要的信息交流媒介。

1. 文本数据的输入方式

1）直接输入

如果文本的内容不是很多，可以在制作多媒体作品时，利用多媒体制作软件中提供的文字工具，直接输入文字。

2）幕后载入

如果在制作的作品中需要用到大量的文字，应考虑录入人员在专用的文字处理软件中将文本输入到计算机中，并将其存储为文本文件，再载入到多媒体作品中。

3）利用 OCR 技术

如果要输入印刷品上的文字资料，可以使用 OCR 技术。OCR 技术是在计算机上利用光学字符识别软件控制扫描仪，对所扫描到的位图内容进行分析，将位图中的文字影像识别出来，并自动转换为 ASCII 字符。识别效果的好坏取决于软件的技术水平、文本的质量以及扫描仪的解析度。

4）其他方式

如手写识别、语音识别等。

2. 相关的文本处理软件

常用的文本编辑软件包括 Microsoft Word、WPS；常用的文本录入软件包括 IBM ViaVoice、汉王语音录入和手写软件、清华 OCR、尚书 OCR 等。

2.4.3　音频编辑及其处理

1. 音频数据采集、编辑与处理

声音与音乐在计算机中均以数字音频方式存储，是多媒体作品中使用最多的一类媒体信息。音频主要用于节目的解说配音、背景音乐以及特殊音响效果等。音效就是指由音频所制造的效果，是指为增加场景的真实感、氛围或戏剧效果，而加于声带上的音频。音效包括数字音效、环境音效、MP3 音效(普通音效、专业音效)。

通常将音频制作成前两种格式存储起来。其中，波形音频的应用最广，利用波形音频能够录制或播放语音及各种音响，也可以从 CD-ROM 光盘驱动器中加载声音和其他数据。而 MIDI 音频则仅适用于重现打击乐或一些电子乐器的声音，通常用于仅有音乐的场合。

1)音频获取的途径

这些途径包括：完全自己制作；利用现有的声音素材库；通过其他外部途径购买版权获得音频。

2)音频数据的处理

音频数据处理软件可分为两大类，波形音频处理软件和 MIDI 软件。

对于已有的 WAV 文件，波形音频处理软件可以对其进行各种处理，常见的有波形显示、波形的剪贴和编辑、声音强度的调节、声音频率的调节、特殊的声音效果等功能，常用的波形音频处理软件有 Wave Edit、Creative Wave Studio 等。

MIDI 软件编辑处理 MIDI 文件，如 MIDI Orchestrator。

2. 数字波形音频的采集、编辑处理与输出操作

(1) Wave Edit 是 Voyetra 公司的音频处理软件。主要功能有如下几点：① 波形文件的录制及录制参数(采样率、量化位数、单双声道、压缩算法)的设定；② 波形文件的存储，存储的文件格式和压缩标准的选择；③ 文件格式与参数的变换；④ 波形文件选定范围播放，记录播放时间；⑤ 声音的编辑，剪切、拷贝、插入、删除等操作；⑥ 音频变换与特殊效果，改变声音的大小、速度、回音、淡入与淡出等。

(2) Creative Wave Studio 这种易于使用而又功能强大的应用程序可以在 Windows 环境下录制、播放和编辑 8 位和 16 位的波形数据。配合各种特殊效果的应用，有助于增强波形数据。它的主要功能有如下几点：① 录制波形文件；② 处理波形文件：制定波形格式、打开波形文件、保存波形文件、混合波形文件数据；③ 对波形文件使用特殊效果：反向、添加回音、倒转波形、饶舌、插入静音、强制静音、淡入与淡出、声道交换、声音由左向右移位与声音由右向左移位、相位移、转换格式、修改频率、放大音量等；④ 自定义颜色：可配置在编辑或预览窗口中显示波形数据时所使用的颜色；⑤ 处理压缩波形文件。

3. MIDI 的制作、编辑与输出操作

MIDI 编辑软件以 Voyetra 公司的 MIDI Orchestrator 编辑软件为例。其主要操作包括如下几点：① MIDI 文件的制作；② MIDI 文件的编辑：改变播放声音、改变音高、选择通道等；③ MIDI 文件的存储；④ MIDI 文件的播放；⑤ MIDI 乐谱的生成和打印。

2.4.4 视频编辑及其处理

1. 视频数据采集、编辑与处理

1)视频获取的途径

视频获取途径主要有如下几点：

互联网数字化图形、图像素材库、利用视频卡捕获视频。

2）视频编辑

数字视频编辑与模拟视频编辑有很多共同点，因此有大量的相关概念。

A/B ROOL（A/B 卷）：是指由两个独立的视频源编辑合成的视频。

合成视频与 S-VIDEO：合成视频是指色度和亮度信息已经合成在同一视频信息中，而 S-VIDEO 立面的色度和亮度信息分离成两路独立的信号。

3）视频合成

视频合成是指将一个视频信号叠加在另一个视频信号上，并合成为单一视频文件的过程。

4）编辑决策表

编辑决策表是一系列视频编辑指令的列表，它可以由视频编辑软件生成。在 EDL 中包含了时间代码标记、持续时间、修剪标记、顺序、过渡效果等方面的信息。

2. 常用视频采集工具

多媒体节目中动态视频有 AVI、M-JPEG、MPEG 3 种格式，均需要软件或特殊的硬件进行播放。由于大多数多媒体制作软件不能捕捉或编辑动态视频，所以它们的采集及加工工作需要专门进行。

常用的视频软件有 Microsoft Video For Windows、Adobe Premiere 等。

3. 视频编辑软件概述

Adobe Premiere 是一种专业化数字视频处理软件，它可以配合多种硬件进行视频捕捉和输出，提供各种精确的视频编辑工具，并能产生广播级质量的视频文件。因此，它可以为多媒体应用系统增加高水平的创意。

1）Adobe Premiere 的功能特点

Adobe Premiere 可以实时采集视频信号，采集精度取决于视频卡和 PC 机的功能，主要的数据文件格式为 AVI；将多种媒体数据综合处理为一个视频文件；具有多种活动图像的特效处理功能；可以配音或叠加文字和图像。

2）Adobe Premiere 编辑数字视频的基本过程

在视频编辑过程中，输入要编辑的各个视频段、音频段或图像并浏览；对各个视频段或图像应用过渡方法；对视频片段使用图像滤波；设计画面运动方式；预览编辑后的视频效果；满意后生成最终视频文件存盘。

3）过渡效果的应用

在 Adobe Premiere 中，过渡是指两个视频轨道上的视频片段有重叠时，从其中一个片段平滑地、连续地变化到另一个片段的过程。由于 Adobe Premiere 在这个过程中加入了富有艺术性和视觉反映的技术，使得人们看到一种不同于原始素材和超自然的视觉效果。

4）视频媒体中过滤效果的应用

在 Adobe Premiere 中，过滤效果是作用在单个视频片段上，对视频片段施加某种变换后输出的特技效果。有过滤效果的片段和普通片段在视觉效果上存在着较大的差别。

2.4.5　图形图像编辑及其处理

1. 图形与图像数据的编辑与处理

1）图像的采集和存储

多媒体应用对图形、图像有不同的要求。这些素材可以从以下几个途径获得：数字化图形、图像素材库；使用软件创建图形、图像；利用扫描仪扫描图像，利用摄像机捕获图像，利用数码相机拍摄图像，使用解压卡捕获图像，通过网络下载图形、图像。

2）常用图像处理技术与特技处理

常用图像处理技术包括：图像增强、图像恢复、图像识别、图像编码、位图转换为矢量图等。

图形、图像的特技处理包括：图形、图像的模糊、锐化、浮雕、旋转、透射、变形、水彩化、油画化等多种效果。

在众多图像处理软件中，Photoshop 以其完备的图像处理能力和多种美术处理技巧为许多专业人士所青睐。它既是一种先进的绘图程序，也可以用来修改和处理图像。它的主要功能有：绘图功能、浮动功能、变形功能、滤镜功能、图层功能等。

2. 处理和加工图像

（1）图像的显示控制：图像的缩放、查看图像的每个部分、布置图像窗口、全屏显示图像等；

（2）校正图像的色彩；

（3）改变图像的尺寸；

（4）旋转和翻动图像；

（5）图像的变形操作；

（6）工具箱的编辑操作；

（7）不同类型的图像文件间的转换；

3. 选择区域操作

（1）规则画面的选取：使用剪裁工具；利用菜单的复制和剪切命令；利用选择菜单操作。

（2）套索工具、多边形套索工具。

（3）魔术棒工具。

（4）笔尖工具。

（5）使用菜单命令选择一个区域。

4. 滤镜

（1）校正性滤镜：如清除原图像上的灰尘、划痕、色沉着等。

（2）畸变形滤镜：主要是为了产生一些特效，改变的效果特别明显。

5. 文字的艺术效果

（1）采用渐变颜色填充设置文字的艺术效果。

（2）采用图层样式设置文字艺术效果。

（3）结合滤镜等设置文字艺术效果。

6. 用图层设计图像

（1）图层样式设置。

（2）图层透明度调整。

（3）图层显示与隐藏。

7. 颜色通道

（1）利用颜色通道进行透明物体的抠图。

（2）利用颜色通道进行颜色分量的调整。

8. 工具箱和调色板

（1）利用工具箱可分类管理各种工具，获得多种操作功能。

（2）利用调色板进行不同颜色模型的色彩调整。

2.4.6　动画编辑

动画具有形象、生动的特点，适宜模拟表现抽象的过程，易于吸引人的注意力。动画素材的准备要借助于动画创作工具，如三维动画创作工具 3D Studio 等。

1. 手工式动画

影片式动画：如 Director，其动画是以角色为主题的，制作时必须单独设计每一个运动物体，并为每个物体制定特性。动画的每帧画面中都有几个角色成员，角色成员能独立于帧画面，它们可以在连续的帧画面中独立地改变自己的位置和形象，动画中可以含有音乐和同步的配音。

帧动画：它是一幅幅画面的简单叠加，放映时只需要快速的一幅一幅显示即可。

2. 影集式动画

AVI 动画：利用影像捕捉卡和相关的软件，对实时视频信号或录像带上的影像进行连续捕捉，捕捉下来的画面可以生成 AVI 动画。

MPG 动画：它的生成机制与 AVI 动画相类似。

3. 3ds Max 编辑软件

3D Studio Max 是 Discreet 公司开发的（后被 Autodesk 公司合并）基于 PC 系统的三维动画渲染和制作软件。其前身是基于 DOS 操作系统的 3D Studio 系列软件。在 Windows NT 出现以前，工业级的 CG 制作被 SGI 图形工作站所垄断。3D Studio Max 和 Windows NT 组合后，CG 制作变得容易了，并开始运用在电脑游戏的动画制作中，而后更进一步开始参与影视的特效制作。在 Discreet 3ds Max 7 后，正式更名为 Autodesk 3ds Max。3ds Max 主要包含以下功能和特色：

（1）与 Windows NT 的界面风格完全一致，具有 Windows NT 界面的全部优点；

（2）一体化的制作环境，3ds Max 把可以制作出广播级质量的景物和动画的所有工具，根据使用者操作习惯集成在一个一体化的制作环境中，而且这些功能模块都采用了新的非模块化程序设计技术。

（3）细腻的画面和出色的渲染功能。

（4）实现任意对象的动画变化效果。

（5）面向对象的特性。

（6）控制时间，提供了基于时间轴的视图。

（7）改进的捕捉功能。

（8）提供了大量功能丰富的调整器。

（9）具有数据历史、工作的记录与跟踪功能。

（10）高度的可扩展性。

2.4.7　多媒体操作系统

多媒体操作系统，又称多媒体核心系统。多媒体操作系统除了具有 CPU 管理、存储管理、设备管理、文件管理、线程管理等五大功能外,还增加了多媒体功能和通信支持功能。一般是在已有的操作系统基础上扩充、改造或者重新设计。多媒体操作系统采用图形界面实现人机交互功能。PC 机上最广泛的多媒体操作系统是 Microsoft 公司在 PC 机上推出的 Windows 操作系统,它不但拥有大量的应用程序,还拥有面向专业领域的软件和适合一般用户需要的软件。它在多媒体方面的功能主要有如下几点:

(1) 多媒体数据编辑:Windows 操作系统定义的默认音频视频格式,内含多媒体编辑和播放工具等。

(2) 与多媒体设备联合:支持数字或模拟多媒体设备,获取外部多媒体设备的信息并对外输出信息。

(3) 多媒体同步:支持多处理器、多媒体实时任务调度和多媒体数据的多种同步方式,还能进行多媒体设备的同步控制。

(4) 通信网络:提供网络和通信系列功能,使得多媒体计算机可方便地接入局域网或互联网,实现对多媒体数据的网间传输。

Intel/IBM 在数字视频交互 DVI 系统开发中推出了音频视频子系统 Avss 和音频视频核心系统 AVK。Apple 公司在 Macintosh 上推出的 System 7.0 中提供了 QuickTime 多媒体操作平台。

随着计算机多媒体等技术的发展,多媒体系统被不断研发。而多媒体系统大多是在计算机系统的基础上开发的,但这些多媒体系统中的操作系统在对连续媒体进行操作时,却不得不面临很多原有计算机系统不存在的新问题。例如,用户在从网络上阅读一个视频邮件时,可能会同时打开另一个文本文件,这时视频产生了扭曲、抖动等不同步的现象。产生这些问题的主要原因有如下几点:

(1) 缺乏操作系统的实时支持。

(2) 缺乏基于服务质量的资源管理。

(3) 缺乏对系统的输入、输出的有效的管理和控制。

(4) 缺乏适合连续媒体的文件系统。

智能手机操作系统的多媒体功能也不容小觑,智能手机操作系统作为移动互联网整个产业链中最为关键的一环,对移动互联网产业链有着举足轻重的影响,因此,研发具有适应客户应用需求的智能手机操作系统成为各大手机开发公司的主要研发任务,我国也在研发具有自主知识产权的智能手机操作系统。

练　习

一、选择题

1. 下列(　　)是 MPC 对音频处理能力的基本要求?

(1) 录入声波信号　(2) 处理声波信号

(3) 重放声波信号　(4) MIDI 技术合成音乐

A. (1)(3)(4)　　B. (2)(3)(4)

C. (1)(2)(3)　　D. 全部

2. 下列(　　)是 MPC 对视频处理能力的基本要求？
   (1) 播放已压缩好的较低质量的视频图像
   (2) 实时采集视频图像
   (3) 实时压缩视频图像
   (4) 播放已压缩好的高质量、高分辨率的视频图像
   A. (1)　　　　B. (1)(2)
   C. (1)(2)(3)　　　　D. 全部
3. 下列(　　)是 MPC 对图形、图像处理能力的基本要求？
   (1) 可产生丰富形象逼真的图形　(2) 实现三维动画
   (3) 可以逼真生动地显示彩色静态图像　(4) 实现一定程度的二维动画
   A. (1)(3)(4)　　　　B. (2)(3)(4)
   C. (1)(2)(3)　　　　D. 全部
4. 多媒体硬件系统应该有的硬件配置是(　　)。
   (1)光盘驱动器　(2) 高质量的音频卡
   (3) 计算机最基本配置　(4) 多媒体通信设备
   A. (2)(3)(4)　　　　B. (1)(2)
   C. (1)(2)(3)　　　　D. 全部
5. 多媒体软件可分为(　　)。
   A. 多媒体系统软件,多媒体应用软件
   B. 多媒体系统软件,多媒体操作软件,多媒体编程语言
   C. 多媒体系统软件,多媒体支持软件,多媒体应用软件
   D. 多媒体操作系统,多媒体支持软件,多媒体著作工具
6. 多媒体计算机系统主要由(　　)组成。
   A. 多媒体硬件系统和多媒体软件系统
   B. 多媒体硬件系统和多媒体操作系统
   C. 多媒体输入系统和输出系统
   D. 多媒体输入设备和多媒体软件系统
7. 关于多媒体系统的描述中,不正确的是(　　)。
   A. 多媒体系统是对文字、图形、声音等信息及资源进行管理的系统
   B. 数据压缩是多媒体处理的关键技术
   C. 多媒体系统可以在微型计算机上运行
   D. 多媒体系统只能在微型计算机上运行
8. 下列声音文件格式中,(　　)是波型声音文件格式。
   A. WAV　　B. MP3　　D. VOC　　D. MID
9. 音频与视频信息在计算机内是以(　　)表示的。
   A. 模拟信息
   B. 模拟信息或数字信息
   C. 数字信息
   D. 某种转换公式

10. 以下文件中不是声音文件的是(　　)。

A. MP3 文件　　B. WMA 文件

C. WAV 文件　　D. JPG 文件

二、思考题

1. 常用动画制作软件有哪几种？各有什么特点？
2. 多媒体常用输入/输出设备有哪些？

第3章　数字音频处理

随着多媒体信息处理技术的发展，音频处理技术受到了重视，并得到广泛的应用，如军事演习音效控制、视频图像的配乐、静态图像的解说、可视电话、虚拟现实技术中的声音模拟、电子读物有声输出等。

本章将介绍音频的概念、音频的数字化、语音合成技术、语音识别技术等，重点讲述语音合成技术、音乐合成技术、语音识别的关键技术以及语音识别的应用。

3.1　音频信号基础

3.1.1　模拟音频信号

声音是通过物体振动产生的，是通过介质（空气等）传播并能被人或动物听觉器官所感知的波动现象。噪声的无规律性表现在它的无周期性上，而有规律的声音可用连续的曲线来表示，因此也可称为声波。

这种在时间和幅度上都连续的声波信号，称为模拟信号。另外，磁带、老式密纹唱片上记录的以及 AM、FM 广播记录的音频信号也是模拟信号。

1. 声音的三要素

1）音调

音调与声音的频率有关，一般情况是频率高则音调高，频率低则音调低。但同时音调也与声音强度有关，对一定强度的纯音，音调随频率的升降而升降；对一定频率的纯音，低频纯音的音调随声强增加而下降，高频纯音的音调却随强度增加而上升。大体上，2000Hz 以下的低频纯音的音调随强度的增加而下降，3000Hz 以上高频纯音的音调随强度的增加而上升。对音调可以进行定量的判断，音调的单位为 mel（美）：取频率 1000Hz、声压级为 40dB 纯音的音调作标准，称为 1000mel，另一些纯音，听起来调子高 1 倍的称为 2000mel，调子低 1 倍的称为 500mel，依此类推，可建立起整个可听频率内的音调标度。音调还与声音持续的时间长短有关，非常短促（毫秒量级或更短）的纯音，只能听到像打击或弹指那样的“咔嚓”一响，感觉不出音调。持续时间从 10ms 增加到 50ms，听觉对音调由低到高连续变化超过 50ms 时，音调就稳定不变了。乐音（复音）的音调更复杂些，一般复音可认为主要由基音的频率来决定。

2）音强

它又称为声音的响度。往往由音频的振幅决定，音频信号的振幅决定了声音的大小和强弱。音强常用信噪比，即 SNR（Signal to Noise Ratio）来表示，通常以 S/N 表示，信噪比是指音响系统对音源的重放声与整个系统产生的新的噪声的比值，其噪声主要有热噪声、交流噪声、机械噪声等。一般检测此项指标以重放信号的额定输出功率与无信号输入时系统噪声输出功率的对数比值分贝(dB)来表示。信噪比越高表示音频品质越好,设备的信噪比越高表明它产生的杂音越少。信噪比一般不应该低于70dB,高保真音箱的信噪比应达到110dB以上。信噪比计算公式如下:

$$\mathrm{SNR} = 10 \times \lg\left(\frac{P_{\mathrm{Signal}}}{P_{\mathrm{Noise}}}\right)$$

通过音强模型可以得出,信噪比每增加10dB,强度就增加10倍,增加20dB强度增为100倍,增加30dB则强度增为1000倍。

响度是人耳判别声音由小到大的强度等级概念,它不仅取决于声音的强度(如声压级),还与它的频率及波形有关。响度的单位为“宋”(sone),1宋的定义为声压级为40dB,频率为1000Hz,且来自听者正前方的平面波形音频和响度的强度。如果另一个声音听起来比1宋的声音大n倍,即该声音的响度为n宋。

3)音色

音色由混入基音的泛音所决定的。每个基音都有其固有频率和不同音强的泛音,因此使得每个声音具有特殊的音色效果。

2. 声音三要素与声波的三个属性紧密联系

1)音调与基频

人对声音频率的感觉表现为音调的高低,在音乐中称为音高。音高是指声波的基频。基频越低,给人的感觉越低沉。音乐的音高标准是1939年在伦敦国际会议上确定的。

2)音色与泛音

人们能够分辨具有相同音高的钢琴和小提琴声音,正是因为其具有不同的音色,也就是说用钢琴和小提琴演奏同一首乐曲,听起来感觉不同。音色是由混入基音的泛音所决定的。

音乐中听到的信号是各种乐器以不同的方式振动、共鸣而产生的,不同的乐器有不同的振动方式,产生的音色有很大差别,这种差别就是因为乐器所发出的声音内包含的泛音在数量、强度等方面有所不同引起的。

3)音强与幅度

判断乐音的基础是音强,它是指声音信号中主音调的强弱程度。人耳对于声音细节的分辨与强度有直接关系,只有在强度适中时人耳辨音才最灵敏。如果一个音的强度太低,则难以正确辨别其音高和音色。

客观上,通常用频率带宽、信噪比等指标衡量音频信号的质量。音频信号的频带越宽,所包含的音频信号分量越丰富,音质越好。音频的动态范围是指音频的听觉范围,动态范围越大,信号强度的相对变化范围越大,而信噪比是有用信号与噪声之比,信噪比越大,声音质量越好。

众所周知,模拟磁性录音技术已经有很多年,这一技术的原理被广泛地用于采集、播放各种各样的声音,如音乐、配乐、特殊音效等。这种模拟录音方式是直接记录音频信号的波形,重放时用唱针扫描槽纹来拾取信号。但模拟磁性录音性能受电磁性能的影响很大,磁带的频率特征微小的变化都会对音质产生影响。目前模拟录音的动态范围至少可达100dB,单通道模式甚至能达到140dB,若想进一步提高录音、放音的音质,只能求助于数字音频技术,而实际上人耳的动态听力极限是90dB,在日常的环境里,声音有无限的反射，人耳的结构能根据这些细微的声音反射，本能地判断声源位置、空间大小以及空间质感。

3.1.2 数字音频信号

数字音频是一个数据序列，它是由模拟音频经过采样、量化和编码后得到的。把模拟信号转换成数字信号的最基本的编码方法称为脉冲编码调制。采样是把时间连续的模拟信号转换成时间离散、幅度连续的采样信号。量化是将时间离散、幅度连续的采样信号转换成时间离散、幅度离散的数字信号。编码是将量化后的信号编码形成二进制的数据，无论是采用、量化还是编码，每一个过程信号都会有一定的损失，由于人耳具有遮蔽效应，因此这三个步骤并不会对听觉造成任何影响，通过这三个步骤模拟音频信号就转化成了数字信号。

数字音频系统是通过将声波波形转换成一连串的二进制数据来再现原始声音的，实现这个步骤使用的设备是模/数转换器。它以上万次每秒的速率对声波进行采样，每一次采样都记录下原始模拟声波在某一时刻的状态，称为样本。时间间隔称为抽样周期，它的倒数称为采样频率。

将一串样本连接起来，就可以描述一段声波了，每一秒所采样的数目称为采样频率或采率，单位为 Hz（赫）。常用的音频采样频率有 8kHz、11.025kHz、16kHz、22.05kHz、37.8kHz、44.1kHz。

采样频率越高所能描述的声波频率就越高。采样必须满足采样定理，即对于随时间连续变化的模拟信号波形，必须用该信号所含的最高频率的 2 倍来进行采样，才能保证原模拟信号不丢失，在数学模型上固定以后被称为采样定理，采样定理由美国物理学家哈利·奈奎斯特提出，故而又被称为奈奎斯特理论。对于每个采样，系统均分配一定存储位（bit 数）来表达声波的声波振幅状态，称为采样分辨率或采样精度，每增加一个 bit，表达声波振幅的状态数就翻一番。采样精度越高，声波的还原就越细腻。可以计算出 16bit 能够表达 65536 种状态。

音频资源的文件格式用来提供计算机平台之间的应用和交换的兼容性，其中除了音频数据外有些还包括控制数据，如很多文件格式在文件头部描述了文件的取样速率、比特率、信道的数量和压缩的类型等信息。目前流行的音频文件格式有 WAV、MP3、Real Media、Windows Media 等格式。

应用最广泛的音频格式包括 MP3 格式，Real Media（此类格式有以下几个形式：RA、RM、RAM 等，主要应用于网络广播类流媒体），Windows Media（包括 ASF、ASX、WMA、WAX）这三种格式。其他格式，如 QuickTime、WAV 格式、杜比 AC-3、MIDI、VQF、Ogg Vorbis、MP3 PRO、MP4、MPEG-2 AAC 格式等相对使用较少。

按播放使用方式来划分，主要分为下载格式和流媒体格式。MP3 格式是下载格式，需要先下载后播放。而 Windows Media 和 Real Media 都是既可以下载后播放又可以以流媒体格式播放。相比之下，服务器在流式传输模式下，可以提供更高的并发连接数，具有更好的服务性能，是应该优先考虑选择的。

按压缩情况划分，WAV 格式未加以压缩，其他格式均是压缩格式。从上述分析来看，应该从 Real Media 和 Windows Media 中选择一种，从开发和使用成本来考虑，选择

Windows Media。这样的选择也兼顾到了用户希望能将下载的音频资料复制到 MP3 播放器中使用的需求,因为市场上销售的 MP3 播放器几乎 100% 支持 WMA 格式的音频文件,而能够支持 Real Media 格式的播放器则很罕见。

3.1.3 声音的数字化过程

数字化主要包括采样和量化两个方面。相应地,数字化音频的质量也取决于采样频率和量化位数这两个重要参数。

1. 采样

采样定理最早是由美国电信工程师哈利·奈奎斯特在 1928 年提出的,在数字信号处理领域中,采样定理是连续时间信号和离散时间信号转化的基本桥梁。在进行模拟/数字信号的转换过程中,当采样频率大于信号中最高频率的 2 倍时,采样之后的数字信号能完整地保留原始信号中的信息,一般实际应用中保证采样频率为信号最高频率的 2.56 ~ 4 倍。采样就是在某些特定的时刻对模拟信号进行取值。采样的过程是每隔一个时间间隔在模拟信号的波形上取一个幅度值,把时间上的连续信号变成时间上的离散信号。该时间间隔称为采样周期,其倒数为采样频率。采样频率表征计算机每秒采集多少个声音样本。一般来说,采集频率越高,采集的间隔时间越短,则在单位时间内计算机得到的声音样本数据就越多,对声音波形的表示也越精确,声音失真越小,用于存储音频的数据量越大。

2. 量化

采样解决了音频波形信号在时间坐标上把一个波形切分成若干个等份的数据化问题,使连续信号成为离散取值信号,但是每个样本某一瞬间声波幅度的电压值的大小仍为连续值,将每个采样值在幅度上进行离散化处理的过程称为量化。

量化可分为均匀量化和非均匀量化。均匀量化是把采样后的信号按整个声波的幅度等间隔分成有限个区段,把落入某个区段内的样值归为一类,并赋予相同的量化值。非均匀量化是根据信号的不同区间来确定量化间隔的。对于信号值小的区间,其量化间隔也小;反之,量化间隔就大。这样就可以在满足精度要求的情况下用较少的位数来表示。非均匀量化优点主要是在非均匀量化时,量化间隔和信号抽样值大小有关,抽样值越大,其量化间隔越大,抽样值越小,其量化间隔越小。这样当输入非均匀量化器的信号具有非均匀分布的概率密度时,非均匀量化器的输出端得到的平均信号量化噪声功率比较高。非均匀量化时,信号抽样值与量化噪声功率的均方根值成正比,也就是信号抽样值越小,其量化噪声功率的均方根值越小,其信噪比越大,所以非均匀量化在处理小信号时,可以得到较好的量化信噪比。而在均匀量化中,量化误差的最大瞬时值等于量化间隔的一半,这对于小信号来说可能会比较大,因此小信号并不适合均匀量化,而是适合非均匀量化。

3. 编码

模拟信号经过采样和量化后,形成一系列的离散信号。这种数字信号可以以一定的方式进行编码,形成计算机内部运行的数据。经过编码后的声音信号就是数字音频信号。音频压缩编码就是在编码基础上进行的。音频编码有许多标准,包括波形编码、预测编码、参数编码、变换编码、子带编码、统计编码。波形编码是最简单也是应用最早的语音编码方法。最基本的一种就是 PCM 编码,如 G.711 建议中的 A 律或 μ 律。APCM、DPCM

和 ADPCM 也属于波形编码的范畴,使用这些技术的标准有 G. 721、G. 726、G. 727 等。波形编码具有实施简单、性能优良的特点,不足之处是编码带宽往往很难再进一步下降。预测编码是出于语音信号在短时间段内(一般是 30ms)具有平稳信号的特点考虑的,因而对语音信号幅度进行预测编码是可行的。最简单的预测是相邻两个样点间求差分,编码差分信号,如 G. 721。但更广为应用的是语音信号的线性预测编码(LPC)。几乎所有的基于语音信号产生的全极点模型的参数编码器都要用到 LPC,如 G. 728、G. 729、G. 723. 1 等。参数编码是建立在人类语音产生的全极点模型的理论上,参数编码器传输的编码参数也就是全极点模型的参数基频、线谱对、增益。对语音来说,参数编码器的编码效率最高,但参数编码器不适合所有音频信号。典型的参数编码器有 LPC-10、LPC-10E;变换编码在语音信号中作用不大,但在音频信号中它却是主要的压缩方法。比如, MPEG 伴音压缩算法(含 MP3)用到 FFT、MDCT 变换,AC-3 杜比立体声用到 MDCT 编码,G. 722. 1 建议中采用 MLT 变换。在近年来出现的低速率语音编码算法中,正弦变换编码(STC)和波形插值(WI)占有重要的位置,小波变换和 Gabor 变换在其中也有用武之地;子带编码一般是同波形编码结合使用,如 G. 722 建议使用的是 SB-ADPCM 技术。但子带的划分更多是对频域系数的划分(这可以更好地利用低频带比高频带感觉重要的特点),故子带编码中,往往先要应用某种变换方法得到频域系数,在 G. 722. 1 中使用 MLT 变换,系数划分为 16 个子带;MPEG 伴音中用 FFT 或 MDCT 变换,划分的子带多达 32 个;统计编码在图像编码中大量应用,但在语音编码中出于对编码器整体性能的考虑(变长编码易引起误码扩散)很少使用。对存在统计冗余的信号来说,统计编码确实可以大大提高编码的效率,所以,近年来出现的音频编码算法中,统计编码又重新得到了重视。MPEG 伴音和 G. 722. 1 建议中采纳了霍夫曼变长编码。

3.2　人耳对声音的感知

在多媒体系统中,音频信号可分为两类:语音信号和非语音信号。非语音信号又可分为乐音和杂音。非语音信号的特点是不具有复杂的语意和语法信息,信息量低,识别简单。语音是语言的物质载体,语言是人类社会特有的一种信息系统,是社会交际工具的符号。

3.2.1　听觉与音频信号

1. 音频信号处理的特点

(1) 音频信号是时间依赖的连续媒体。因此音频处理的时序性要求很高。如果在时间上有 25ms 的延迟,就会感到断续。

(2) 由于人接收声音有左右两个通道,因此为使计算机模拟自然声音,也应有两个声道,即理想的合成声音应该是立体声的。

(3) 由于语音信号不仅仅是声音的载体,同时还携带了情感的意向,所以对语音符号的处理不仅是信号处理问题,还要抽取语意等其他信息,还会涉及社会学、语言学等。

人类听觉系统(Human Auditory System,HAS)功能复杂,它不仅是一个声音接受器,还是一个声音分析器,同时还能判别响度、音调和音色,而这些功能几乎都是与大脑结合作用的产物。因此,人耳听觉特性涉及生理声学和心理声学两方面的问题。

2. 人耳听觉的强度和频率范围

声音能否被听到,主要取决于它的频率和强度,正常人听觉频率范围为 20Hz ~ 20kHz,强度范围为 -5 ~ 130dB。人耳对声音的感知响度随着分贝和频率的不同而不同,声音强度相同时,人耳对频率范围在 1 ~ 5kHz 频段的声音最敏感。频率高于或低于这个频段时,人耳的听觉灵敏度开始逐渐下降。图 3-1 所示为在安静环境下人耳听觉绝对阈值曲线。能量值位于曲线以下的声音人耳无法察觉到,只有当声音的能量超过临界曲线时,才能被听到。

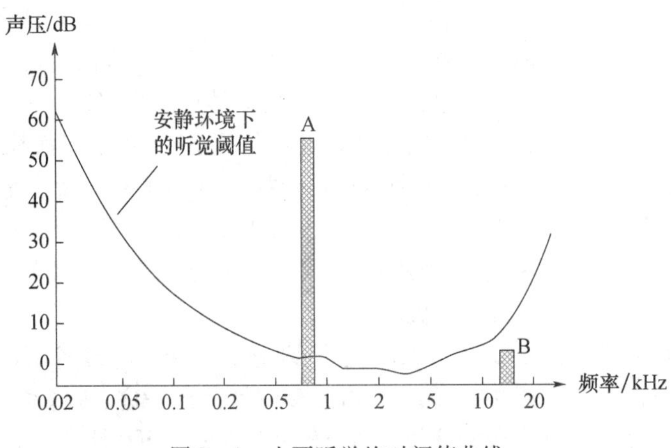

图 3-1 人耳听觉绝对阈值曲线

人耳所能听到的声压级在 0 ~ 140dB,通常情况下,120 ~ 130dB 为大型喷气式飞机在附近的轰鸣声;110dB 为打雷声;10dB 为消声室产生的听觉感受。

表 3-1 所列为人对不同声音分贝的听觉感受。

表 3-1 人对不同声音分贝的听觉感受

分贝值/dB	听觉感受
0	约 3m 外一只飞着的蚊子引起的噪声
10	一个普通人呼吸产生的声音
20	风吹过树林时发出的沙沙声,耳语声
30	悄悄说话的声音
40	图书馆里的噪声
50	正常的室内交流的声音
60	在餐馆吃饭、聊天时发出的声音
70	吸尘器所发出的声音
90	摩托车引擎启动时发出的噪声,喧闹的庙会所发出的声音
100	手持式凿岩机工作时发出的噪声
110	人体开始感觉难受的临界点

3. 人耳的掩蔽效应

掩蔽效应(Masking Effect)是指当存在一个较强声音时,弱的声音将不被人耳所察觉。人耳听不见的被掩蔽声音的最大声压级称为“掩蔽门限”。“掩蔽门限”取决于掩蔽和被掩蔽信号的频率、声压强及音调或噪声特性。图3-2所示为人耳听觉掩蔽曲线,由于A频带音频信号的能量远大于相邻频带,掩蔽曲线之下的其他频带信号都被掩蔽起来,即使其能量已超过绝对阈值曲线仍然无法被人耳察觉。

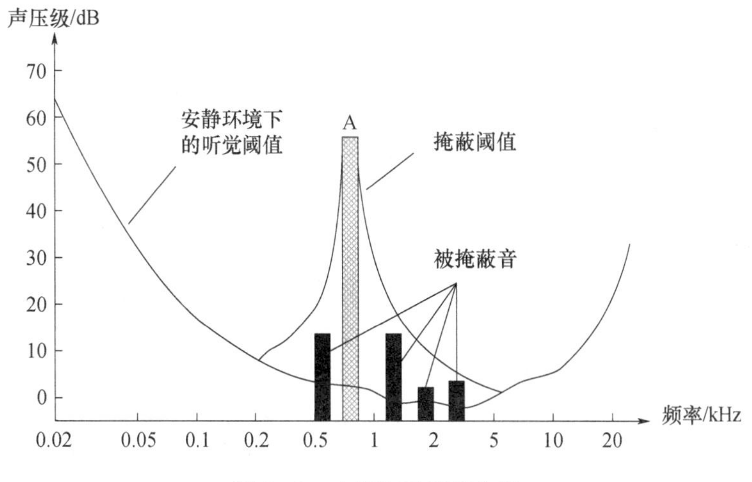

图3-2　人耳听觉掩蔽曲线

掩蔽效应分为“频域掩蔽”和“时域掩蔽”。频域掩蔽是指两个音频信号同时出现,若两者频率相近,较强的信号将使较弱的信号不易被听见。目前高质量的音频编码技术均运用了频率掩蔽模型。时域掩蔽可分为前掩蔽和后掩蔽。前掩蔽是指在强掩蔽声音出现之前5~20ms的时间内,被掩蔽声音不可听见。后掩蔽是指在强掩蔽声音消失后的50~200ms时间内,被掩蔽声音不可听见。回声隐藏技术就是利用了时域掩蔽效应。

4. 人耳对绝对相位不敏感

人耳对声音信号的绝对相位不敏感,只对其相对相位敏感。人耳能做短时的频率分析,对信号的周期性即音调很敏感,但感知信号相位却不灵敏。

人耳听觉的以上这些特性为数字音频压缩技术的可行性研究提供了理论依据。

3.2.2　数字音频的基本参数

数字音频的基本功能是以一定的采样率、一定量化位的分辨率录制和播放音频信号。其基本技术参数包括如下几点。

1. 采样频率

采样频率是指1秒内采集的次数。根据奈奎斯特采样理论,如果对某一模拟信号进行采样,则采样后可还原的最高信号频率只有采样频率的一半,或者说只要采样频率高于输入信号最高频率的2倍,就能从采样信号系列重构原始信号。因此,采样频率越高,它可恢复的音频信号分量越丰富,其声音的保真度越好。用44kHz的采样频率对声音信号进行采样时,可记录的最高音频为22kHz,这正是人耳能分辨的最高音频再加上一定的保护频带。所以,CD激光唱盘的音质与原始声音几乎毫无差别。这种音质就是超级高保真音质。

采样的三个标准频率分别为:44.1kHz、22.05kHz、11.025kHz。一般音频卡都有其特定的采样频率范围。

2. 量化位数

量化位数决定了模拟信号数字化后的动态范围。一般的量化位数为8位和16位。若以8位采样,则其波形的幅值可分为 $2^8=256$ 等份,等效的动态范围为 $20\times\lg(256)=48\text{dB}$。量化位越高,相当于信号的动态范围越大,数字化后的音频信号就越可能接近原始信号。

3. 声道数

单声道就是一次产生一组声波数据,如果一次同时产生两组声波数据,则称为双声道或立体声。双声道在硬件中要占两条线路,一条是左声道,一条是右声道。立体声不仅音质、音色好,而且更能反映人们的听觉效果。但立体声数字化后所占空间比单声道多一倍。

4. 数据率

音频信号数字化后,其数据率与信号在计算机中的实时传输有直接关系,而其总数据量又与计算机的存储空间有直接关系。因此,数据率是计算机处理时要掌握的基本技术参数。未经压缩的数字音频数据率可按下式计算:

$$\text{数据率}=\text{采样频率}\times\text{量化位数}\times\text{声道数}$$

其中数据率以bit/s为单位,采样以Hz为单位,量化位数以bit为单位。

如果采用PCM编码,音频数字化所需占用的空间可用如下公式计算:

$$\text{音频数据量}=\text{数据率}\times\text{持续时间}/8$$

其中音频数据量以字节(Byte)为单位,数据率以bit/s为单位,持续时间以s为单位。

5. 编码与压缩比

音频数据量很大,因此在编码时常常要采用压缩的方式。实际上编码的作用第一是采用一定的格式来记录数据,第二是采用一定的算法来压缩数据以减少存储空间和提高传输效率。压缩编码的基本指标之一就是压缩比,它定义为同一段时间间隔的音频数据压缩后的数据量与压缩前的数据量之比:

$$\text{音频数据压缩比}=\frac{\text{压缩后的音频数据量}}{\text{压缩前的音频数据量}}$$

压缩比通常小于1。在某些情况下,采用不同的采样指标实际上就进行了数据的压缩。理论上讲,压缩比越小,丢掉的信息越多、信号还原后失真越大。但实际上人耳对音频的细节并不太熟悉,这些信息的丢弃并不影响听觉感受。

3.3 语音合成技术

一般来讲,实现计算机语音输出有两种方法:一种是录音后的重放,一种是文字转换为语音。第二种方法是基于声音合成技术的一种声音产生技术,它可用于语音合成和音乐合成。

3.3.1 语音合成

文字-语音转换是语音合成技术的延伸,它能把计算机内的文本转换成连续自然的语音流，若采用这种方法输出语音，应该预先建立语音参数数据库、发音规则库等。需要输出语音时，系统按照需求先合成语音单元，再按照语音学规则或语言学规则，连接成自然的语流。

（1）计算机话语输出按照其实现的功能来分，可以分为以下两个方向：

① 有限词汇的计算机语音输出。它可以采用录音/重放技术，或者针对有限词汇采用某种合成技术，对语言理解没有要求，可用于语音报时、报站名等。

② 基于语音合成技术的文字－语音转换。

进行由书面语言到语音的转换，它并不只是由正文到语音信号的简单隐射，还包括对书面语音的理解，以及对语音的韵律处理。

（2）从合成采用的技术来讲可以分为发音参数合成、声道模型参数合成和波形编辑合成；从合成策略上来讲可以分为频谱逼近和波形逼近。

① 发音器官参数语音合成。这种方法对人的发音过程进行直接模拟。它定义了唇、舌、声带等的相关参数，来估计声道截面积函数，进而计算声波。

② 声道模型参数语音合成。该方法基于声道截面积函数或声道谐振特性合成语音，如共振峰合成器和LPC合成器。

③ 波形编辑语音合成技术。波形编辑语音合成技术是直接把语音波形数据库中的波形相互拼接在一起，输出连续语流。该技术在PSOLA方法的推动下得到很大的发展与广泛的应用。

（3）PSOLA就是基音同步叠加，它把基音周期的完整性作为保证波形及频谱平滑连续的基本前提，该算法按以下步骤实施：

① 对原始波形进行分析，产生非参数的中间表示。

② 对中间表示进行修改。

③ 将修改过的中间表示重新合成为语音信号。

1. 语音基元数据库的构建

任何一个计算机语言输出系统都有语音数据库，用于存储语音基元。构建语音基元数据库重点要考虑两个问题：基元的选择和语音数据的存储形式。

（1）基元的选择有多种方案，目前常用的有次音素、音素、音节、词汇、双音素、三音素等。基元选得大，容易获得较好的音质；基元选得小，数据量小，拼接灵活，但韵律修饰规则复杂。

（2）语音数据的存储形式可分为两大类：波形存储和参数存储。这取决于合成算法。为了减少数据量，一般要对语音数据进行压缩。

① 波形存储方式存储。该方式是数字化的语音波形数据。这些数据一般都经过编码，常用的编码方式有PCM等。它的主要优点是编码和解码算法简单，易于实时实现，缺点是数据量大。

② 参数存储方式存储。该方式是从语音信号中提取的参数，常用的有LPL参数、LSP、共振峰参数等。参数存储方式的主要优缺点和波形方式相反。主要优点是数据量小，易于实现韵律修改，但有限的参数很难表述自然语音的细微变化。

2. 韵律模拟

（1）自然语言中的韵律特征，在自然语流中，人们使用语调、节奏和重音等方式来表达说话者的语义和情感，这些特征是自然语流的重要组成部分。

(2) 韵律合成及方法。由于语音数据库中不可能把反映韵律变化的基元都选存进去，言语输出要想取得高质量，必须具备韵律合成的功能。语调、节奏和重音这些韵律特征是通过超音段特征——音高、音长、音强及频率分布的变化，而表现出来的。

(3) 韵律模拟的问题。要实现韵律模拟，需要解决韵律规则、韵律描述、计算模型和修改算法等问题。这要借助于语音学、语言学、心理学、信号处理等学科的成果。但目前对自然语流中韵律现象的研究还远未达到建立可计算韵律模型的要求。

3. 语音合成技术的应用

(1) 语音合成技术主要针对通信的不同技术、设备及应用方法的不同，采用了语音增强、语音编码及语音解码的功能来达到对信号分析、抑制噪声的作用。

(2) 在图像处理方面，语音合成技术也起到了很大的作用，它能够极大限度地对图像的处理产生良好的影响。

(3) 语音合成技术与语音识别技术、语音转换技术联合使用，可以更好地处理语音信号的噪声及语音信号的增强等各种问题。

(4) 针对现在普遍使用的手机业务，语音合成技术也可以更加方便地对语音进行改进。

(5) 在智能的交换领域及语音的呼叫方面，语音合成技术也起到了越来越重要的作用。

(6) 为了更好地对语音信号进行录入、处理及提取，可通过语音合成技术得到实现。

3.3.2 音乐合成

数字音频是一种数字式录音/重放的过程。在多媒体系统中，除了用数字音频的方式之外，还可以用采样合成的方式产生音乐。音乐合成的方式是根据一定的协议标准，采用音乐符号记录方法来记录和解释乐谱，并合成相应的音乐信号，这就是 MIDI 方式。

MIDI 是乐器数字接口的缩写，泛指数字音乐的国际标准。任何电子乐器，只要有处理 MIDI 信息的微处理器，并有合适的硬件接口，都可以称为一个 MIDI 设备。MIDI 不是把音乐的波形进行数字化采样和编码，而是将数字化电子乐器弹奏过程记录下来，当需要播放这首乐曲时，根据记录的乐谱指令，通过音乐合成器生成音乐声波，经过放大后由扬声器播出。音乐合成器生成音乐采用 MIDI 文件存储。MIDI 文件是用来记录音乐的一种文件格式，后缀名为 . mid 或 . midi。这种文件格式记录的不是音频数据，而是演奏音乐的指令，不同的指令与不同乐器相对应。MIDI 文件的特殊结构方便了音乐人，他们不用学习计算机中音频数据的编码原理，就可以用他们熟悉的传统音乐创作方式进行数字音乐的创作。

MIDI 音乐的产生过程为：MIDI 电子乐器通过 MIDI 接口与计算机相连，这样，计算机可通过音序器软件来采集 MIDI 电子乐器发出的一系列指令。这一系列指令可记录到以 . mid 为扩展名的 MIDI 文件中。在计算机上音序器可对 MIDI 文件进行编辑和修改。最后，将 MIDI 指令送往音乐合成器，由音乐合成器将 MIDI 指令符号进行解释并产生波形，然后通过声音发生器送往扬声器播放出来。

3.4　语音识别技术

语音识别是将人发出的声音、字或短语转换成文字、符号或给出响应，如执行控制、作出问答等，将可能取代键盘和鼠标成为计算机的主要输入手段。

语音识别的本质可以归结为模式识别和模式匹配的过程，与常规模式识别系统一样，语音识别过程一般分为两个步骤：第一步是系统“学习”或者“训练”阶段，这一阶段的任务是建立识别基本单元的声学模型以及文法分析的语言模型等；第二步是“识别”或“测试”阶段，根据识别系统的类型选择能够满足要求的一种识别方法，采用语音分析方法提取出这种识别方法所要求的特征参数，按照一定准则和测度与系统模型进行比较，通过判决得出识别结果。

语音识别系统框图如图3－3所示，待测语音通过麦克风输入系统的输入端，首先要经过预处理。预处理包括分帧、预加重、幅度归一化和端点检测。将分帧后的语音信号，逐帧进行特征提取。常用的特征包括：短时平均能量或幅度、短时平均过零率、短时自相关函数等。根据实际需要选择语音特征参数，这些特征参数的时间序列构成了待识别语音的模式，将其与模板库中的模板语音逐一进行特征匹配，获得最佳匹配结果的模板语音便是识别结果，最后将识别结果输出。模板语音是在系统使用前获得并存储起来的。为此，要输入一系列已知语音信号，提取它们的特征作为模板语音，这一过程称为训练过程。自动语音识别(Automatic Speech Recognition，ASR)技术是一种将人的语音转换为文本的技术。

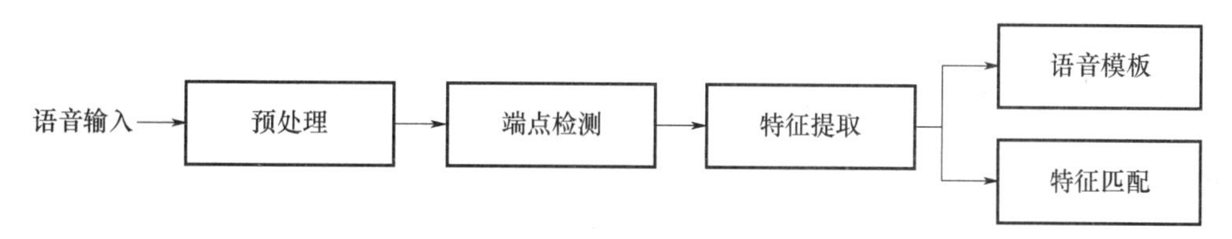

图3－3　语音识别系统框图

语音识别的研究领域比较广泛，归纳起来讲，主要有以下几个方面：

(1) 按照可识别的词汇量多少划分如下：

① 小词表语音识别，能识别词汇量小于100。

② 中词表语音识别，能识别词汇量大于100。

③ 大词表语音识别，能识别词汇量小于1000。

(2) 按照语音的输入方式划分如下：

① 孤立词语音识别。

② 连接词语音识别。

③ 连续语音识别。

(3) 按照发音人划分如下：

① 特定人语音识别。

② 限定人语音识别。

③ 非特定人语音识别。

(4) 说话人识别,对说话人的声纹进行识别。这是研究如何根据语音来辨认说话者并确认说话者。

3.4.1 语音识别的关键技术

语音识别系统是建立在一定硬件平台上的语音识别应用软件,由硬件和软件两部分组成。软件包括语音识别的核心程序以及相关的声学模型、词典、文法和语法模型等;硬件可以是计算机或者语音识别专用芯片,此外还包括语音录入设备、识别结果输出设备等。语音识别系统一般都要求对语音识别的结果作进一步处理,综合考虑环境适应、软硬件接口等因素,在实际环境下实现具体的应用,如汽车的语音控制系统、家电声控系统、智能玩具等。因此,实际应用中的语音识别系统是由语音识别软件和相关的外围设备组合而成的。从系统的功能角度出发,可以将语音识别系统分为语音信号预处理、语音识别核心算法、应用动作处理以及相关数据库等。语音识别关键技术包括以下几个方面。

1. 语音信号预处理

语音信号预处理部分的主要工作是对输入语音进行数字化采样、滤波、预加重等,在端点检测阶段检测出各种语音段落;语音识别核心算法主要包括参数分析和语音识别,参数分析部分负责提取待识别语音的特征参数,将输入的语音信号序列转化为特定的语音特征参数序列。语音识别部分进行输入语音特征矢量和系统模板的匹配识别,并根据字典、语法约束等生成识别结果;应用动作处理部分主要负责对识别结果进行实用化转换,把识别结果转化为具体的输出格式或动作,从而实现具体应用。一般语音识别系统框图如图3－4所示。

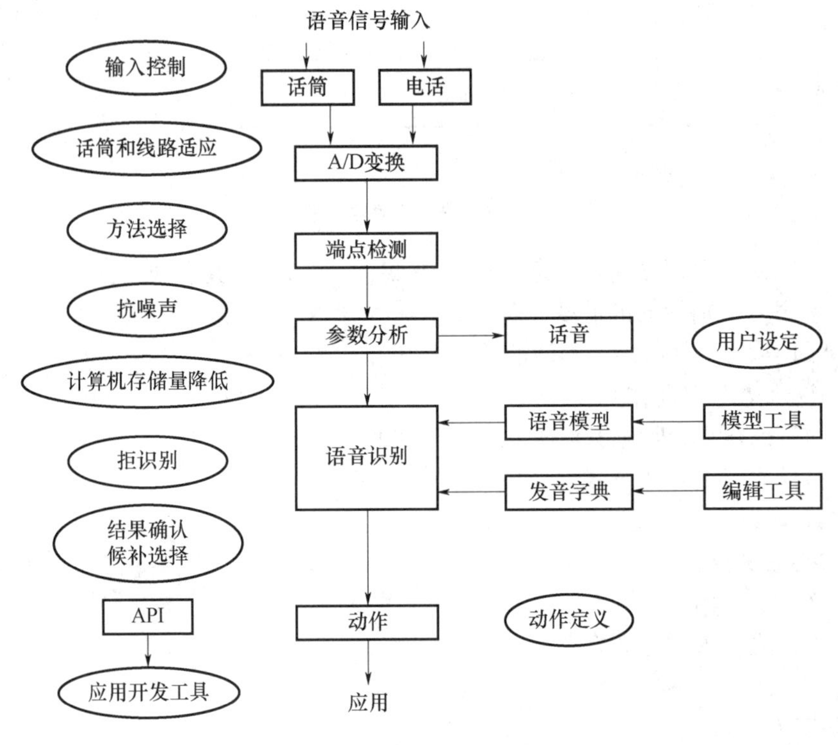

图3－4　一般语音识别系统框图

语音识别的预处理主要包括语音信号的数字化、预加重、加窗和分帧、端点检测等。在预处理之前必须先进行语音识别基元的选取。

1）语音识别基元的选取

在语音识别中，语音识别基元的选取是非常重要的环节，对系统的整体性能影响很大。对于不同的语言，其语言结构不尽相同，基元选取的考虑也不同：对于英语这种多音节语言，可以选取音素或者词作为识别基元；对于汉语这种单音节语言来说，则可以用音节字作为识别基元，也可以用词或者声、韵母等作为识别基元。语音识别基元选取的基本原则有以下两点：第一，识别基元要具有灵活的可组性，即基元能够代表语言中独立的基本个体，由这些基本个体可以灵活组成其他语言单位；第二，识别基元要具有稳定性，在不同的发音环境下也能体现语音的共性，从而保证对不同环境具有良好的适应能力。识别基元的选择还应综合考虑系统的词汇量、计算复杂度、存储量、训练所需的数据量以及基元在连续语音中的稳定性等因素。一般来说，小词汇量系统的识别基元可以选得大一些，如词或短语等；大词汇量系统的识别基元则应该选得小一些，如音素或者声韵母等。对于汉语连续语音识别，可以选择的基元包括句子、词、音节（字）、声韵母、音素等。

汉语是单音节结构的语言，有412个无调音节和1282个有调音节，数量相对较少，由音节字组成词语和句子非常灵活。选择音节字作为识别基元符合人们的思维习惯，同时还有很多相关的语言学知识可以利用，因此目前的中、大词汇量汉语语音识别系统很多都以音节作为识别基元。

声韵母结构是汉语所特有的结构，所有的汉语音节都是由声母加韵母构成或仅有韵母构成。汉语有21个声母和39个韵母，基元数目少，而且声韵母之间声学特性相差大，区分能力强。

音素基元在英语语音识别中得到了广泛应用，取得了很好的识别性能。但音素并没有反映出汉语语音的特点，而且，相对于声韵母，音素更不稳定，给标注与训练带来了困难，进而影响声学建模。

2）语音信号的预滤波和数字化

语音信号的数字化一般包括放大以及增益控制、反混叠滤波、采样、A/D变换及编码等。预滤波的作用主要有两点：第一，预滤波可以抑制频域分量中频率超出采样帧频的1/2分量，防止混叠干扰；第二，预滤波可以消除50Hz的电源工频干扰。语音信号所占据的频率范围可高达10kHz以上，但语音信号本身有很多的冗余信息，对于语音清晰度和可懂度有明显影响的最高频率约为5.7kHz。在实际应用中，语音信号常用的采样率为8kHz、10kHz或16kHz，这样并不会影响对语音信号的理解。

3）语音信号的预加重

语音信号产生过程中，声门激励和口鼻辐射会影响语音信号的平均功率谱，使其高频端（800Hz以上）按6dB/Octave跌落。如果直接求语音信号的频谱，则其频率越高相应的成分就越小，高频部分的频谱求取十分困难，因此要进行预加重（Pre-emphasis）处理以提升语音信号的高频部分。

4）短时加窗处理

语音信号是非平稳信号，是随着时间的变化而不断变化的，因此不能直接用平稳信号的处理技术对语音信号进行处理。语音是由人的发声器官的振动而产生的，而发声器官的物理振动比语音信号的变化平缓得多,因此语音信号在短时间内(10～30ms)可以认为是平稳的,即语音信号的短时特性是不变的。在这一前提下,就可以利用平稳信号的分析处理方法来对语音信号进行短时分析和处理,因此需要首先对语音信号进行分帧处理。

分帧可以采用连续分段的方法,但连续分段后,帧与帧之间不能平滑过渡。为了保证帧与帧之间的连续性,一般采用交叠分帧法,即前一帧与后一帧之间有重叠。帧与帧的交叠部分称为帧移,帧移的长度一般不超过帧长的一半。

5)端点检测

端点检测的目的是从输入的语音信号中检测出各种段落(如词、音节、声韵母等)的起点和终点。准确的端点检测不仅可以减少系统的计算量,还可以排除噪声的干扰,提高系统的识别性能。

传统的能量—过零率双门限法是一种典型的端点检测方法,它是将语音信号的短时能量和短时过零率两个特征参数结合起来进行端点检测的。在实际应用中,通常用能量来检测浊音,用过零率检测清音,两者相互配合就可以实现可靠的端点检测。

2. 语音信号特征参数提取

语音信号的冗余信息很多,不便于存储和处理,因此必须首先对语音信号进行降维处理。特征提取就是通过对语音信号的分析与处理,提取出具有代表性的特征参数来表征语音,以便于存储和处理。

1)线性预测系数

线性预测分析是语音信号分析中最有效的方法之一,被广泛应用于语音信号处理的各个方面。线性预测的主要思想是:根据语音信号采样点之间的相关性,用过去的样点值来预测当前或者以后的样点值。

线性预测系数(Linear Prediction Coefficient,LPC)是一种模拟人的发声器官的、基于语音合成的特征参数。人类语音的产生过程可以用声管模型来模拟,全极点线性预测模型则可以对声管模型进行很好的描述。

2)线性预测倒谱系数

在语音识别系统中,很少直接使用 LPC 系数,而是使用由 LPC 系数推导出的另一种系数:线性预测倒谱系数 (LPCC)。LPCC 系数是一种非常重要的特征参数。

LPCC 实际上是一种同态信号处理方法,标准的 LPCC 计算流程需要进行 FFT 变换、对数操作和相位校正等,运算比较复杂。

3)Mel 频标倒谱系数

Mel 频标倒谱系数 (Mel Frequency Cepstrum Coefficient,MFCC)是根据人耳听觉特性提出来的,它与频率成非线性对应关系。Mel 频标倒谱系数对噪声的鲁棒性优于 LPCC,更适合语音识别,是目前应用较为广泛的语音特征参数之一,具有计算简单、区分能力好等特点。

3. 语音识别模型

语音识别从本质上来说是模式识别,语音识别过程就是根据模式匹配原则,按照一定的相似性度量法则,使待测语音的特征矢量与语音模式库中的某一个模板获得最佳匹配的过程。目前比较常用的语音识别模型主要有概率统计法 (Ps)、动态时间规整法(DTW)、矢量量化法 (vQ)、隐马尔可夫模型法(HMM)和人工神经网络法(ANN)等。

4. 语音识别的后处理

语音识别的最后还有一个后处理过程,需从语言学角度对识别结果作进一步的识别和纠正。汉语连续语音识别的后处理通常是一个音字转换过程,包括更高级别的词法、语法和文法处理等。汉语的同音字、词很多,必须通过上下文内容以及相关语言学知识才能确定最终识别结果,在中、大词汇量的汉语连续语音识别系统中,音字转换尤为重要。现有的音字转换方法很多,有基于混合字词网格的音字转换方法,基于支持矢量机的音字转换方法,基于稀疏编码的音字转换方法等。

3.4.2　语音识别的应用

1997 年 IBM 推出了 ViaVoice 中文连续语音识别系统,成功解决了汉语同音字多、有声调、有复杂口音等难题,为汉字快速方便的输入提供了有效的方法,因为被广泛认为是汉字输入的重要里程碑。

语音识别技术应用于需要以语音作为人机交互手段的场合,主要是实现听写和命令控制功能。例如在办公自动化领域,以及对于不能做键入动作的残疾人以及医学、法律和其他领域的工作人员,他们不能或不便于用手将信息输入到计算机,在这些场合,使用语音操作计算机就越发显得重要了。

电话商业服务是语音识别技术应用的一个主要领域。基于电话线输入的语音信号识别系统将得到广泛的应用,例如语音拨号电话,具有语音识别能力的电话订票服务和自动话务转换系统等。

练　习

一、选择题

1. 数字音频采样和量化过程所采用的主要硬件是(　　)。
   A. 数字编码器　　B. 数字解码器
   C. 模拟到数字的转换器　　D. 数字到模拟的转换器
2. 声音强弱由什么决定(　　)。
   A. 频率　　B. 振幅　　C. 周期　　D. 基音
3. 以下不属于音频格式的是(　　)。
   A. WAV　　B. WMA　　C. DICOM　　D. MP3
4. 声波重复出现的时间间隔是(　　)。
   A. 振幅　　B. 周期　　C. 频率　　D. 频带
5. 调频广播声音质量的频率范围是(　　)。
   A. 200 ~ 3400Hz　　B. 50 ~ 7000Hz
   C. 20 ~ 15000Hz　　D. 10 ~ 20000Hz
6. 将模拟声音信号转变为数字音频信号的声音数字化过程是(　　)。
   A. 采样→编码→量化　　B. 量化→编码→采样
   C. 编码→采样→量化　　D. 采样→量化→编码

7. 数字音频文件数据量最小的是（　　）文件格式。

A. mid　　B. mp3　　C. wav　　D. wma

8. 一般来说，要求声音的质量越高，则（　　）。

A. 采样频率越低和量化位数越低

B. 采样频率越低和量化位数越高

C. 采样频率越高和量化位数越低

D. 采样频率越高和量化位数越高

9. 下列采集的波形音频中，（　　）的质量最好。

A. 单声道、8 位量化和 22.05kHz 采样频率

B. 双声道、8 位量化和 44.1kHz 采样频率

C. 单声道、16 位量化和 22.05kHz 采样频率

D. 双声道、16 位量化和 44.1kHz 采样频率

10. 音频信号的无损压缩编码是（　　）。

A. 熵编码　　B. 波形编码

C. 参数编码　　D. 混合编码

二、思考题

1. 2min 的双声道，16 位采样位数，22.05kHz 采样频率声音的不压缩的数据量是多少？

2. 简述音频编码的分类和常用的编码算法和标准。

第4章 人体音频信号及处理

声音是人类用以传递信息最便捷、最熟悉的方式,声音携带的信息量大而精确,可分为语音和非语音。物体的振动波向四周传播,当传到人耳时又引起耳膜的振动,再通过听觉传到大脑,形成人能听到的声音。

生物体也是一个发音系统,如呼吸运动发出的呼吸音、心脏运动发出的心音等。这些声音都是肌体相应的运动部分的状态反映,携带了声源肌体的生理和病理特征。生物体音频信号处理的目的在于提取到肌体生理、病理的特征信息。本章主要介绍心音信号的采集与处理、肺音信号的采集与处理、常用音频信号处理软件、MATLAB 在音频信号处理中的应用等知识。本章主要介绍心音信号的采集与处理、肺音信号的采集与处理、常用音频信号处理软件、MATLAB 在音频信号处理中的应用等知识。

4.1 心音信号

在心动周期中,由于心肌收缩和舒张、瓣膜启闭、血流冲击心室壁和大动脉等因素引起的振动,通过周围组织传到胸壁,将耳朵紧贴胸壁或将听诊器放在胸壁一定部位,听到的声音,称为心音。通过对心音的测量分析,可获得许多有用的病理信息,如果与心电图(ECG)同步记录,可以对第一、二、三、四心音的定位更准确。心音是能反映心脏正常或者病理的音频,心脏杂音发生的时期对临床诊断具有重要价值,例如心脏收缩期中较轻的杂音一般是生理性的,而舒张期的杂音多为病理性的。传统的方法是采用心音听诊器听诊心音,诊断依据主要是医师的经验。在心脏听诊时必须能够准确地区分第一、第二心音并辨认出杂音发生在哪个时相,这一直是医科听诊的难点,并且心音信号难以保存,不利于形成心音病例。心脏杂音是一组历时较长、频率不同、振幅不同的混合振动。在生理或病理情况下,心血管系统均可产生杂音,有些杂音并无重要性,而有些杂音则是心血管疾病的唯一特征。因此,准确判断心音及心脏杂音的生理或病理特征,在心血管系统疾病的临床初诊中具有重要的意义。健康人心脏可以听到两个性质不同的声音交替出现,称为第一心音和第二心音。某些健康儿童和青少年在第二心音后有时可听到一个较弱的第三心音。第四心音一般听不到,如能听到则多为病理性。心音属低频音,正常心音及心脏杂音常在 20 ~ 660Hz 之间,只有极其个别高频心脏杂音达 1500Hz,呼吸音也常在 100 ~ 1000Hz 之间,人的听觉系统仅对频率为 1000 ~ 5000Hz 的振动最敏感。利用电子信息技术可以对心音信号进行有效处理,滤去不相干的杂音及环境噪声,并放大有用的声音,为医生临床诊断提供稳定、清晰的心率数字显示及良好的心音音质。心音的听音范围是5 ~ 600Hz,在提取微弱的心音信号的同时要求尽量不接收外来的杂波信号,因此在心音传感器的选择上,需要灵敏度比较高、抗干扰能力比较强的传感器。目前常用的心音信号听诊器有驻极体式、动圈式、电容式等几种传感器。好的心音听诊器应该具备高频、中频、低频、全频滤波效果,突显心音听诊的特征,并且音量与频率连续可调。

通常人体很容易被听到第一和第二心音,有时某些情况下能听到第三和第四心音。第一心音发生在心脏收缩期的开始阶段,音调低沉,持续时间较长(约 0.15s)。产生的原因包括心室肌的收缩,房室壁突然关闭以及随后射血入主动脉等引起的振动。第一心音的最佳听诊部位在锁骨中线第五肋骨间隙或在胸骨右缘。第二心音发生在心脏舒张期的开始阶段,频率较高,持续时间较短(约 0.08s),产生的原因是半月瓣关闭,瓣膜互相撞击以及大动脉中血液减速和室内压迅速下降引起的振动。第二心音的最佳听诊部位在第二肋间隙右侧的主动脉区和左侧的肺动脉瓣区。第三心音发生在第二心音后 0.1 ~0.2s,频率低,它的产生与血液快速流入心室和瓣膜发生振动有关,通常仅在儿童时期才能被听到。第四心音由心房收缩引起,也称心房音。

4.1.1 心音信号的采集

早期心音信号的采集装置采用分离元件和普通模拟电路实现电路设计,现在多用专用 IC 和单片机,数字心音信号采集系统主要包括信号传感器、信号滤波器、信号放大器、脉冲整形、单片机处理器、示波器。图 4 -1 所示为心音信号采集装置示意图。心音传感器的信号经放大、滤波后,一路经功率放大进行监听,另一路经脉冲整形送单片机处理,经单片机定时、计数和数据处理后进行心率数字显示。

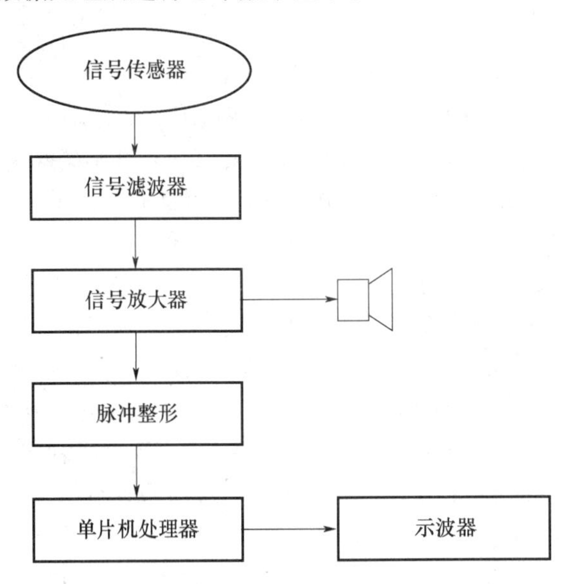

图 4 -1 心音信号采集装置示意图

心音分析仪一般由心音传感器、心音信号预处理盒、放大器、计算机、打印机、音箱和心音信号处理软件组成。基于多媒体技术的心音听诊第一步是对心音信号进行采集、放大和数字化,这一步骤需要通过数据采集卡来实现。图 4 -2 所示为较常用的PCI-6023E 信号采集卡,可与 LabVIEW 兼容,具有 70 多个信号调理选项。PCI-6023E 信号采集卡是美国国家仪器公司开发的一种计算机专用的数据采集卡,16 路模拟信号输入,采样频率可达 200KB/s,具有 12bit 的分辨率。根据心音的特点其主要成分的频率在 500Hz 以下,心脏杂音也在 1500Hz 以下。而心电信号的最高频率在 100Hz 以下。根据奈奎斯特采样定理，采样频率不得低于测量信号所包含的最高频率的 2 倍，因此根据实际要求，每个通道的采样频率可以设为 5000Hz，总采样率设定为 25000B/s。通常与心电信号同时采集时，需要设定三路采集信号，要严格按照有参考的单端输入的接法与心音信号放大器的输出连接，尽可能减少通道的信号相互影响。

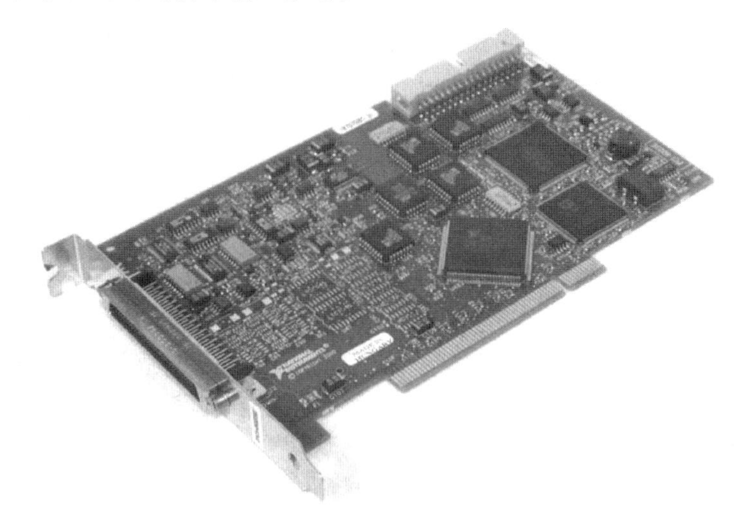

图 4－2　PCI-6023E 信号采集卡

4.1.2　心音信号的处理

由于普遍存在随机信号或随机过程（Rand Process），信号接收以后需要进行频率滤波。一方面，任何确定信号经过测量后往往会引入随机误差而使该信号随机化；另一方面，任何信号本身都存在随机干扰，通常把对信号或系统功能起干扰作用的随机信号称为噪声。通常有 L（低频、20～60Hz），M（中频 60～120Hz），H（高频 120Hz 以上）三种滤波器达到降噪的目的，滤波方法通常采用时域法、频域法和自适应滤波三种。

时域法——在医学信号处理中，最具代表性的时域法是平均诱发反应（Averaged Evoked Response，AER）方法，AER 方法原是通信研究中用于提高信噪比的一种叠加平均法。所谓诱发反应就是肌体对某个外加刺激所产生的反应，AER 方法常用来检测那些微弱的生物医学信号，如希氏束电图、脑电图、耳蜗电图等。希氏束电图的信号幅度仅为 1～10μV，它们在用 AER 方法检测之前，几乎或完全淹没在很强的噪声中，这些噪声包括自发反应、外界干扰、仪器噪声。AER 方法要求噪声是随机的，并且其协方差为零，信号是周期或重复产生的，这样经过 n 平方次叠加，信噪比可提高 n 倍，使用 AER 方法的关键是寻找叠加的时间基准点。

频域法——频域滤波是数字滤波中常用的一种方法，是消除生物医学信号中噪声的另一种有效方法。当信号频谱与噪声频谱很小时，可用频域滤波的方法来消除干扰，频域滤波器可分为两类：有限长单位冲激响应滤波器（Finite Impulse Response，FIR），FIR 滤波器的设计方法主要有窗函数法、频率采样法；无限脉冲响应滤波器（Infinite Impulse Response，IIR），IIR 滤波器的主要设计方法有冲激响应不变法、双线性变换法。

自适应滤波——自适应滤波采用自适应滤波器实现，自适应滤波器能够跟踪和适应系统或环境的动态变化,它不需要事先知道信号或噪声的特性,通过采用期望值和负反馈值进行综合判断的方法来改变滤波器的参数。自适应滤波器的设计有两种最优准则:一种准则是使滤波器的输出达到最大的信噪比,称为匹配滤波器;另一种准则是使滤波器的输出均方估计误差为最小,维纳(Wiener)滤波器和卡尔曼滤波器都是解决线性滤波和预测问题的方法,并且都是以均方误差最小为准则的。维纳滤波器是从噪声中提取信号的一种有效的方法,它是根据全部过去和当前的观测数据来估计信号的当前值,设计维纳滤波器的过程就是寻求在最小均方误差下滤波器的单位脉冲响应或传递函数的表达式,实质就是解维纳-霍夫(Wiener-Hopf)方程,它是期望存在情况下的线性最优滤波器。要设计维纳滤波器必须知道观测信号和估计信号之间的相关函数,即先验知识。如果不知道它们之间的相关函数,就必须先对它们的统计特性做估计,然后才能设计出维纳滤波器,这样设计出的滤波器称为"后验维纳滤波器"。卡尔曼(Kalman)从状态空间模型出发,提出了基于状态空间模型的线性最优滤波器即卡尔曼滤波器。它是用状态方程和递推方法进行估计的,因而卡尔曼滤波器对信号的平稳性和时不变性不做要求。卡尔曼滤波理论是维纳滤波理论的发展,它最早用于随机过程的参数估计,后来很快在最优滤波和最优控制问题中得到了广泛的应用。卡尔曼滤波器提供了推导递推最小二乘滤波器的一大类自适应滤波器的统一框架,实际上广泛使用的最小二乘算法即是卡尔曼算法的一个特例。卡尔曼滤波不需要过去全部的观测值,它只根据前一个估计值和最近一个观测值来估计信号的当前值。

通过以上步骤获得有效心音信号以后将心音信号记录下来,过去因为直接用模拟信号记录,通常采用描笔记录信号,远不及现在的激光打印、喷墨打印等数字化打印设备。它没有摩擦阻力,不影响频响,不影响图形失真,与计算机结合使用可以得到更为精确的图形,为心音图的诊断提供了较准确而清晰的图像。最后是信号显示,通过计算机可以显示、回放和存储波形图。对模拟心音采集系统来说,心音记录器的作用是把心音信号转换成机械运动的装置。记录器由记录器表头、描笔等组成。放大后的心音信号,加到心音记录器的线圈上,去驱动记录器的转轴转动。转轴的转角随心音信号的大小而变化,在转轴上固定着记录笔,笔也随之偏转,从而在记录纸上描出随时间变化的心音图曲线。热笔是记录器的主要部件,其形状、长度、重量与结构等参数必须完全符合所规定的要求,否则,将影响记录器的固有频响和灵敏度。热笔的笔杆和笔尖大都由金属制成。笔杆通常是细的不锈钢管,在其内部的前端装有加热电阻丝。加热电阻丝通常由两条引线引出来。当电流通过加热电阻丝时,电阻丝发热使笔尖升温,从而在热敏纸上描记心音波形。有的热笔采用"点状"半导体发热元件,优点是耗电省。热笔按其结构分"偏丝"式(即"直热"式)热笔、管状热笔、"点状"接触热笔三种。

心音信号采集时,一般受检者取仰卧位,解开胸部衣服。检查者结合听诊及临床需要,将心音换能器放置胸部适当部位,记录的振动一般用50mm/s或100mm/s表示。记录时受检者一般宜暂停呼吸,以减少呼吸对心音的影响(如需要研究呼吸与心音关系者可使用带有同步呼吸曲线的记录设备,可明确吸气、呼气、呼吸暂停心音与呼吸的关系)。心音图的振幅应该可调,以图像清晰为准(心音图图像振幅的高低尚不能纳入心音图诊断的范围,但对同一患者在相同条件下进行动态观察,有着非常重要的临床价值)。检查室内要温暖、安静(最好有隔音设施),记录时不要说话以免出现噪声,引起各种差错。表4-1所列为心音图常用符号。

表 4-1　心音图常用符号

符号	名称	符号	名称	符号	名称
LF/L	低频滤波	MF/M	中频滤波	S1	第一心音
SM	收缩期杂音	DM	舒张期杂音	S4	第四心音
S2	第二心音	S3	第三心音	P	肺动脉瓣听诊区
A	主动脉瓣听诊区	E	主动脉听诊第二区	X	任意选定区
M	二尖瓣听诊区	T	三尖瓣听诊区	C	喀喇音
ECG	心电图	K	心包叩击音	PCG	心音图
OS	开瓣音	PS	起搏音	RA	右心房
LV	左心室	LA	左心房		
RV	右心室	HF/H	高频滤波		

在远程诊断研究中,心音信号可以用蓝牙等设备将数字化心音传送到医师的计算机中,并采用波形图将心脏声音几乎实时地显示在屏幕上。通过软件分析把这些声波提示异常情况的杂音准确地提取出来。

由于人体自身信号弱,加之人体又是一个复杂的整体,因此信号易受噪声的干扰。心音信号消噪是实现心血管疾病无创诊断的前提,下面对 FIR 滤波器和 IIR 滤波器作简单介绍。

FIR 滤波器是数字滤波器的一种,这类滤波器对于脉冲输入信号的响应最终趋向于 0。设 FIR 滤波器的单位脉冲响应为 $h(n)$,$0 \leqslant n \leqslant N-1$,$N$ 为脉冲信号长度,Z 代表复平面上的点序列,则系统函数:

$$H(Z) = \sum_{n=0}^{N=1} h(n) Z^{-n}$$

① 函数收敛域包括单位圆;

② Z 平面上有 $N-1$ 个零点;

③ 在 $Z=0$ 处有 $N-1$ 阶极点。

频率响应函数,即 FIR 滤波器的传输函数:

$$H(\mathrm{e}^{\mathrm{j}\omega}) = \sum_{n=0}^{N-1} h(n) \mathrm{e}^{-\mathrm{j}\omega n} = H(\omega) \mathrm{e}^{\mathrm{j}\theta(\omega)} \qquad -\pi < \omega \leqslant \pi$$

式中:ω 为脉冲信号相位;$H(\omega)$ 为幅度函数;$\theta(\omega)$ 为相位函数。

其单位脉冲响应就是系统传输函数的各项系数。设计 FIR 数字滤波器就是要根据给定的技术指标,确定系统单位脉冲响应 $h(n)$,使系统的相位特性呈线性、幅度特性逼近给定的技术指标。如果 $h(n)$ 是实数序列,且满足偶对称或奇对称条件,则滤波器就具有严格的线性相位特性。对幅度特性逼近,常用最小平方逼近、插值逼近和最佳一致逼近等方法。根据这些理论,设计 FIR 滤波器的常用方法有窗口设计方法、频率采样法和最优设计法等基本方法。MATLAB 的信号处理工具箱为这些方法提供了一些专用函数,还专门提供了一个滤波器设计与分析工具(FDATool)供滤波器的设计与分析使用。

4.2 肺音信号

最早的肺音听诊是人们离开一段距离来听取的,当时通过这种方式,能听到某些患者的肺部发出像哨笛一样的声音。后来人们直接利用耳朵贴近胸壁倾听,这是听诊的一大进步,通过这种听诊方式,增加了人们了解多种与疾病有关的肺音类型。然而真正的听诊科学则开始于1816年——年轻的法国医生 Laënnec 发明听诊器的时代。Laënnec 借助于听诊器描述了肺音的主要类型,从而形成了现代肺音分类的基础。肺胸系统由肺、气管、支气管、胸廓等器官构成,正常肺音分为气管音、肺泡音和支气管肺泡音,异常肺音主要有哮鸣音、喘鸣音、罗音等。肺音信号含有极为丰富的生理和病理学信息,很早以来肺音听诊就是胸部检查的关键步骤之一,肺听诊也一直是呼吸系统疾病诊断和疗效观察的基本方法。肺音的鉴别一般采用人工听诊的方法,但人工听诊易受检查者听觉、分辨力、临床经验的限制,且无法记录、无法保存,难以供他人参考。近年来,随着肺音图仪的问世,使得人们能够对肺音的频率、振幅、强度、呼吸时限等进行客观的定量分析,1977年,在美国成立了国际肺音学会,推动了肺音研究的进一步发展。数字化肺音听诊系统可以解决传统听诊中存在的问题。

4.2.1 肺音信号的形成

呼吸系统起始于鼻腔和口腔,经气道延伸至肺,完成组织与大气之间的氧和二氧化碳交换。肺音是由肺内器官产生的振动传导到胸壁产生的声音信号。肺音源由三种噪声序列组成,正常呼吸音声源是肺内气流与肺组织之间相互作用产生的非高斯白噪声。间歇性随机脉冲是产生啰音的肺音源,表现形式是一系列爆裂音。周期性脉冲被认为是由于气流和气管壁的周期性振动产生的,是产生哮鸣音的肺音源,表现形式是哮鸣音。三种音源中的一种或两种、三种的组合,并在不同环节叠加心音、肌肉与皮肤噪声等信号,通过肺胸系统形成肺音。用信号处理分析肺音信号具有重要价值。针对肺音信号的处理主要有振幅分析法、时域分析法、频域分析法和数字滤波等。

4.2.2 肺音信号的采集

在安静的环境中使用接触式加速度传感器,从胸壁表面测得肺音信号,用16位A/D采集板采集数据,采样频率为10kHz。采集的肺音信号包括支气管音、肺泡音、支气管肺泡音、喘鸣音、哮鸣音、啰音。

肺音采集系统一般由接触式加速传感器(EMT25C)或探头(TA-501TA)、传声器和滤波放大处理器AS-60IH/AS-650H型(日本 NIHON KOHDEN 公司)、高速A/D转换器、晶体管直流稳压电源、XD2A信号发生器、示波器、打印机、信号采集软件等组成。连接各仪器设备,肺音信号由传声器转换成电信号,放大并滤除100Hz以内心音等的干扰,经分辨率为12位,具16通道的高速A/D转换器数字化,以510Hz的采样频率进行采样,由示波器显示肺音波形,对肺音波形信号进行傅里叶频域转换,分析肺音的频率特征。

4.2.3　肺音信号采集系统

肺音信号采集系统分硬件和软件两个部分，硬件部分主要由探头或接触式加速传感器、放大器、直流电源以及通用信号接口和微机组成。软件部分主要包括呼吸音数据采集、存储、波形显示和频谱分析等模块。

VRIxp 肺部呼吸成像诊断系统是一种利用振动反应成像（Vibration Response Imaging，VRI）技术显示肺部信息的设备，如图4－3所示，是由21世纪初以色列科学家 Igal Kushnir 发明的，振动反应成像是通过收集由人体内部自身振动产生的能量信号进行成像的技术，可以提供肺部气流运动功能动态图像、肺部呼吸曲线、最大振动能量图、双肺振动能量分布曲线、肺部区域振动定量数值、肺部异常肺音显示等信号。通过2～3min 的检测，可以用图像的形式为医生显示出患者肺部炎症、狭窄、阻塞、气流分布不均的疾病状况，临床主要应用于肺部疾病的筛查。

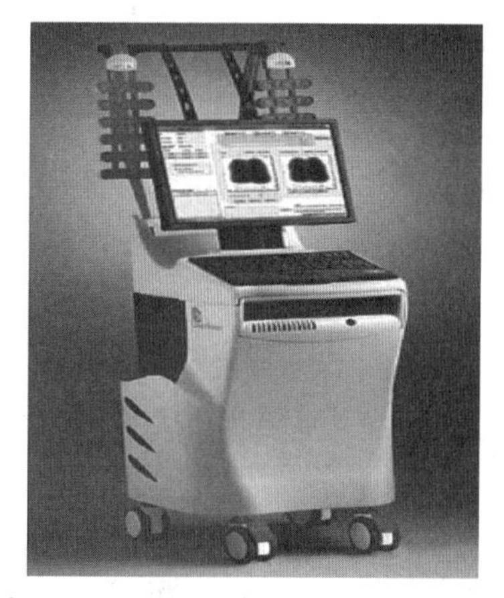

图4－3　VRIxp 肺部呼吸成像诊断系统

4.2.4　肺音信号的时域分析

哮喘肺音的时域图如图4－4所示。时域分析一般计算各特征波形的峰值、波形的持续时间等。时变谱分析与其他呼吸医学参数（如气流参数、气道压力等）相结合将更加有助于揭示出肺音中的大量有用信息，有助于肺音发生与传播机理的进一步研究，这是一种十分有效的研究方法，有利于研究肺音特征与呼吸疾病之间的相关性，为肺音临床广泛应用提供可靠的生理学、病理学依据。

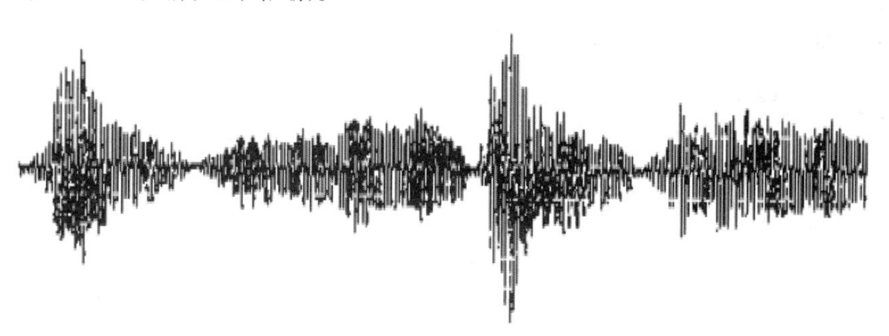

图4－4　哮喘肺音图

通过Goldwave软件把带有心音的正常肺音信号的MP3格式转化为WAV格式后通过以下MATLAB小程序可获得时域波形图。

```
clc;clear all;close all;
y =wavread('c:\fb.wav');      % 把存放在C盘的fb.wav语音文件加载入MATLAB仿真软件平台中
sound(y);                     % 对加载的语音信号进行回放
figure(1);
subplot(1,1,1),plot(y);title('原始信号波形');
```

通过小程序获得的时域波形图如图4－5所示。

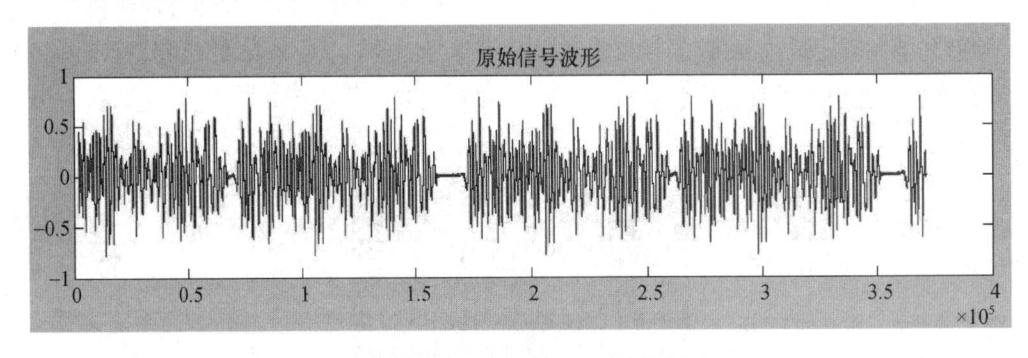

图4－5　正常肺泡呼吸音时域波形图

4.3　音频处理软件介绍

目前被应用于疾病诊断的人体音频除了心音和肺音还有关节音、语音等。关节音携带关节的生理、病理信息。临床上研究最多的就是颌关节音，TMJ音图的物理特性显示出了在颞下颌关节损伤及病变诊断和治疗中的意义。关节音信号由声—电换能器拾取，通过模拟信号放大器，再经A/D转换输入通用计算机进行处理。为避免干扰，检测可在金属屏蔽室内进行。一般包含几种常用的处理方法：时域分析、信号频域分析以及关节音信号分形分析。关节音信号处理的生理意义在于可以诊断不同类型和不同程度的病变，在不同类型和不同程度病变情况下，下颌运动会产生不同的振动，从而表现出不同的音响。颞下颌关节音图谱分析的结果，能够提供更多客观反映关节内部变化的信息，可提高关节音的临床应用价值。语音信号同样包含有发音部位的生理与病理信息，每个人还自带独一无二的语音特征信号。通过对语音信息的分析与研究，人类不仅可以提前获得一些疾病的信号，同时可以通过话音特征波进行加密，作为语音门禁使用。

4.3.1　音频处理软件

声音的三要素是音调、音色和音强。音调是人耳对声音高低的感觉。音色由发声体的材料、结构等决定，是人类对声音属性的感知，通常来讲泛音越多音色越好。当发声体由于振动而发出声音时，声音一般可以分解为许多单纯的正弦波，发音体作整体振动时所产生的声音称为基音，发音体在作局部振动时（分振）所产生的声音称为泛音，泛音的频率是基音的整数倍。音强是人体对声音强弱的主观感觉，通常情况下声音频率的幅度越大,声音强度越强。可以通过声音编辑器来改变声音特征的最终表现形式。声音经过话筒转换为模拟电信号,再通过声卡采样和量化,转换为数字信号。数字音频可以以文件形式存储在磁盘、光盘、闪存等存储媒体中。常用于人体疾病诊断的音频信号主要有心音、肺音和话音。音频家族按照声道的多少可以分为单声道音频、双声道音频和多声道音频。

单声道音频:是指播放时只有一个声道发声的音频。无论是通过单扬声器还是多声道音箱播放,所能听到的声音都是一样的,只有一个声道发音。

双声道音频:是指一个音频源包含两个声道,即左声道和右声道。双声道音频一般通过两个扬声器来播放。但如果两个声道的音频波形完全相同,则人耳听到的仍然是单声道效果。所以,双声道音频并不一定就是立体声,立体声效果产生的原理在于一个点音源到达人的左耳和右耳的时间差和空间差。

多声道音频:它在录音时采用两个麦克风进行声音的采集,得到的音频就是双声道音频,如果使用多个麦克风进行采集工作或者有多个音源就可得到环绕声的效果,这种音频包含有两个以上的声道,采用多个扬声器进行回放。声道数的多少在音频采集时决定。

声音信号数字化以后,可以通过 MATLAB 函数获得声音的频率,声音间隔周期等参数的信息。MATLAB 的名称源自 Matrix Laboratory,它是一种科学计算软件,专门以矩阵的形式处理数据。MATLAB 将高性能的数值计算和数据可视化集成在一起,并提供了大量的内置函数,从而被广泛地应用于科学计算、信息处理等领域的分析、仿真和设计工作,使用 MATLAB 比使用传统的编程语言(如 C、C + + 和 Fortran)能更快地解决技术计算问题。常用专业音频处理软件有 Cool Edit Pro,被 Adobe 公司收购后,改名为 Adobe Audition。其他还有 Gold wave、NGWave Audio Editor、All Editor、Total Recorder Editor、AD Stream Recorder、Audio Recorder Pro,录音软件有 WaveCN、Audacity、Wavosaur 以及 Windows 自带的录音机。

1. Adobe Audition

Adobe Audition 的前身为 Cool Edit。2003 年 Adobe 公司收购了 Syntrillium 公司的全部产品,用于充实其阵容强大的视频处理软件系列。Adobe Audition 功能强大,控制灵活,使用它可以录制、混合、编辑和控制数字音频文件,也可轻松创建音乐、制作广播短片、修复录制缺陷。通过与 Adobe 视频应用程序的智能集成,还可将音频和视频内容结合在一起。

Adobe Audition 被形容成音频“绘画”程序,可以用声音来“绘”制音调、歌曲的一部分、弦乐、颤音、噪声或是调整为静音。它还提供多种特效:放大、降低噪声、压缩、扩展、回声、失真、延迟等。它还是 MP3 制作软件。使用者可以通过 Adobe Audition 同时处理多个文件,轻松地在几个文件中进行剪切、粘贴、合并、重叠声音操作。使用它可以生成的声音有噪声、低音、静音、电话信号等。其他功能包括支持可选的插件、崩溃恢复、自动静音检测和删除、自动节拍查找、录制等。另外,它还可以在 AIF、AU、MP3、Raw PCM、SAM、VOC、VOX、WAV 等文件格式之间进行转换,并且能够保存为 Real Audio格式。

2. GoldWave

GoldWave 是一个集声音编辑、播放、录制和转换的音频工具。可打开的音频文件包括 WAV,OGG,VOC,IFF,AIF,AFC,AU,SND,MP3,MAT,DWD,SMP,VOX,SDS,AVI,MOV 等音频文件格式,使用者也可以通过它从 CD、VCD、DVD 或其他视频文件中提取声音。GoldWave 具有丰富的音频处理特效,从一般特效如多普勒、回声、混响、降噪到高级的公式计算(利用公式在理论上可以产生任何想要的声音)。

GoldWave 常用工具栏按钮 Reduce Vocals(消除人声)的功能作用是移去音乐中的人声(或者是主旋律)的部分,通常用于制作卡拉 OK 的伴奏音乐。这一应用通过自动整合并分析立体声音频文件中左声道与反像的右声道的内容,根据一定的算法将智能处理结果替换到原声道中达到消除人声的目的。其原理在于,现在一般的录音产品,通常都是将人声部分定位于立体声像位的中间部分,这样事实上人声部分在立体声的左右声道中的内容分配基本一致,软件事实上是通过消除两个声道中交错部分中相似的内容,就可能使其得到一定的衰减。因而,这种处理对非立体声的音频文件无法进行处理,而对于虽然是立体声,但人声部分的相位不在中间的音频文件,虽然能够处理,但最终效果很难保证。这种处理对于结构比较单纯的对原始声音高保真的音乐能达到比较好的处理效果,但如在成品音乐的前期制作过程中对人声声部加入了比较复杂的音效时,那么采用这种方法消除人声效果会比较差。虽然基频的人声仍然能够得到比较好的清除,但在原始音频中通过效果器添加的人声效果音却往往很难清除得让人满意,有时候甚至会飘在那里与同时被弱化了的伴奏声部争夺听觉空间。应该尽量保证原始音频在高保真的情况下才更适合进行这一操作,而如果原始音频本身在制成成品时(或者是在进行去人声的操作前)已经被效果器处理过了,那么效果器的操作可能将人声的像位变形或者在和声结构上使人声的音域被改变,这样上述的两种原理性的操作能起到的作用会大打折扣,而生成最终产品的质量会因此大受影响。同理,这一功能也不适用于经过 MP3 编码后的音频文件。图 4-6、图 4-7 所示分别为打开音频文件的 GoldWave 操作界面和控制面板。

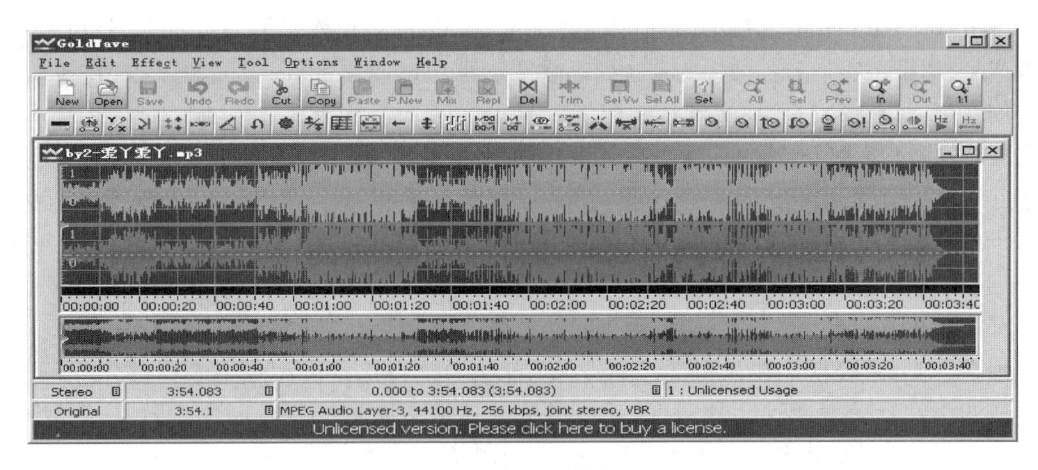

图 4-6　GoldWave 操作界面

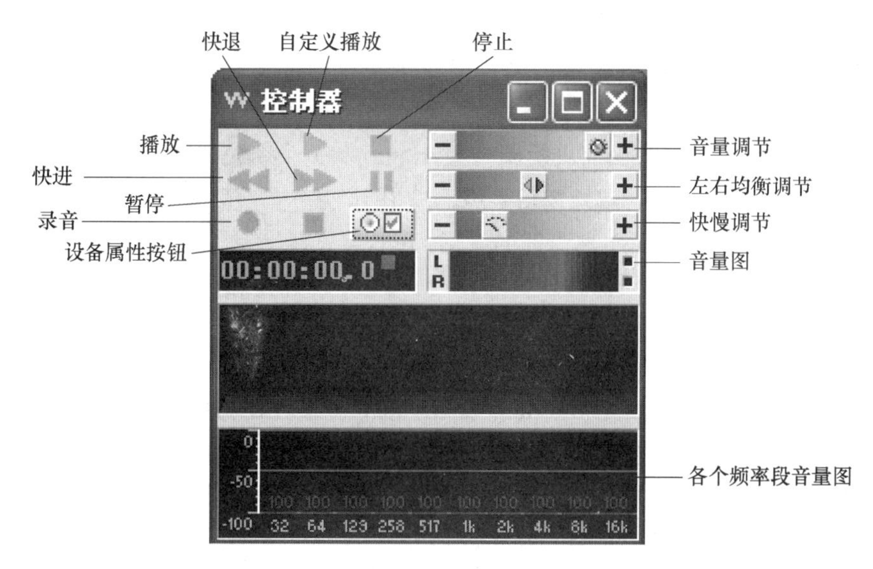

图 4-7　GoldWave 音频播放控制器属性面板

3. NGWave Audio Editor

NGWave Audio Editor 是一个功能强大的音频编辑工具,采用下一代的音频处理技术,可以在一个可视化的真实环境中快速进行声音的录制、编辑、处理、保存等操作,并可以在所有的操作结束后采用自带的音频数据保存格式,将音频信号保存下来。通过 NGWave Audio Editor 编辑菜单中的转换命令,可以设置产生立体效果的声音录制。

双声道一般是在声音采样过程中决定的,多媒体技术的魅力同样体现在声音信号处理上。NGWave Audio Editor 具有双声道立体声制作功能,可以对音频的波形文件进行裁剪、混音、淡入淡出、正确 DC 补偿和倒相等常规操作,同时也能进行滤波降噪、限幅和调节失真度、改变节拍和音调曲线等高级处理。这里使用 NGWave Audio Editor 自带的一个音频文件 NGWave. mp3 来进行处理,这是一个单声道的音频文件,是由一只麦克风所采集的人声信号。图 4-8 所示为 NGWave 声音文件编辑界面。

图 4-8　声音文件编辑界面

在软件的左下角有 NGWave. mp3 较为详细的信息:128Kb/s 的比特率,1 个音轨,44. 1kHz 的采样频率。从编辑窗口中的波形也不难发现这的确是一个单声道音频文件。选中编辑窗口中 NGWave. mp3 的音轨,使它成为当前操作音轨。按方向左键,直到使播放指针处于波形开始的位置。选择编辑菜单中的“转换→转换为双声道(复制音轨)”进行音轨的复制。操作完成后,编辑窗口中就会有 L、R 两个声道的 NGWave. mp3,频谱显示窗上半部分代表 NGWave. mp3 左声道的波形,下半部分则代表 NGWave. mp3 右声道的波形。但两者的波形图像是相同的,即左右两个声道的声音是相同的,所以仍然是单声道效果。

立体声效果来源于一个点,音源到达人的左耳和右耳有时间差和空间差,根据这个原理,需要手工为左右两个声道制造时间和空间上的差异。要模拟这种时间差,只要对右声道的音轨进行微小的时间位移即可,使之相对左声道有延迟,这样它们到达人的左耳和右耳就会有先后,不过这种差别非常短暂。用鼠标右键单击任意声道的波形,在弹出的菜单中选择“选择声道→R 声道”,这时右声道波形处于选中状态,呈高亮显示。选择“编辑→插入静音”,如图 4 -9 所示,设置插入静音时间为 5ms(默认值)。

图 4 -9　声道间时间差的设置

这样在右声道波形的开始位置就会多出 5ms 的静音时间,从而达到播放时产生延迟的目的。大家可以自行调节插入的静音时间以取得最好的效果。

制造空间差:空间感的差异可以通过使左右两个声道的音量大小不同来营造。方法非常简单:按照上面的方法选中右声道音轨,选择“音轨操作→改变音量”,将“改变音量”滑杆拉至 2. 5dB(133. 5%)即可。这时会发现右声道的波形有轻微的拉伸,即幅值有所增大,如图 4 -10 所示。

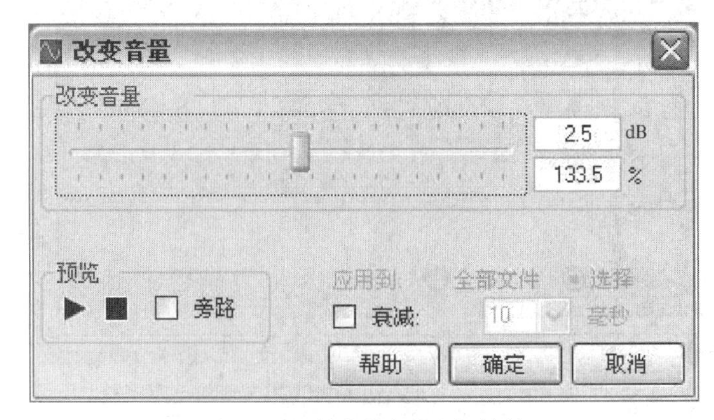

图 4 -10　制造声音的空间效果

最终的双声道音轨效果如图 4－11 所示。

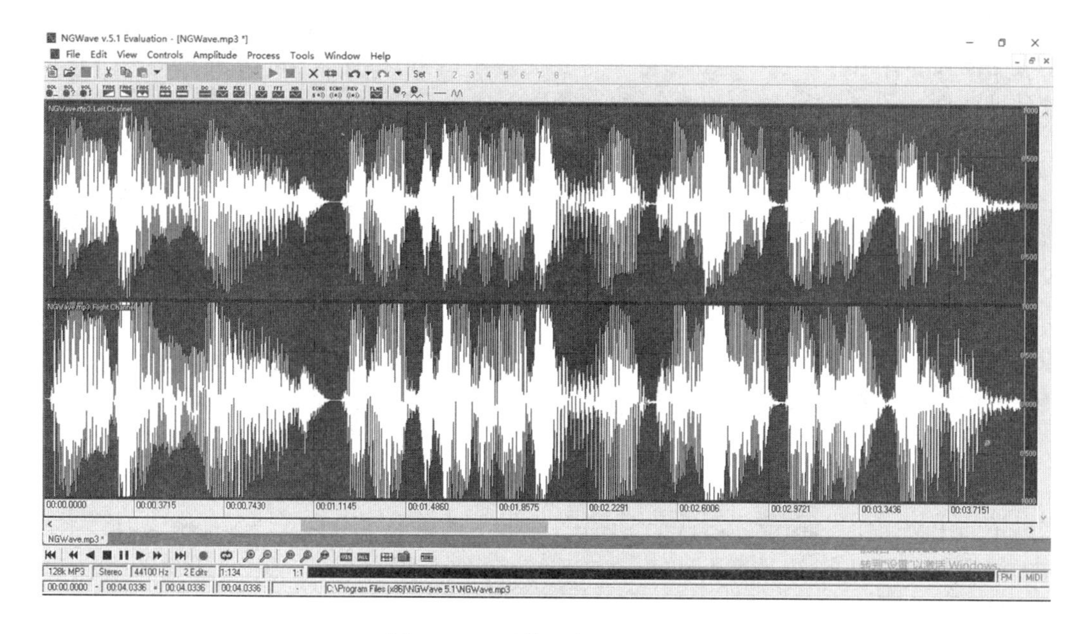

图 4－11　最终双声道音轨效果

到此，单声道和双声道转换操作已经基本结束。按 F7 键可以试听一下声音播放效果。另外 NGWave Audio Editor 还有很多功能在本书中并未涉及，大家可以尝试去挖掘出最理想的音色。

4. All Editor

All Editor 是一款超强的录音工具，也是一个专业的音频编辑软件，它提供了多达 20 余种音频效果，比如淡入淡出、静音的插入与消除、哇音、混响、高低通滤波、颤音、振音、回声、倒转、反向、失真、合唱、延迟、音量标准化处理等。软件还自带了一个多重剪贴板，可用来进行更复杂的复制、粘贴、修剪、混合操作。在 All Editor 中可以使用两种方式进行录音，边录边存或者是录音完成后再行保存，无论是已录制的内容还是导入的音频文件都可以全部或选择性地导出为 WAV、MP3、WMa、OGG、VQF 文件格式（如果是保存为 MP3 格式，还可以设置其 ID3 标签）。

5. Total Recorder Editor

它是 High Criteria 公司出品的一款优秀的录音软件，支持的音源极为丰富。它不仅支持硬件音源，如麦克风、电话、CD-ROM 和 Walkman 等，也支持软件音源，比如 Winamp、RealPlayer、Media Player 等，它还支持网络音源，如在线音乐、网络电台和 Flash 等。除此之外，它还可以巧妙地利用 Total Recorder 完成一些不可能完成的任务。它被称为“全能录音员”，其工作原理是利用一个虚拟的“声卡”去截取其他程序输出的声音，然后再传输到物理声卡上，整个过程完全是数码录音，因此从理论上来说不会出现任何的失真。

6. AD Stream Recorder

AD Stream Recorder 是一款流媒体录音工具，它可以对实况流媒体进行录音或者可视化分析。与同系列产品 AD Sound Recorder 一起可谓相辅相成之作。MP3 音频文件编码时使用的是 LAME 3.93 的 DLL 版本。它能录制 Internet 主流媒体、Windows 媒体播放器播放的电影和音乐。录音和监视过程中可实时显示信号，帮你录制高质量的音频。用此软件进行录音，发现其资源占用极小，界面简洁友善。

7. Audio Recorder Pro

Audio Recorder Pro 是一款实用、快速和容易使用的录音工具。它可录制音乐、语音和任何其他声音并保存成 MP3 或 WAV 文件格式，支持从麦克风、Internet、外部输入设备（如 CD、LP、音乐磁带、电话等）或者声卡进行录制。允许预设置录音质量以帮助快速设定和管理录音参数；允许定时录制，内置增强的录音引擎，允许在录音前预设定录音设备。

下面介绍几款免费的录音软件。

1）WaveCN

WaveCN 是操作方便、功能强大的中文免费录音软件，相对于其他录音软件，它有方便易用的中文操作界面，能无限次免费使用，提供了录制音频以及支持多种格式的音频文件的播放及存储功能，还具有丰富的音效处理功能，操作简单。

2）Audacity

Audacity 是一个免费的跨平台（包括 Linux、Windows、Mac OS）音频编辑器。可以使用它来录音，播放，输入输出 WAB、AIFF、Ogg Vorbis 和 MP3 等格式文件，并支持大部分常用的处理工具，如剪裁、粘贴、混音、升/降音量以及变音特效等功能。剪切、复制和粘贴操作可通过取消按钮进行还原，还具有混合音轨和给音频添加特效功能。它还有一个内置的封装编辑器，以及用户可自定义的声谱模板和实现音频分析功能的频率分析窗口。

Audacity 自带的声音效果包括回声、更改节拍、减少噪声，而内建的剪辑、复制、混音与特效功能，更可满足普通的编辑需求。它还支持 VST 和 LADSPA 插件效果。

3）Wavosaur

Wavosaur 是一个免费的音频编辑工具，可以进行音频剪辑，进行声音设计、控制、记录等，绿色且免费，用它解压后文件不到 500KB；有的功能极其专业，一般免费软件很少能做到这样；对 VST 插件的良好支持以及可以更换软件背景。

总的来说，以上音频处理软件，虽然其中的很多软件可能用户不太熟知，但其操作都非常简单，录制出的音乐同样具备专业的效果。

4.3.2 Adobe Audition 在话音处理中的应用

人的听力是指通过自身的听觉器官，接收语音信息的一种能力。听力减退、耳背一般被认为是神经衰弱、年纪大、耳朵不好使的原因，其实听力减退还可能与心血管疾病有关。耳与心血管系统之间存在着密切的生理联系，耳与心血管系统的神经分布部位，在大脑和脊髓等处相同或相近。人体在心血管致病因素的影响下，往往使耳蜗早于心肌出现病理改变，并损害耳蜗的功能，引起耳鸣、听力下降。另外，神经细胞对缺氧的耐受力极差，如听神经完全缺氧超过 1min，就会出现不可逆转的病理损害。而营养听神经的血管细小，当出现动脉血管硬化或血液黏度增高等病变时，很容易造成血管腔狭窄或血流减慢，甚至造成血管闭塞,从而导致听神经的损害,使其功能下降或丧失,这样就可出现非耳源性耳鸣症状,甚至出现耳聋,因此在猝死预防中对听觉的问诊也是一个重要的考量指标。中年以后,若出现听力衰减等症状,应同时考虑心脑血管方面的问题。所以听力检测对于人体疾病的预测和防治具有重要意义。

临床听力学检查方法众多,大致可分为行为测听、言语测听、电生理测听(包括声导抗、耳声发射和听觉诱发电位测试)等三类,每种方法都各有其优缺点。人类的语音是日常生活中接触最多的声音,频谱广,瞬变快,声强参差不齐,听阈无法直接测定。目前在听力学检查中,可以用语言清晰度测验来测定,也就是通常说的言语测听。

由各种声源或直接口声的发音,通过语言听力计输送给受检耳各种语言信息,用 4 ~ 5 种不同的响度分别测定其听清测词的内容,并在以声强为横坐标和清晰度百分率为纵坐标的语言清晰度区域图上把测出的各点连成语言清晰度曲线。这条曲线可代表人耳在各种声强度下所听到和听清语言的情况。所以,言语测听是符合听觉实际情况的阈上测听法。言语测听的仪器设备并不复杂,以纯音听力计加上通话设备就能开展测听,用录音播放主语,检测效果较准确,也可用口声播讲言语来进行听力检测。

言语测听在临床上常用于:

(1) 了解可懂度阈与纯音实用听阈的匹配情况。

(2) 以言语识别率判别有无感音神经性病变。

(3) 鉴别重振现象。

(4) 选配助听器。

(5) 比较和观察治疗或训练前后的听力进展情况等。

音叉试验是在耳科中应用广泛而简便的听力检查方法。它对耳聋性质的诊断比较方便、快速,是目前在听力检查方法中最古老的一种方法。音叉是呈“Y”形的钢质或铝合金发声器,因其质量和叉臂的长短、精细不同而在振动时发出不同频率的纯音。将音叉敲响后放在被检耳旁、乳突部或前额部,分别测定气传导和骨传导听力,比较两耳间、气传导和骨传导间、正常耳和病耳间能听清音叉声音的时间,从而估计病耳听力损失的程度,并可初步鉴别耳聋的性质。

临床多用 C 调倍频程的 5 支一组音叉(即 C128Hz, C256Hz, C512Hz, C1024Hz, C2048Hz),振动音叉后,将音叉两臂均放在外耳道延长线上,其中一臂的近末端放在距外耳道口 1cm 处作气导检查。作骨导检查时,振动后以其柄端紧抵于乳突鼓窦处。常用的试验是气传导和骨传导比较试验、骨传导偏向试验和骨传导比较试验(正常耳与非正常耳比较)。还有一种盖来试验(Gelle Test)对耳硬化症、听骨链先天性畸形及鼓室硬化等的诊断有一定帮助。

纯音听力检查是临床最常用的听力检查方法之一。纯音听力计由应用电声学原理设计而成,能产生不同频率、不同强度的纯音,频率范围在 125 ~ 16000Hz,声级范围在 0 ~ 120dB,基本包括了人耳听区的主要听觉范围。纯音听阈测试就是用纯音听力计发出不同频率及强度的纯音来测试受检耳的听阈值。其单位用听力级(HL)分贝表示。它通过气传导耳机和骨传导耳机分别测试人耳的气传导听力和骨传导听力,了解受检耳对不同纯音的听敏度。纯音听力检查方法不仅操作简单,还能比较全面地反映受试者的听力状况。借助纯音听力检查,我们可以准确地了解受试者听力损失程度,比较准确地分析出病变部位,有时候甚至能分析出导致耳聋的原因。此外,纯音听力检查不会给受试者造成创伤而且成本低廉。这些优势解释了纯音听力检查为什么能够在临床上得到广泛的应用。

纯音听力检查方法的不足在于:第一,需要受试者密切配合,而对于那些无法配合(比如聋幼儿)或配合困难(如伴有精神疾病)的患者,纯音听力检查几乎无能为力;第二,纯音听力检查使用的刺激信号为纯音,这是我们平时听不到、自然界中也根本不存在的声音,正因为如此,其结果往往不能反映受试者在日常生活中真实的言语听觉状况;第三,纯音听力检查方法要求受试者判断声音的有无和大小,而无须区别声音的不同,因此对于受试者听觉分辨能力的了解意义不大。

纯音听阈测试通常称为电测听,是通过纯音听力计发出不同频率、不同强度的纯音,由被测试者做出听到与否的主观判断来了解其双耳的纯音听阈的一种主观检查方法。

以上各种听力检测方式中,通过口声发音的频率检测可以通过 Adobe Audition 软件获得。图 4-12 所示是单轨模式界面,可以通过 Adobe Audition 获得固有频率的文字发音。

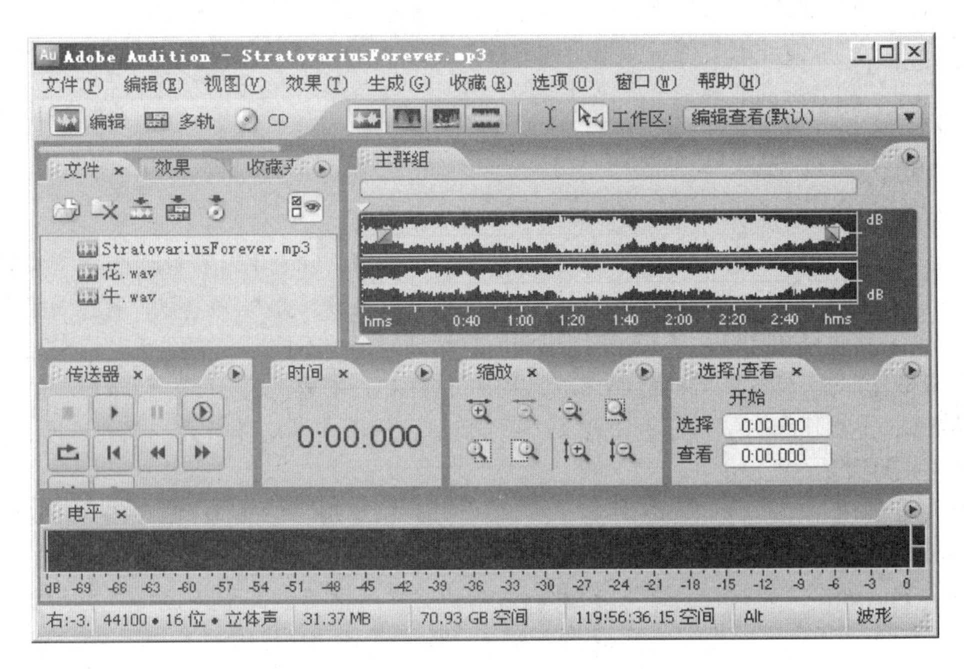

图 4-12 Adobe Audition 单轨模式界面

通过文件菜单——打开命令,打开事先录制的单音字,图 4-12 中为波形显示视图方式,右边纵向坐标可缩放,显示为分贝,如图 4-13 所示,通过视图菜单分别可以选择采样频值、标准化值、百分比、分贝,若选择采样值,即可显示声音样本的频率。“鹿”字发音的默认方式下声音频率显示如图 4-14 所示,由于频率幅度极小,在原始状态下我们无法获悉确切的频率值。通过缩放选卡我们可以放大频率的显示,以便筛选不同频率的文字发音。放大后的显示效果如图 4-15 所示。通过图 4-15,我们可以比较直观地获得“鹿”字音频的声音频率大小。

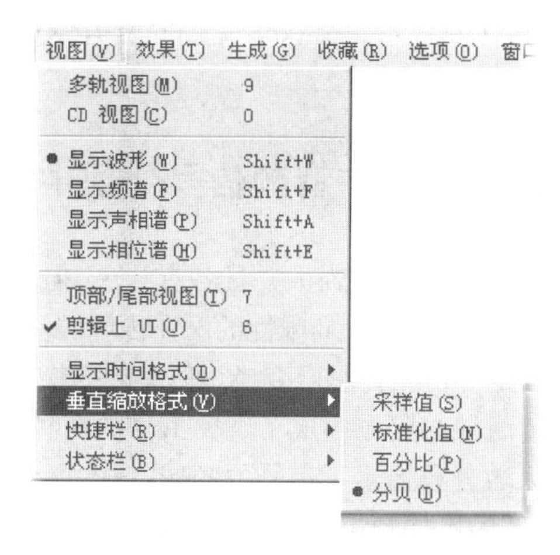

图 4－13　垂直缩放格式的选择

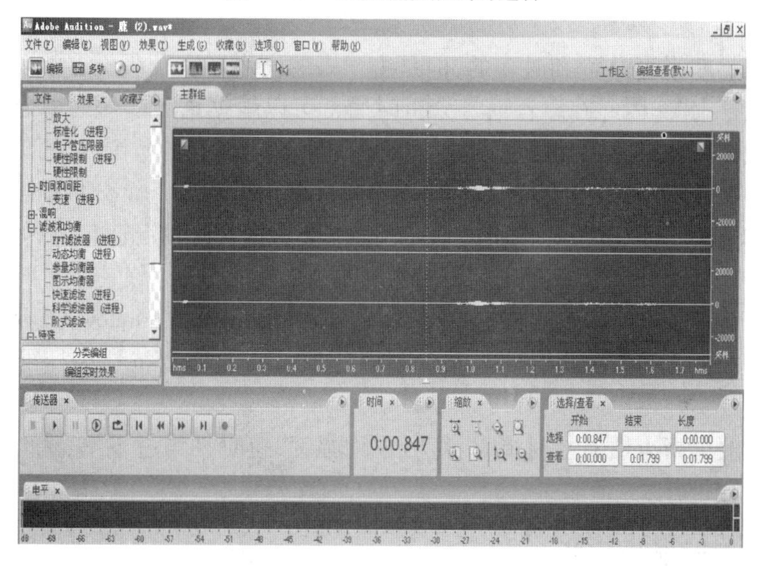

图 4－14　默认方式下的“鹿”字发音频率显示图

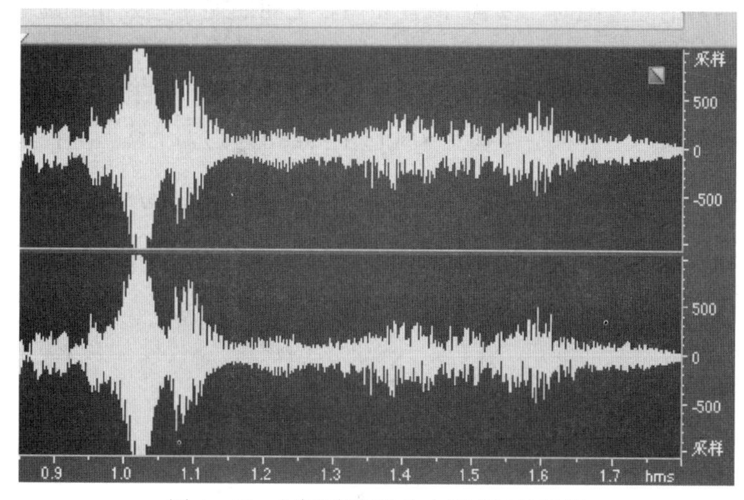

图 4－15　“鹿”字发音放大频率后的效果

Adobe Audition 音频处理工具已被很多医学院校的听力专业在教学中作为专业的声音频率处理和分析的软件。

4.4 MATLAB 在音频信号处理中的应用

前面提到的音频处理软件功能虽然强大并且各有特色,但对于研究人员所需要的音频信号的特征分析、参数提取还是有很大局限性的。在传统的信号处理中,人们分析和处理信号的最常用也是最直接的方法是傅里叶变换。傅里叶变换及其反变换建立了信号时域与频域之间变换的桥梁。时域和频域构成了观察信号的两种方式,基于傅里叶变换的信号频域表示及其能量的频域分布揭示了信号的频域特征。但是,傅里叶变换是一个整体变换,在整体上将信号分解为不同频率分量,对信号的表征要么完全在时域,要么完全在频域,作为频域表征的功率谱不能告诉我们某种频率分量出现在什么时间及其变化情况。

语音信号是非平稳过程和时变的,但是由于人的发声器官及听觉器官要求语音信号在短时间内是稳定的,因此在语音信号分析时通常可以根据语音的短时稳定性模拟动画帧的处理方式,对语音信号分段或分帧进行处理。在 5 ~ 50ms 的范围内,语音频谱特性和一些物理特性参数基本保持不变。我们将每个短时的语音称为一个分析帧。一般语音信号每帧时长约 10 ~ 30ms,被称为短时平稳,但也需要根据实际情况而定,分帧即可用连续的,也可用交叠分段的方法,在语音信号分析中常用"短时分析"表述。短时分析实质上是把语音信号截成一段一段的,在处理中用矩形窗(Rectangular Window)或汉明窗截取信号。根据处理的要求,主要以不影响或少影响处理需要的语音特性为标准来选窗较为适宜。

语音的短时分析方法有短时能量、短时平均幅度、短时平均过零率、短时自相关函数和短时傅里叶变换等。

4.4.1 短时能量分析

由于语音信号的能量随时间变化,清音和浊音之间的能量差别相当显著。因此对语音的短时能量进行分析,可以描述语音的这种特征变化情况。语音信号能量分析是基于语音信号能量随时间有相当大的变化,特别是清音段的能量一般比浊音段小很多。能量分析包括能量和幅度两个方面。下面定义短时平均能量 E_n,如下式所示:

$$E_n = \sum_{m=-\infty}^{\infty} [x(m)\omega(n-m)]^2 = \sum_{m=n-N+1}^{n} [x(m)\omega(n-m)]^2 \tag{4-1}$$

其中,$w(n)$ 为窗函数,$x(m)$ 为话音波形时域信号,n 和 m 为时间点,N 为窗长。用矩形窗时,E_n 可以简化为

$$E_n = \sum_{m=n-N+1}^{n} x(m)^2 \tag{4-2}$$

若令

$$h(n) = \omega^2(n) \tag{4-3}$$

则式(4-2)可写成

$$E_n = \sum_{m=-\infty}^{\infty} x^2(m)h(n-m) = x^2(n) \times h(n) \tag{4-4}$$

式(4-4)表示窗函数加权的短时能量相当于语音信号的二次方通过一个线性滤波器的输出,$h(n)$为该滤波器的单位取样响应位。

由此可见,不同窗函数的选择(形状和长度)将决定短时平均能量的性质。一般窗函数是中心对称的,用得较多的是矩形窗和汉明窗。窗口的长度 N 对于能否反映语音信号的幅度变化将起决定作用。

矩形窗的时域表达式为

$$\omega(n) = R_N(n) = \begin{cases} 1 & 0 \leqslant n \leqslant N-1 \\ 0 & \text{其他} \end{cases} \tag{4-5}$$

它的频域表达式为

$$W(\mathrm{e}^{\mathrm{j}\omega}) = \frac{\sin\left(\frac{\omega N}{2}\right)}{\sin\left(\frac{\omega}{2}\right)} \mathrm{e}^{-\mathrm{j}\omega\left(\frac{N-1}{2}\right)} \tag{4-6}$$

理想低通滤波器的幅度在截止频率处突然衰减到零,即没有过渡带;而截短后的幅度特性以 ωN 为中心形成过渡带,过渡带宽等于窗函数的主瓣宽度,矩形窗的主瓣宽度为 $4\pi/N$,与 N 成反比。第一旁瓣比主瓣低 13dB,阻带最小衰减为 21dB。在 MATLAB 中矩形窗函数为 boxcar,调用格式为

$$W = \mathrm{boxcar}(N)$$

其中,N 是窗函数的长度;返回值 W 是一个长度为 N 的矩形窗序列。

N 点的汉明窗函数定义如下:

$$\omega(n) = \begin{cases} 0.54 - 0.46\cos\left(2\pi \frac{n}{N-1}\right), 0 \leqslant n < N \\ 0, \text{其他} \end{cases} \tag{4-7}$$

这两种窗函数都有低通特性,通过 MATLAB 编程显示这两种窗体的频率响应幅度特性,可以发现如图 4-16 所示:矩形窗的主瓣宽度小($4\pi/N$),具有较高的频率分辨率,旁瓣峰值大(-13.3dB),会导致泄漏现象;汉明窗的主瓣宽 $8\pi/N$,旁瓣峰值低(-42.7dB),可以有效地克服泄漏现象,具有更平滑的低通特性。因此在语音频谱分析时常使用汉明窗,在计算短时能量和平均幅度时通常用矩形窗。表 4-2 所列对比了这两种窗函数的主瓣宽度和旁瓣峰值。

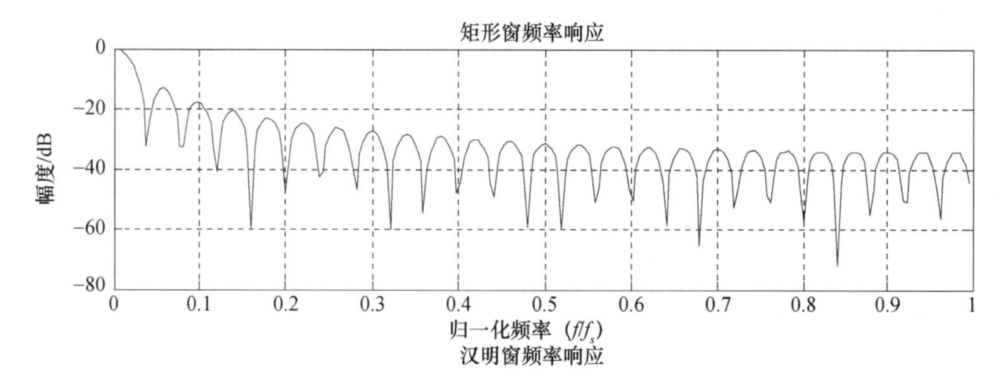

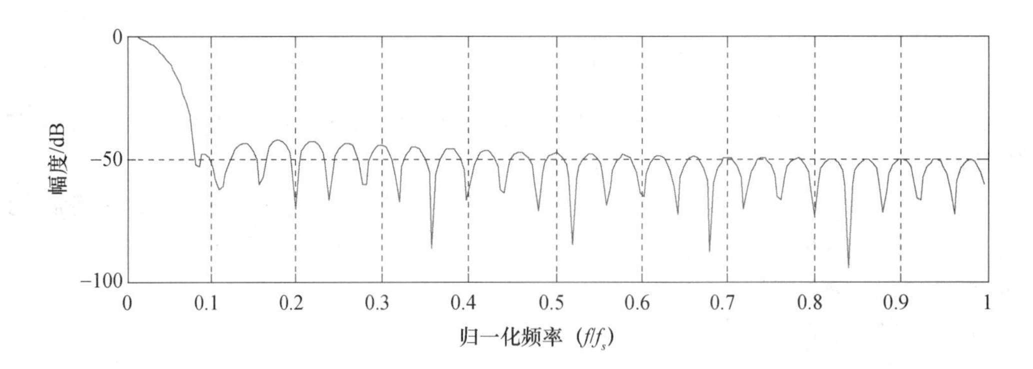

图 4－16 矩形窗和汉明窗的频率响应

表 4－2 矩形窗和汉明窗的主瓣宽度和旁瓣峰值

窗函数	主瓣宽度	旁瓣峰值
矩形窗	$4\pi/N$	13.3dB
汉明窗	$8\pi/N$	42.7dB

【例 4－1】通过 MATLAB 程序绘出长度为 512 的矩形窗函数的时域和频域幅度特性曲线,如图 4－17 所示。

```
%%%%%%%%%%%%%%%%%%%%%%%%%%%%%%%%%%%%%%%%%%%%%
% 例 4 -1 矩形窗函数时域和频域幅度特性
%%%%%%%%%%%%%%%%%%%%%%%%%%%%%%%%%%%%%%%%%%%%%
clear all;close all;clc;
N =512;
w = boxcar(N);
wvtool(w);
```

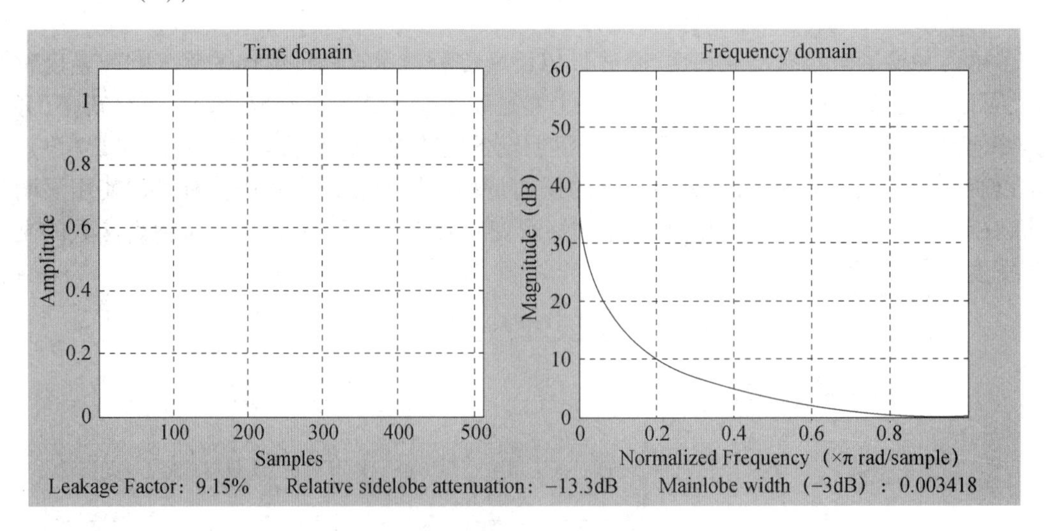

图 4－17 矩形窗函数的时域和频域幅度特性曲线

有限长序列作为离散信号的一种,在数字信号处理中占有极其重要的位置。对于有限长序列,离散傅里叶变换不仅在理论上有着重要的意义,而且有快速计算的方法——快速傅里叶变换。而MATLAB无疑是可以提供用简单函数实现傅里叶变换、拉普拉斯变换等复杂算法的现成工具。

【例4-2】利用Adobe Audition软件录制一段声音,要求立体声,采样频率为44100Hz,16位量化,录音时长为3s,内容为“多媒体技术与应用”,并用MATLAB画出波形图,如图4-18所示,把波形与Adobe Audition显示的进行比较如图4-19所示。

```
%%%%%%%%%%%%%%%%%%%%%%%%%%%%%%%%%%%%%%%%%%%%%
% 例4-2 利用声卡采集语音并显示
%%%%%%%%%%%%%%%%%%%%%%%%%%%%%%%%%%%%%%%%%%%%%
clear all;close all;clc;
[y,Fs,bits]=wavread('c:\dmtjs.wav');
sound(y,Fs);
plot(y);
title('语音波形');
```

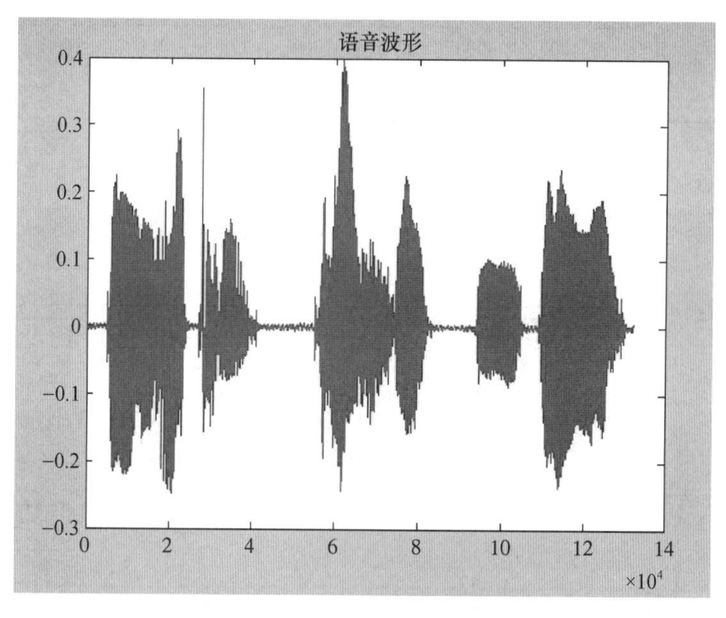

图4-18 MATLAB显示的波形图

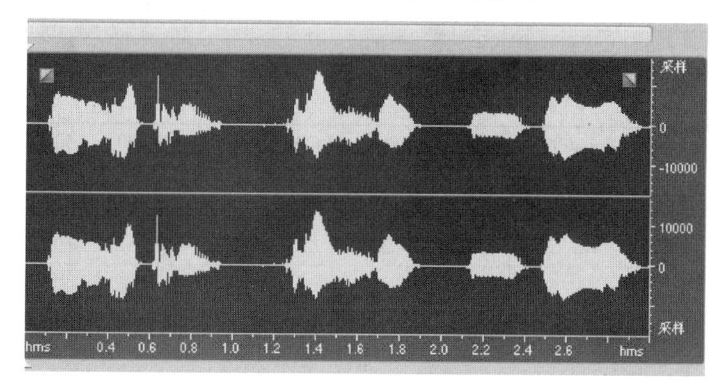

图4-19 Adobe Audition显示的声音波形图

图4-20和图4-21中给出了不同矩形窗和汉明窗长的短时能量函数，我们发现：在用短时能量反映语音信号的幅度变化时，不同的窗函数以及窗的长短均有影响。汉明窗的效果比矩形窗略好。但是，窗的长短影响起决定性作用。窗过大（N很大），等效于很窄的低通滤波器，不能反映幅度E_n的变化；窗过小（N很小），短时能量随时间急剧变化，不能得到平滑的能量函数。在11.025kHz左右的采样频率下，N选为100~200比较合适。

短时能量函数的应用：

（1）可用于区分清音段与浊音段。E_n值大对应于浊音段，E_n值小对应于清音段。

（2）可用于区分浊音变为清音或清音变为浊音的时间（根据E_n值的变化趋势）。

（3）对高信噪比的语音信号，也可以用来区分有无语音（语音信号的开始点或终止点）。无信号（或仅有噪声能量）时，E_n值很小，有语音信号时，能量显著增大。

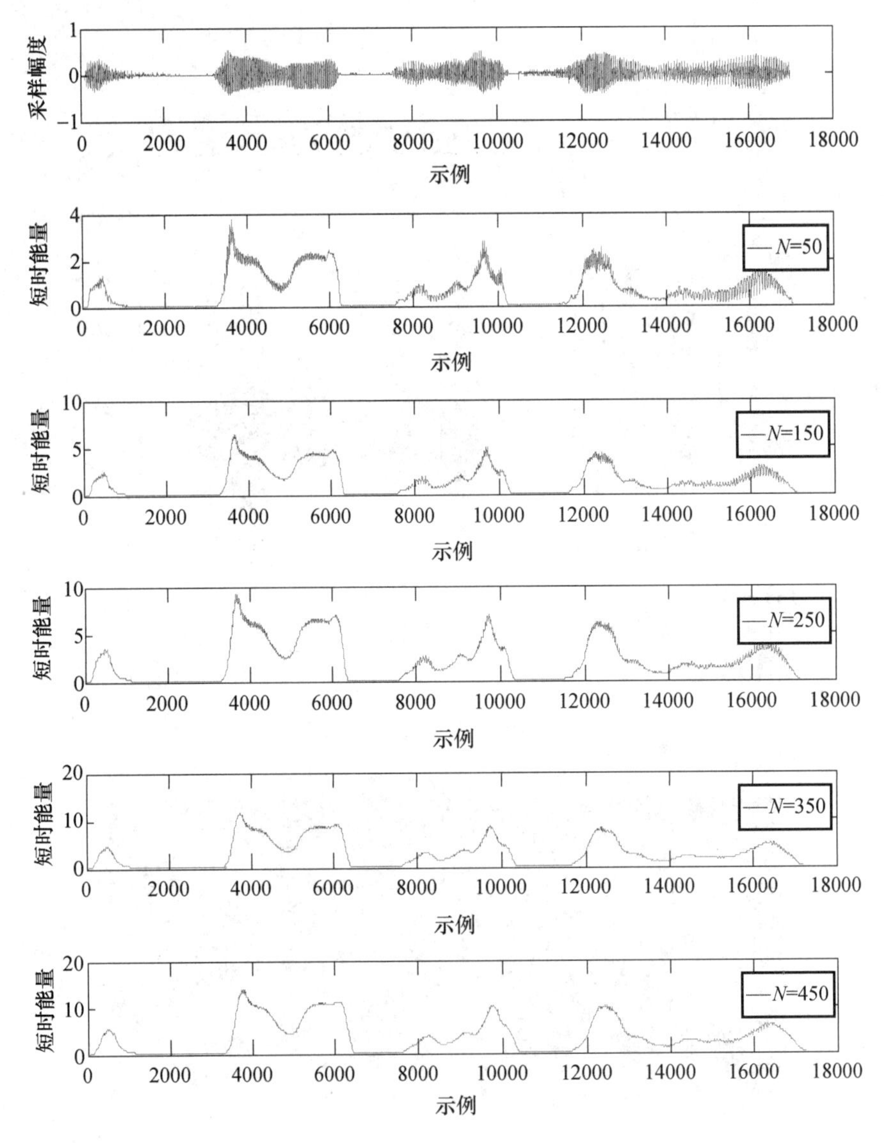

图4-20　不同矩形窗长的短时能量函数

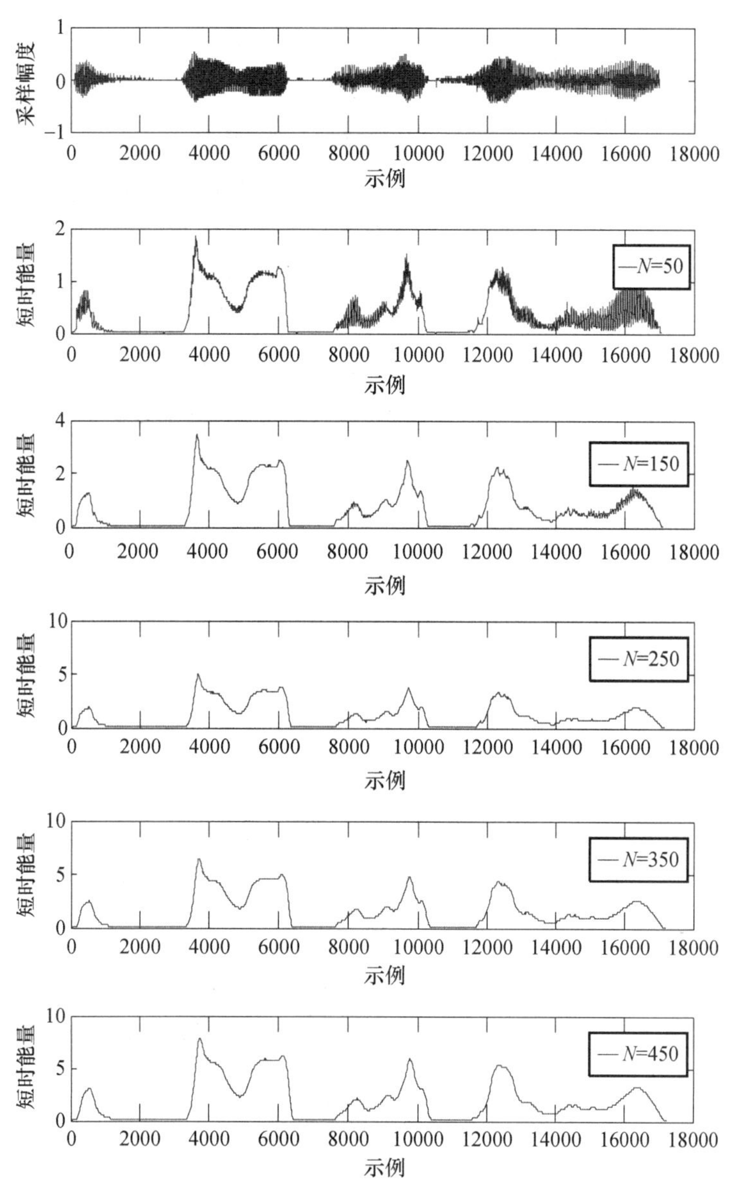

图 4-21　不同汉明窗长的短时能量函数

4.4.2　短时平均过零率

当离散时间信号相邻两个样点的正负号相异时，信号的幅度值从正值到负值要经过零值，从负值到正值也要经过零值，称其为过零，如果统计信号 1s 有几次过零，就称为过零率，或单位时间过零的次数，这 1s 就是一个单位时间。如果信号按段分割，就称为短时，统计单位时间内样点值改变符号的次数即可以得到平均过零率，就是短时平均过零率。过零率可以反映信号的频谱特性。定义短时平均过零率：

$$Z_n = \sum_{m=-\infty}^{\infty} |\operatorname{sgn}[x[m] - \operatorname{sgn}[x(m-1)]|w(n-m)$$

其中 sgn[ ]为符号函数，$\operatorname{sgn}|x(n)| = \begin{cases} 1, x(n) \geq 0 \\ -1, x(n) < 0 \end{cases}$，在矩形窗条件下，可以简化为

$$Z_n = \frac{1}{2N} \sum_{m=n-N+1}^{n} |\operatorname{sgn}[x(m)] - \operatorname{sgn}[x(m-1)]|$$

短时过零率可以粗略估计语音的频谱特性。由语音的产生模型可知，发浊音时，声带振动，尽管声道有多个共振峰，但由于声门波引起了频谱的高频衰落，因此浊音能量集中于3kHz以下。而清音由于声带不振动，声道的某些部位阻塞气流产生类白噪声，多数能量集中在较高频率上。高频率对应着高过零率，低频率对应着低过零率，那么过零率与语音的清浊音就存在着对应关系。

图4-22所示为某一语音在矩形窗条件下求得的短时能量和短时平均过零率。分析可知：清音的短时能量较低，过零率高，浊音的短时能量较高，过零率低。清音的过零率为0.5左右，浊音的过零率为0.1左右，但两者分布之间有相互交叠的区域，所以单纯依赖于平均过零率来准确判断清浊音是不可能的，在实际应用中往往是采用语音的多个特征参数进行综合判决。

短时平均过零率的应用：

（1）区别清音和浊音。例如，清音的过零率高，浊音的过零率低。此外，清音和浊音的两种过零分布都与高斯分布曲线比较吻合。

（2）从背景噪声中找出语音信号。语音处理领域中的一个基本问题是，如何将一串连续的语音信号进行适当的分割，以确定每个单词语音的信号，亦即找出每个单词的开始和终止位置。

（3）在孤立词的语音识别中，可利用能量和过零作为有话无话的鉴别。

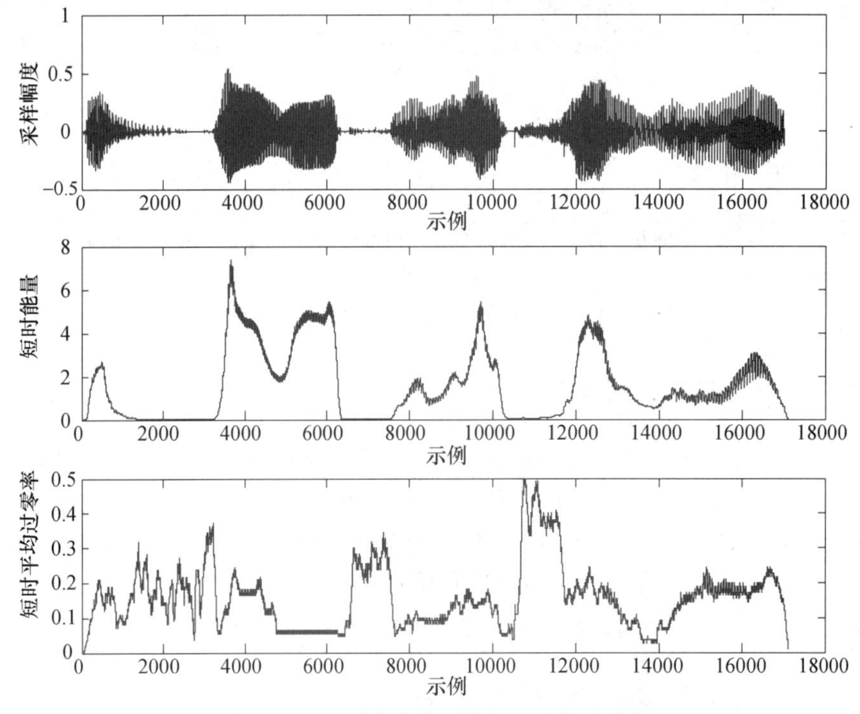

图4-22　矩形窗条件下的短时平均过零率

4.4.3　短时自相关函数

自相关函数用于衡量信号自身时间波形的相似性。清音和浊音的发声机理不同，因而在波形上也存在着较大的差异。浊音的时间波形呈现出一定的周期性，波形之间相似性较好；清音的时间波形呈现出随机噪声的特性，样点间的相似性较差。因此，我们用短时自相关函数来测定语音的相似特性。短时自相关函数定义为

$$R_n(k) = \sum_{m=-\infty}^{\infty} x(m)w(n-m)x(m+k)w(n-m-k)$$

令 $m=n+m'$，并且 $w(-m)=w'(m)$，可以得到：

$$\begin{aligned} R_n(k) &= \sum_{m=-\infty}^{\infty} [x(n+m)w'(m)][x(n+m+k)w'(m+k)] \\ &= \sum_{m=0}^{N-1-k} [x(n+m)w'(m)][x(n+m+k)w'(m+k)] \end{aligned}$$

在图 4-23 中，给出了清音的短时自相关函数波形，图 4-24 给出了不同矩形窗长条件下(窗长分别为 $N=70$，$N=140$，$N=210$，$N=280$)浊音的短时自相关函数波形。由图 4-23 中短时自相关函数波形分析可知：清音接近于随机噪声，清音的短时自相关函数不具有周期性，也没有明显突起的峰值，且随着延时 k 的增大迅速减小；由图 4-24 知，浊音是周期信号，浊音的短时自相关函数呈现明显的周期性，自相关函数的周期就是浊音信号的周期，根据这个性质可以判断一个语音信号是清音还是浊音，还可以判断浊音的基音周期。浊音语音的周期可用自相关函数中第一个峰值的位置来估算。所以在语音信号处理中，自相关函数常用来作以下两种语音信号特征的估计：

(1) 区分语音是清音还是浊音；

(2) 估计浊音语音信号的基音周期。

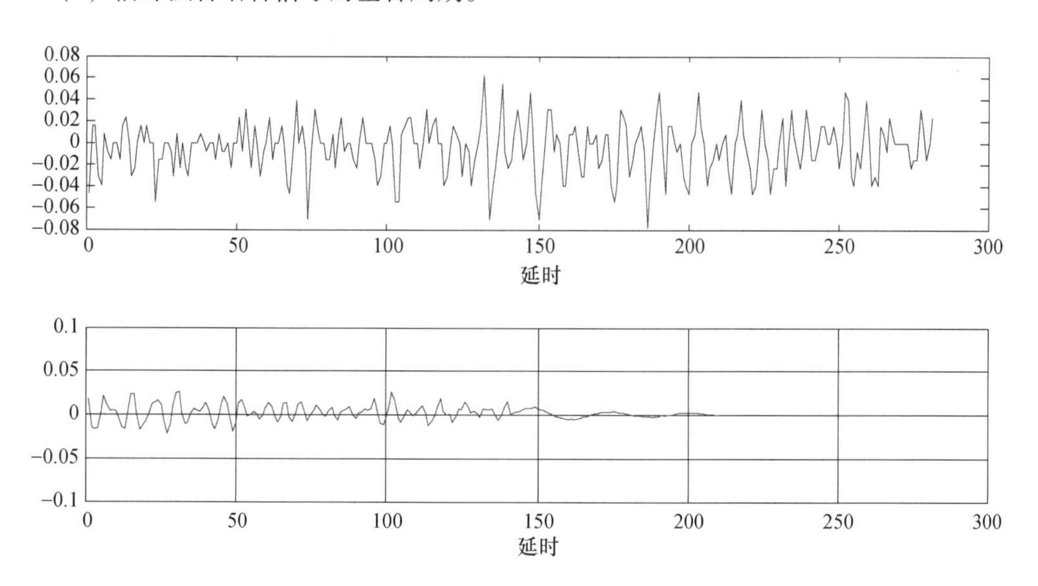

图 4-23　清音的短时自相关函数波形

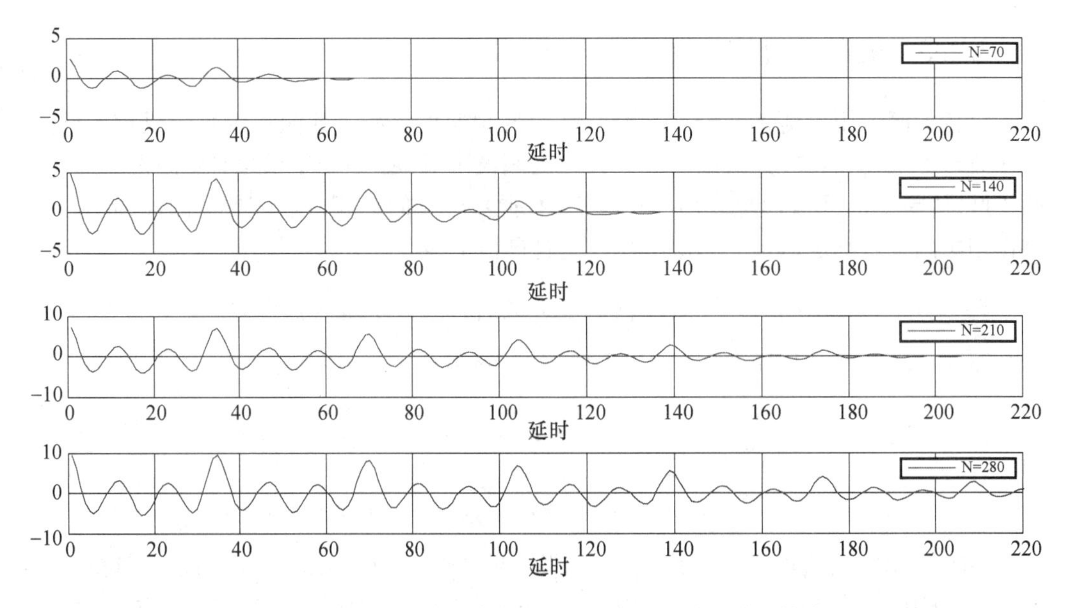

图 4-24　不同矩形窗长条件下的浊音的短时自相关函数波形

4.4.4　时域分析方法的应用

1. 基音频率的估计

首先,可利用时域分析(短时能量、短时过零率、短时自相关)方法的某一个特征或某几个特征的结合,判定某一语音有效的清音和浊音段;其次,针对浊音段,可直接利用短时自相关函数估计基音频率,其方法是:估算浊音段第一最大峰的位置,再利用抽样率计算基音频率,举例来说,若某一语音浊音段的第一最大峰值约为 35 个抽样点,设抽样频率为 11.025kHz,则基音频率为 11025/35 = 315Hz。

然而,实际上第一最大峰值位置有时并不一定与基音周期吻合。一方面与窗长有关,另一方面还与声道特性有关。鉴于此,可采用三电平削波法先进行预处理。

2. 语音端点的检测与估计

可利用时域分析(短时能量、短时过零率、短时自相关)方法的某一个特征或某几个特征的结合,判定某一语音信号的端点,尤其在有噪声干扰时,如何准确检测语音信号的端点,这在语音处理中是富有挑战性的一个课题。

4.4.5　MATLAB 参考程序

1. 短时能量

以保存在 MATLAB 默认路径下的 dmtjs.wav 声音文件为例:

1)加矩形窗

```
a = wavread('dmtjs.wav');
subplot(6,1,1),plot(a);
N = 32;
for i = 2:6
    h = linspace(1,1,2.^(i-2)*N);% 形成一个矩形窗,长度为 2.^(i-2)*N
```

```
    En = conv(h,a. * a);% 求短时能量函数 En
subplot(6,1,i),plot(En);
if(i = =2) legend('N = 32');
elseif(i = =3) legend('N = 64');
elseif(i = =4) legend('N = 128');
elseif(i = =5) legend('N = 256');
elseif(i = =6) legend('N = 512');
end
end
```

2)加汉明窗

```
    a = wavread('dmtjs.wav');
subplot(6,1,1),plot(a);
N = 32;
for i = 2:6
    h = hanning(2.^(i - 2) * N);% 形成一个汉明窗,长度为 2.^(i - 2) * N
    En = conv(h,a. * a);% 求短时能量函数 En
subplot(6,1,i),plot(En);
if(i = =2) legend('N = 32');
elseif(i = =3) legend('N = 64');
elseif(i = =4) legend('N = 128');
elseif(i = =5) legend('N = 256');
elseif(i = =6) legend('N = 512');
end
end
```

2. 短时平均过零率

```
a = wavread('beifeng.wav');
n = length(a);
N = 320;
subplot(3,1,1),plot(a);
h = linspace(1,1,N);
En = conv(h,a. * a); % 求卷积得其短时能量函数 En
subplot(3,1,2),plot(En);
    for i = 1:n - 1
             if  a(i) > = 0
             b(i) = 1;
             else
           b(i) = -1;
             end
           if a(i + 1) > = 0
           b(i + 1) = 1;
           else
             b(i + 1) =  -1;
           end
```

```
        w(i) = abs(b(i + 1) - b(i));% 求出每相邻两点符号的差值的绝对值
    end
k = 1;
j = 0;
while (k + N - 1) < n
    Zm(k) = 0;
    for i = 0:N - 1;
    Zm(k) = Zm(k) + w(k + i);
    end
    j = j + 1;
    k = k + N/2; % 每次移动半个窗
  end
  for w = 1:j
        Q(w) = Zm(160 * (w - 1) + 1)/(2 * N); % 短时平均过零率
  end
subplot(3,1,3),plot(Q),grid;
```

3. 自相关函数

```
    N = 240
Y = WAVREAD('beifeng.wav');
x = Y(13271:13510);
x = x. * rectwin(240);
R = zeros(1,240);
for k = 1:240
        for n = 1:240 - k
              R(k) = R(k) + x(n) * x(n + k);
        end
end
j = 1:240;
plot(j,R);
grid;
```

4.4.6 用 MATLAB 实现声音信号的傅里叶变换和滤波

下面的程序用 MATLAB 实现傅里叶变换和滤波以及程序运行后得到的各种波形图如4 - 25 至图 4 - 30 所示,原始声音文件是用 44.1kHz 采样频率采集的保存在 C 盘的 dmtjs. wav 文件。

```
clc;clear all;close all;
[y,fs,nbits] = wavread('c:\dmtjs.wav');
N = length(y);
y = wavread('c:\dmtjs.wav');          % 把语音信号加载入 MATLAB 仿真软件平台中
sound(y,fs,nbits);                % 对加载的语音信号进行回放
Y = fft(y);                       % 快速傅里叶变换
figure(1);
```

```
subplot(2 ,1 ,1),plot(y);title('原始信号波形');
subplot(2 ,1 ,2),plot(abs(Y));title('原始信号频谱');
noise = rand(N,2)/20;        % 噪声信号的函数
z = fft(noise);              % 快速傅里叶变换
figure(2);
subplot(2 ,1 ,1),plot(noise);title('噪声信号波形');
subplot(2 ,1 ,2),plot(abs(z));title('噪声信号频谱');
axis([0,1000,0,10]);
s = y + noise;       % 噪声信号的叠加
figure(3)
subplot(2,2,1);plot(s);title ('滤波前的时域波形');
S = fft(s);
subplot(2,2,2);plot(abs(S));title ('滤波前的频域波形');
% 设计低通椭圆滤波器
Ft = 8000;
Fp1 = 1000;
Fs1 = 1200;
wp1 = 2 * Fp1 / Ft;
ws1 = 2 * Fs1 / Ft;
[N,wc] = ellipord(wp1,ws1,1,100,'s');  % 最小阶数和截止频率根据转换后的技术指标使
```

用滤波器阶数函数,确定滤波器的最小阶数 N 和截止频率 Wc; 巴特沃斯模拟滤波器的阶数 N 及频率参数 wc,

```
[b,a] = ellip(N,1,100,wc);
[h,w] = freqz(b,a);                % 绘出频率响应曲线
figure(4);
subplot(3,1,1);
plot(w * Ft * 0.5 / pi,abs(h));
legend('用 ellip 设计');
title('IIR 低通滤波器');
axis([0,2000,0,1]);
z11 = filter(b,a,s);
m11 = fft(z11);
figure(3)
subplot(2,2,3);plot(z11,'g');title ('滤波后的时域波形');
subplot(2,2,4);plot(abs(m11),'r');title ('滤波后的频域波形');
sound(z11);
% 设计高通滤波器
% Ft = 8000;
Fp2 = 5000;
Fs2 = 4800;
wp2 = Fp2 / Ft;
ws2 = Fs2 / Ft;
[N,wc] = ellipord(wp2,ws2,1,100,'s');  % 最小阶数和截止频率
```

```
[b,a] = ellip(N,1,100,wc,'high');
[h,w] = freqz(b,a);                    % 绘出频率响应曲线
figure(4);
subplot(3,1,2)
plot(w * Ft * 0.5 / pi,abs(h));
legend('用 ellip 设计');
title('IIR 高通滤波器');
axis([0,5000,0,1]);
z12 = filter(b,a,s);
m12 = fft(z12);
figure(5)
subplot(2,1,1);plot(z12,'g');title ('高通滤波后的时域波形');
subplot(2,1,2);plot(abs(m12),'r');title ('高通滤波后的频域波形');
sound(z12);
% 设计带通滤波器
wp3 = [1200,3000]/(Ft/2);
ws3 = [1000,3200]/(Ft/2);
[N,wc] = ellipord(wp3,ws3,1,100,'s');  % 最小阶数和截止频率
[b,a] = ellip(N,1,100,wc);
[h,w] = freqz(b,a);                    % 绘出频率响应曲线
figure(4);
subplot(3,1,3);
plot(w * Ft * 0.5 / pi,abs(h));
legend('用 ellip 设计');
title('IIR 带通滤波器');
axis([0,5000,0,1]);
z13 = filter(b,a,s);
m13 = fft(z13);
figure(6);
subplot(2,1,1);plot(z13,'g');title ('带通滤波后的时域波形');
subplot(2,1,2);plot(abs(m13),'r');title ('带通滤波后的频域波形');
sound(z13);
```

滤波器主要功能是对信号进行处理，保留信号中的有用成分，去除信号中的无用成分。其按处理的信号可分为数字滤波器(Digital Filter, DF)和模拟滤波器(Analog Filter, AF)，按频域特性分为低通、高通、带通、带阻滤波器，按时域特性可分为有限长冲激响应(FIR)滤波器和无限长冲激响应(IIR)滤波器。

模拟滤波器的理论和设计方法已发展得相当成熟，且有若干典型的模拟低通滤波器的设计原型可供选择，如巴特沃斯(Butterworth)滤波器、切比雪夫(Chebyshev)滤波器、椭圆(Ellips)滤波器、贝塞尔(Bessel)滤波器等。这些滤波器各有特点，巴特沃斯滤波器具有通带内最平坦且单调下降的幅频特性；切比雪夫滤波器的幅频特性在通带或阻带内有波动，可以提高选择性；贝塞尔滤波器在通带内有较好的线性相位特性；而椭圆滤波器的选择性相对前三种是最好的。

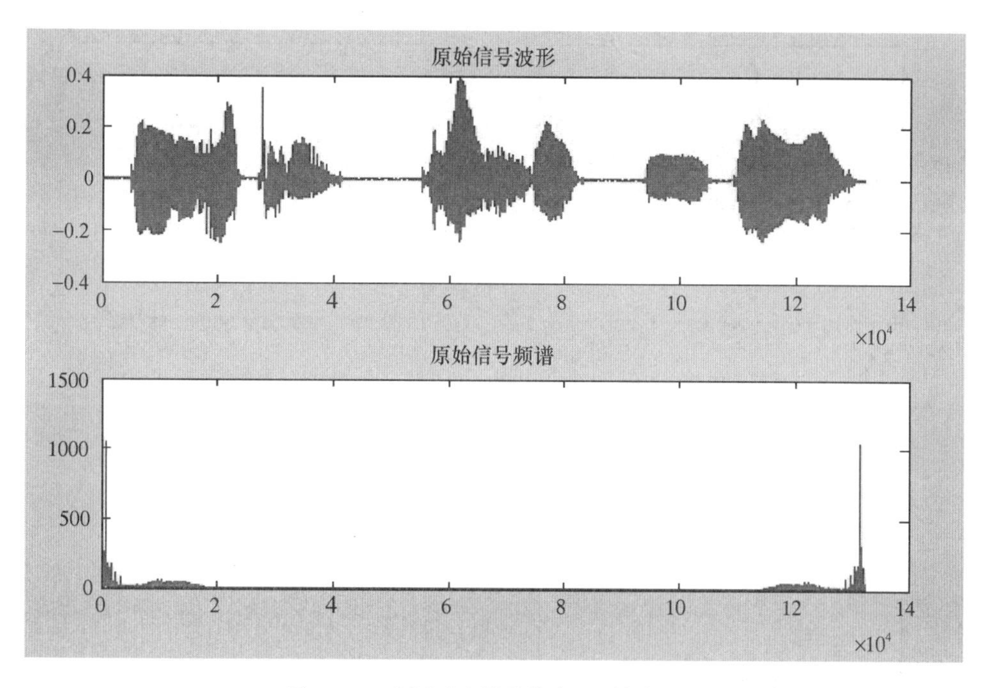

图 4－25　话音“多媒体技术”原始波形图

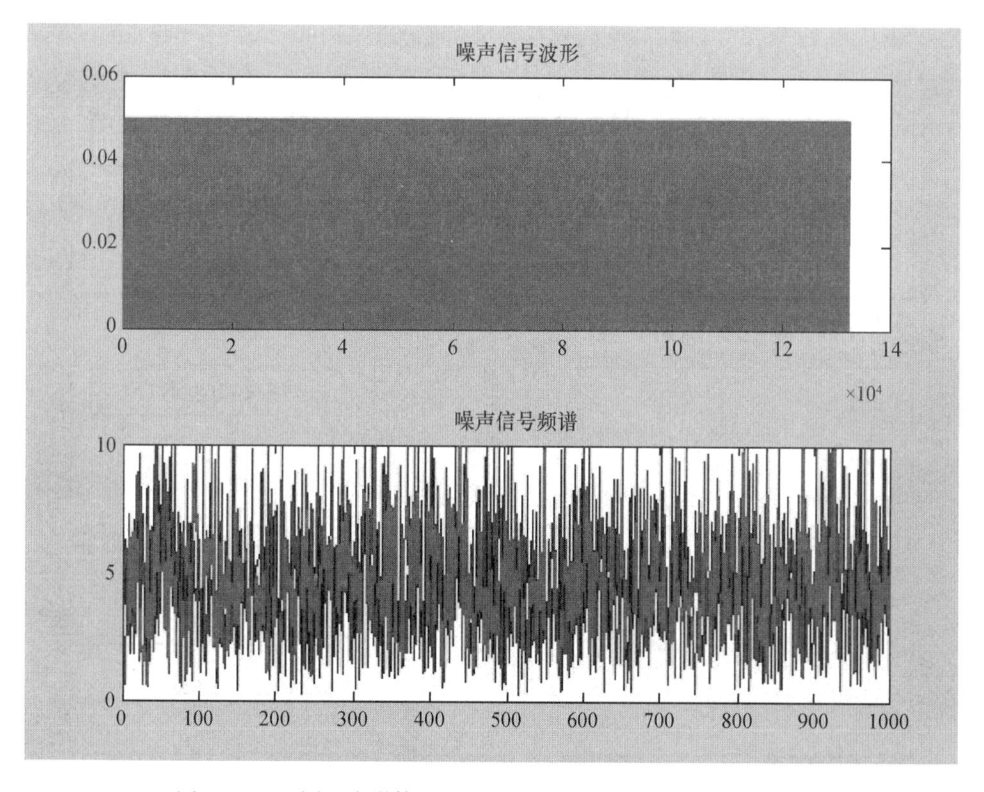

图 4－26　话音“多媒体技术”用 MATLAB 叠加噪声后的波形图

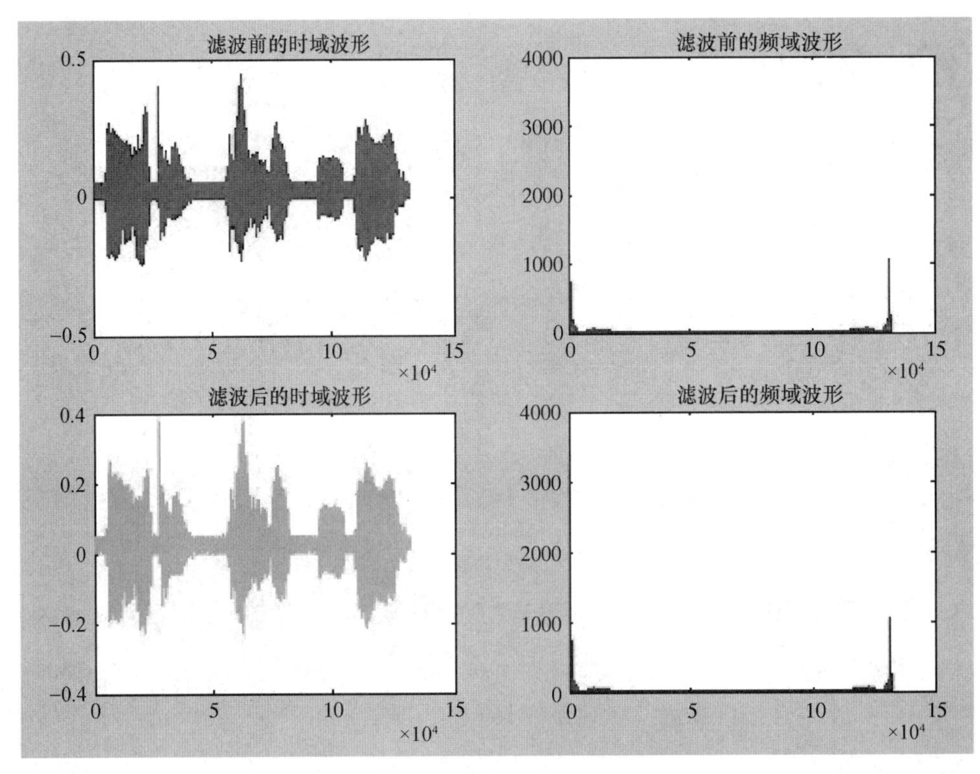

图 4－27　原始声音文件滤波前后对比

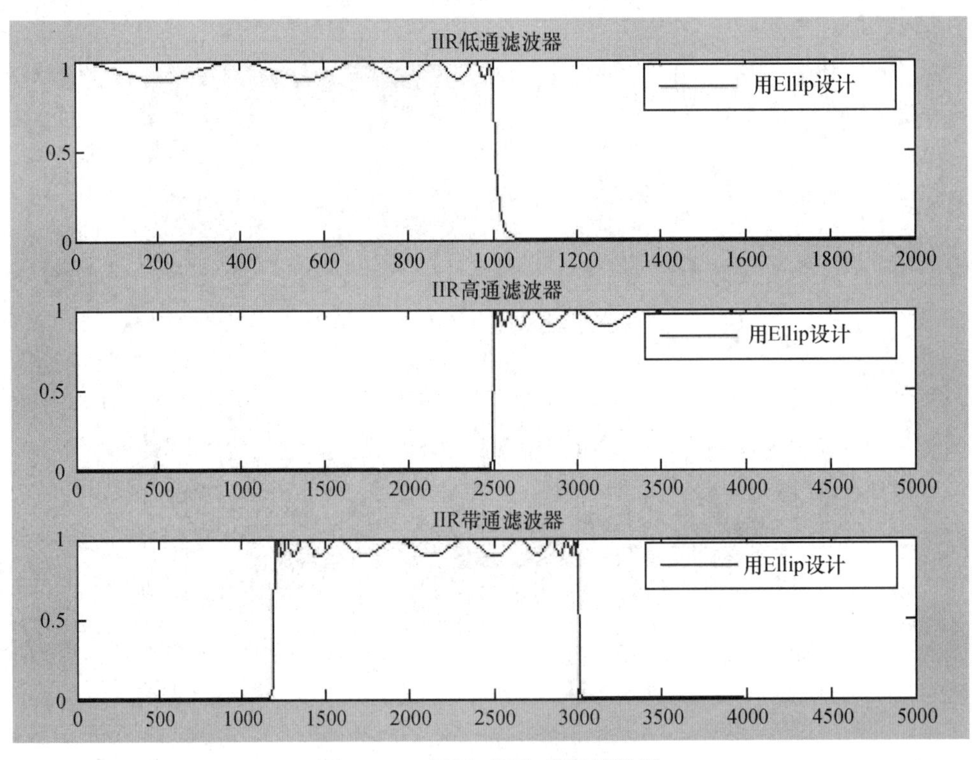

图 4－28　低通、高通、带通滤波器

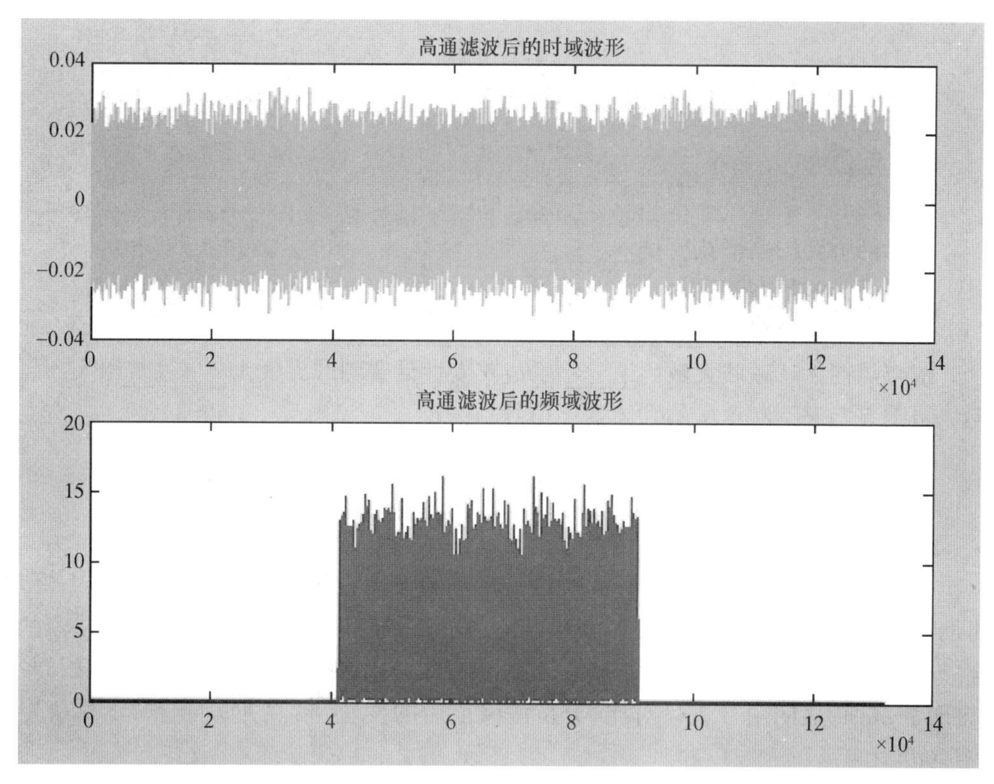

图 4－29　带噪声的话音高通滤波效果

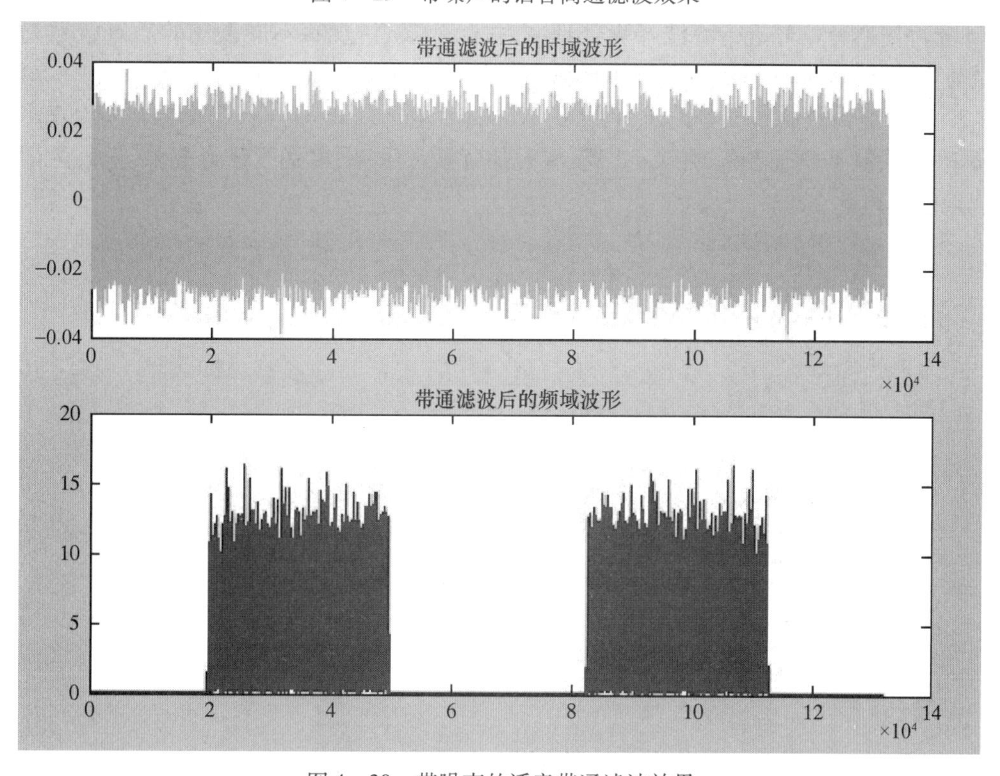

图 4－30　带噪声的话音带通滤波效果

练　习

一、填空题

1. 声音的三要素是:________、________和________。
2. 人耳能听到的频率宽度是________。
3. 高保真音的频率范围是________。
4. 什么是采样频率________________________。
5. 成年男性话音频域大致为________成年女性话音频域大致为________。
6. 目前有疾病诊断意义的人体音频信号是:________、________和________。
7. 滤波器在音频信号处理中的功能主要是________________________。
8. 滤波器按照信号种类可分为:________和________。

二、实训题

1. 录制一段语音,并显示信号的时域波形和频谱图;用 MATLAB 给语音加上噪声,绘出加噪声后的语言信号时域波形和频谱图;设计低通椭圆滤波器,并画出滤波器的频率响应;用自己设计的滤波器对语音信号进行滤波,画出滤波后信号的时域波形和频谱图,并对滤波前、后的信号进行对比,分析滤波前后的变化,撰写实验报告(计算机专业学生选做)。

2. 自制简易心音信号采集系统,采集一段人体心音信号,采用 Adobe Audition 或 Gold Wave 软件对心音信号进行滤波降噪处理,并去除呼吸音,观察不同人体的心音信号波形并撰写实验报告(非计算机专业学生选做)。

3. 用麦克风录制一段单声道声音,用 NGWave Audio Editor 声音编辑器转换为双声道音频信号;录制一段轻音乐,用 Gold Wave 叠加背景音乐;采集一段话音文件,把人的话音与背景乐分离。

第 5 章　视觉和图像处理

人类通过视觉感知外界物体的形状、明暗、颜色、动静，进入视线的物体，人们首先注意到的是它的色彩，然后才是形状、材质和其他细节，物体的形状和动静可以通过触觉或本位感知器来获得。人类为了能使各种设备模拟和复制大自然的色彩，设计出了各种各样的颜色空间。颜色空间也称为彩色模型、彩色空间或彩色系统，目的是模拟不同波长的电磁波谱与不同物质相互作用所构成的色谱空间。颜色空间是由数学方式表达的使颜色形象化。颜色空间中的颜色通常使用代表三个参数的三维坐标来指定，这些参数描述的是颜色在颜色空间中的位置，但并没有告诉我们是什么颜色，其颜色要取决于我们使用的坐标。本质上，彩色模型是坐标系统和子空间的阐述。位于系统的每种颜色都由单个点表示。现在采用的大多数颜色模型都是面向某些硬件或面向某种应用的。颜色空间从提出到现在已经有上百种，大部分是在三刺激值基础上做了局部的改变而专用于某一领域的。常用的颜色空间有 RGB，CMY，HSV，HSI 等。本章将对图像感知、常用颜色空间和图像处理工具 Photoshop 进行详细讲解。

5.1　图像感知基础

人类对图像的感知是通过视觉系统对可见光的响应来实现的，可见光是波长在380 ~ 780nm 之间的电磁波，正常视力的人眼对波长约为 555nm 的电磁波最为敏感，这种电磁波处于光学频谱的绿光区域。可见光与电磁波之间的相关性如图 5 – 1 所示。图中两端部封闭，表示宇宙射线与广播的波长没有被完全标注。

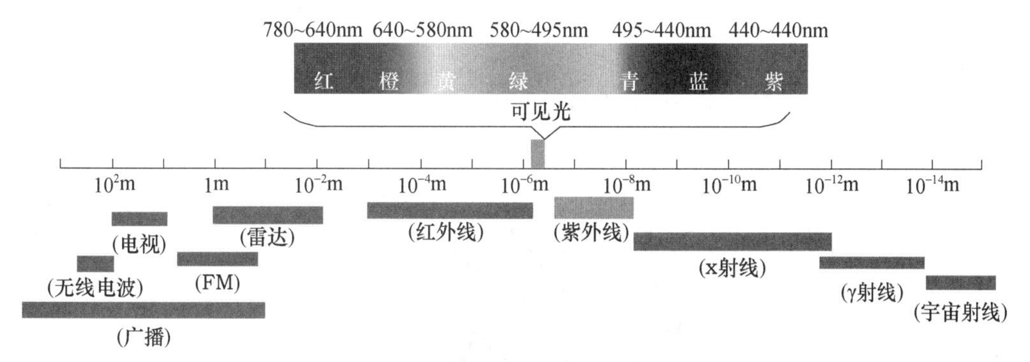

图 5 – 1　可见光与波长的关系

肉眼看到的大多数光不是一种波长的光，而是由许多不同波长的光组合成的。如果光源由单波长组成，就称为单色光源。该光源所具备的能量称为光强。颜色是视觉系统对可见光的感知结果。颜色和波长的关系并不是完全固定的，光谱上除了 572nm 黄、503nm 绿和 478nm 蓝是不变的颜色外，其他颜色在光强增加时都略向红色或蓝色变化，这种现象被称为“贝楚德—朴尔克效应”。颜色涉及物理学、生物学、心理学和材料学等多个领域，颜色是人的大脑对不同光波产生的一种主观感觉，因此颜色很难以数学方式表达出来。现在已经有很多有关颜色的理论、测量技术和颜色标准，但是到目前为止，似乎还没有一种人类感知颜色的理论被普遍接受。国际照明委员会（Commission International d'Eclairage，CIE）创建的目的是要建立一套界定和测量色彩的技术标准。国际照明委员会规定的颜色测量原理、基本数据和计算方法，称作 CIE 标准色度学系统。CIE 标准色度学的核心内容是用三刺激值及其派生参数来表示颜色。

任何一种颜色都可以用三原色的量，即三刺激值来表示。选用不同的三原色，对同一颜色将有不同的三刺激值。为了统一颜色表示方法，CIE 对三原色做了规定。

为了测得物体的三刺激值，需要研究人眼对颜色的感知特性，但人与人之间的视觉特性会有所差异，为了消除差异，统一颜色表示方法，CIE 取多人测得的光谱三刺激值的平均数据作为标准数据，并将参与实验的人称为标准色调观察者。CIE 一开始采用多人对色度感知的平均值来代表人眼的平均视觉感知特性。1931 年 CIE 在莱特和吉尔德两人的颜色匹配实验基础上，改变了三原色的波长并以相等数量的三原色匹配出等同白光的方式来确定三刺激值单位。

由于光源、照明和观察条件对颜色有一定影响。为了统一测量条件，CIE 对三刺激值和色品坐标的计算方法、光源、照明条件和观察条件也作了相应的规定。

5.1.1 视觉的形成

从生理学上讲，光线依次经过角膜、瞳孔、晶状体、玻璃体（固定眼球），并经过晶状体等的折射，最终落在视网膜上形成一个物像。视网膜上有对光线敏感的细胞，这些敏感的细胞将图像信息通过视觉神经传给大脑视觉中枢形成视觉，视网膜是一层包含上亿个神经细胞的神经组织，按这些细胞的形态、位置的特征可分成六类，即光感受器、水平细胞、双极细胞、无长突细胞、神经节细胞，以及近年发现的网间细胞。其中只有光感受器才是对光敏感的，光所触发的初始生物物理化学过程即发生在光感受器中。脊椎动物视网膜由于胚胎发育上的原因是倒转的，光进入眼球后，先通过神经细胞再到达光感受器。视觉生理可分为物体在视网膜上成像的过程，及视网膜感光细胞如何将物像转变为神经冲动的过程。图 5－2 所示为与图像感知有关的眼球结构。

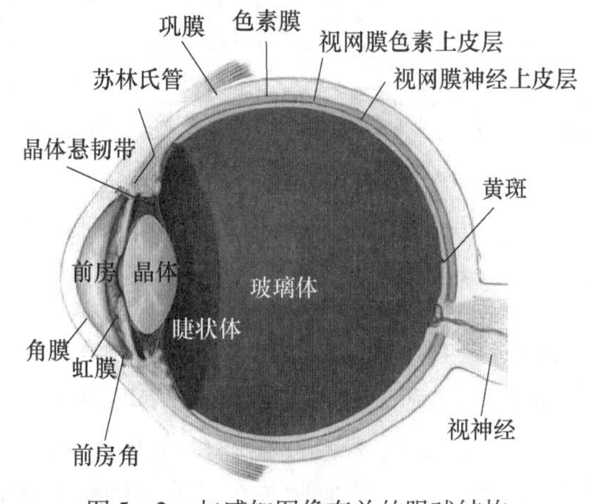

图 5－2　与感知图像有关的眼球结构

5.1.2　光感受器及其色觉的产生

光感受器按其形状可分为两大类,即视杆细胞和视锥细胞。夜间活动的动物,视网膜的光感受器以视杆细胞为主,而昼间活动的动物以视锥细胞为主。但大多数脊椎动物(包括人)则两者兼而有之。视杆细胞在光线较暗时活动,有较高的光敏度,但无法作精细的空间分辨,也不参与色觉。在较明亮的环境中以视锥细胞为主,它能提供色觉以及精细视觉。这是视觉二元理论的核心。在人的视网膜中,视锥细胞约有 600 ~ 800 万个,视杆细胞总数达 1 亿以上。它们不均匀地散布在视网膜中。在视网膜黄斑部位的中央凹区,几乎只有视锥细胞,这一区域有很高的空间分辨能力即视锐度,也叫作视力。黄斑部位有良好的色觉。中央凹以外区域,两种细胞兼有,离中央凹越远视杆细胞越多,视锥细胞则越少。在视神经离开视网膜的部位,由于没有任何光感受器,便形成盲点。由光感受器的视觉生理特性及分布特点可知,观察颜色主要利用眼球视网膜的中央区,也就是视场要小一些。因为当视场过大眼球侧视时,先是红、绿感觉消失,只能看到黄蓝色;再往外侧,黄蓝色感觉也会消失成为全色盲区,视觉范围过大时,人类对颜色的判断会发生错误。

光感受器对物理强度相同,但波长不同的光,其电反应的幅度也各不相同,这种特点通常用光谱敏感性来描述。在具有色觉的动物(包括人),根据视锥细胞对红光、绿光和蓝光有最佳光谱敏感性,视锥细胞被分成 3 类。在视网膜中可能存在着 3 种分别对红、绿、蓝光敏感的光感受器,它们的兴奋信号独立传递至大脑,然后综合产生各种色觉。色盲的一个重要原因是因为在视网膜中缺少一种或两种视锥细胞色素造成的。

5.1.3　视觉中图像的形成及其信息处理

图像辨别是视觉最重要的功能,任何图像归根结底是由形状、明暗和颜色组合而成的。当光感受器检测到光的存在后,需要神经机制把明暗对比的信息加以处理,色觉是视觉的另一个重要方面。虽然颜色信息在光感受器这一水平上是以红、绿、蓝 3 种不同的信号编码的,但这三种信号却并非像三色理论所假设的那样,各自独立地由专线传向大脑的。而是不同颜色的信号以一种特异的方式汇合起来。有的细胞在用红光照射时呈去极化,用绿光照射时反应极性改变为超极化。另一些细胞的反应形式正相反。同样,也有对绿—蓝颜色呈颉颃反应的细胞。视网膜的其他神经细胞虽反应类型不同,有表现为分级型电位,也有表现为神经脉冲的,但对颜色信号都是以颉颃方式做出反应的。在神经节细胞,这种颉颃式反应的形式更加明显,其中有的细胞在空间反应上也呈颉颃反应。例如,有一种所谓双颉颃型细胞,当红光照射其感受野中心区时呈给光反应,照射其感受野周围区时呈撤光反应;而对绿光的反应形式正好相反。这种颉颃型的形式,保证了不同光感受器信号在传递的过程中不会混淆起来。这种方式正是色觉的另一种理论——颉颃色理论(Opponent-Color Theory)由赫林(K. E. K. Hering,1878)所假设的。三色理论和颉颃色理论随着对客观规律认识的深化,已经在新的水平上辩证地统一起来了。(注解:生理学中的颉颃是指各个组织对不同刺激对某一生理效应发挥相反的作用彼此抗衡,从而稳定所处的内在环境。)

人眼是一个复杂的视觉感受器,感受来自于光线携带的视觉模拟信号,到目前为止,任何具备高清分辨率的数字信号图像感知系统都无法替代人眼感知外界的信息,但人眼同样具备数字图像设备类似的分辨率。光线通过眼球折射的成像原理基本上与凸透镜成像原理相似。按光学成像原理,离开眼睛 6m 至无限远的物体所发出的光线或反射的光线是接近于平行的光线,理论上经过眼球折射系统都可在视网膜上形成清晰的物像。但由于过远的物体光线过弱,或在视网膜上成像太小,因而不能被视觉所感知。当空间平面上两个黑点相互靠拢到一定程度时,离开黑点一定距离的观察者就无法区分它们,这意味着人眼分辨景物细节的能力是有限的,这个极限值就是分辨率,该分辨率用参数最小角分辨率来表征。研究表明人眼的分辨率有如下一些特点:

(1) 当光照强度太大或者太弱时,当背景亮度太强时,人眼分辨率降低。

(2) 当目标物体运动速度过快时,人眼分辨率降低。

(3) 人眼对彩色细节的分辨率比对亮度细节的分辨率要差,假设黑白分辨率为 1′,则黑红为 0.4′,绿蓝为 0.19′。

目前科学界公认的数据表明,观看物体时,人能清晰看清视场区域对应的分辨率大致为 2169 ×1213。如果考虑上下左右比较模糊的区域,人眼分辨率大致是 6000 ×4000。人观看物体时,能清晰看清视场区域对应的双眼视角大约是 35°(横向) ×20°(纵向)。同时人眼在中等亮度,中等对比度的分辨力(d)为 0.2mm,对应的最佳距离(L)为 0.688m。其中 d 与 L 满足 $\tan(\theta/2) = d/2L$,θ 为分辨角,一般取值为 1.5′,是一个很小的角。把视场近似地模拟为放置在长方形地面的正锥体,其中锥体的高为 $h = L = 0.688\text{m}$,$\theta_1 = 35°$(水平视角),$\theta_2 = 20°$(垂直视角)。以 0.0002m 为一个点,可以得知底面长方形为 2169 × 1213 的分辨率。离眼较近的物体发出的光线将不是平行光线而是程度不同的辐散光线,它们通过折光系统成像于视网膜之后,只能引起一个模糊的物像。

5.1.4 与视觉有关的几个概念

1. 视力

视力指视觉器官对物体形态的精细辨别能力。

2. 视野

视野是指单眼注视前方一点不动时,该眼能看到的范围。临床检查视野对诊断某些视网膜、视神经方面的病变有一定意义。

3. 暗适应和明适应

当人从强光下转入暗处时,最初是看不清楚物像的,停顿一段时间以后,可以逐步还原对暗处的视力,称为暗适应。暗适应的产生与视网膜中感光色素再合成增强、绝对量增多有关。反之,从暗处到强光下时,最初是耀眼的感觉,看不清物体,过一会,视觉才恢复正常,这称为明适应。从暗处到强光下,所引起的耀眼光感是由于在暗处所蓄积的视紫红质在亮光下迅速分解所致,以后视物的恢复说明视锥细胞恢复了感光功能。

4. VISION(视觉)技术

计算机 VISION 技术更加强调用户的视觉体验,为用户提供带蓝光高清视频、更加逼真的 3D 游戏,色彩鲜明、逼真的照片和更加快速的视频处理性能。具备 VISION(视觉)技术的计算机可以拥有高达 10 亿种颜色,远多于真彩色所要求的颜色数,支持蓝光播放。

5. 互补色

两种颜色按一定的比例混合可以得到白光。如蓝光和黄光按一定比例混合得到的是白光。同理，青光和橙光混合得到的也是白光。蓝光和黄光、青光和橙光为两对互补色。

5.2　颜色空间

色彩三要素是指色彩的色调(Hue)、明度(Brightness)、饱和度(Saturation)。三者之间既相互独立，又相互关联，相互制约。

色彩的色相：即色彩种类，每种色彩都被冠以一个名称，以便对色彩的记忆和使用，现在专业领域经常使用的色相名，是日本色相研究所的PCCS配色体系中的色相名称，共24个色相，每个色相因含其紫红、黄、蓝绿的比例成分不同而呈现不同的相貌。色相是指物体传导或反射的可见光对人眼所产生的感光度量。在HIS中取0到360度的数值来衡量。

色彩的明度：是指颜色的相对明暗度，通常以0%（黑色）到100%（白色）的百分比来衡量。因为物体对光的反射率不同而造成的，在非色彩中，亮度最高的色为白色，亮度最低的色为黑色，中间存在一个从亮到暗的灰色系列。在彩色中，任何一种饱和度色都有着自己的亮度特征。黄色为亮度最高的颜色，处于光谱的中心位置，紫色是亮度最低的颜色，处于光谱的边缘，一个彩色物体表面的光反射率越大，对视觉刺激的程度越大，看上去就越亮，这一颜色的亮度就越高。色彩之间具体的明度差包括两个方面：一是指色相的深浅变化，如粉红、深红、大红；二是指色相的明度差别，六种标准色的黄色最浅，紫色最深，其余处于中间色，色彩中最明亮的用“高明度”称呼，比较暗的用“低明度”称呼，介于中间明度者用“中明度”称呼，以高、中、低三种明度概括。

色彩的饱和度：是指色彩的强度或纯度。饱和度代表灰色与色调的比例，并以0%(灰色)到100%(完全饱和)来衡量。指如果一种色彩加以黑、白、灰来调和，它的饱和度就会下降，完全不加黑、白、灰的色彩，称为纯色，饱和度也就最高。“饱和度”和“明度”一样，在程度上也分“高、中、低”三个感觉阶段，无色彩的黑、白、灰三色，没有色彩、色度的概念，而只有明度的概念。

RGB三基色模型是一种与设备相关的颜色模型，具体表现为为了获得同样的颜色效果，扫描仪、显示器、打印机和人眼等系统采用的三基色模型定义不同，并且彼此无法通用。

为了定义一种与设备无关的颜色模型，1931年9月国际照明委员会在英国剑桥市召开了会议。科学家们企图在RGB模型的基础上，从真实的基色推导出可以用数学方式表达的三基色，创建一种新的颜色系统，使颜料、染料和印刷等工业能够明确指定产品的颜色。

到目前为止，最常用的颜色模型是RGB颜色空间，被普遍应用于显示系统，然而，RGB空间结构并不符合人们对颜色相似性的主观判断。因此，有人提出了基于HSV颜色模型、CMYK颜色模型、HSL颜色模型、Lab颜色模型、HSB颜色模型、Ycc颜色模型、XYZ颜色空间、YUV颜色空间，因为它们更接近于人们对颜色的主观认识。颜色直方图是目前基于图像检索的常用手段。

5.2.1 RGB 颜色模型

彩色阴极射线管、彩色光栅图形的显示器都使用 RGB 数值来驱动 RGB 电子枪发射电子,并分别激发荧光屏上的 RGB 三种颜色的荧光粉,发出不同亮度的光线,并通过相加混合产生各种颜色,扫描仪也是通过吸收原件的反射或透射的光线中的 RGB 成分,并用它来表示原件的颜色。RGB 色彩空间是与设备相关的色彩空间,因为不同的扫描仪扫描同一幅图像,会得到不同色彩的图像数据;不同型号的显示器显示同一幅图像,也会有不同的色彩显示结果。显示器和扫描仪使用的 RGB 空间与 CIE 1931 RGB 真实三原色表色系统空间是不同的,后者是与设备无关的颜色空间。Photoshop 的色彩选取器(Color Picker)可以显示 HSB、RGB、LAB 和 CMYK 色彩空间的每一种颜色的色彩值。Photoshop 中颜色的显示分别由红、绿、蓝三个通道中的像素灰阶值控制。颜色通道中的灰阶值与色彩有着严格的一一对应关系。每个通道灰阶具有 0 ~ 255 个级别,三个通道一共可以合成 256 的 3 次方种颜色。由于红、绿、蓝三个通道里的灰阶各自独立控制红、绿、蓝三种颜色的亮度,就形成了数学上的一个三维空间,也就是我们通常所说的彩色空间。RGB 色彩空间可以用图 5 - 3 所示的立方体表示。

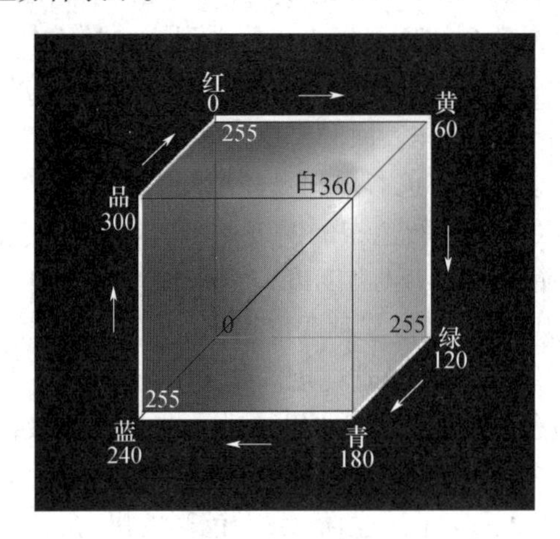

图 5 - 3　RGB 颜色模型

RGB 虽然表示直接,但是 R、G、B 数值和色彩的三属性没有直接的联系,不能揭示色彩之间的关系。在进行配色设计时,一般不用 RGB 模型来实现,HSV 颜色模型对应于画家的配色方法。画家用改变色泽和色深的方法从某种纯色获得不同色调的颜色。

5.2.2 HSV 颜色模型

HSV 空间是颜色直方图最常用的颜色空间。它的三个分量分别代表色调(Hue)、饱和度又称纯度(Saturation)和值(Value)。

HSV(Hue Saturation Value)颜色空间的模型对应于圆柱坐标系中的一个圆锥形子集,圆锥的顶面对应于 $V = 1$。它包含 RGB 模型中的 $R = 1, G = 1, B = 1$ 三个面,所代表的颜色较亮。色彩 H 由绕 V 轴的旋转角给定。红色对应于角度 0°,绿色对应于角度 120°,蓝色对应于角度 240°。在 HSV 颜色模型中,每一种颜色和它的补色相差 180°。饱和度 S 取值从 0 到 1,所以圆锥顶面的半径为 1。HSV 颜色模型所代表的颜色域是 CIE 色度图的一个子集，这个模型中饱和度为百分之百的颜色，其纯度一般小于百分之百。在圆锥的顶点（即原点）处，$V=0$，H 和 S 无定义，代表黑色。圆锥的顶面中心处 $S=0$，$V=1$，H 无定义，代表白色。从该点到原点代表亮度逐渐变暗的灰色，也就是不同灰度级的灰色。对于这些点，$S=0$，H 的值无定义。可以说，HSV 模型中的 V 轴对应于 RGB 颜色空间中的主对角线。在圆锥顶面的圆周上的颜色，$V=1$，$S=1$，这种颜色是纯色。HSV 模型对应于画家配色的方法，画家用改变色浓和色深的方法从某种纯色获得不同色调的颜色，在一种纯色中加入白色以改变色浓，加入黑色以改变色深，同时加入不同比例的白色和黑色即可获得各种不同的色调。图5－4所示为HSV颜色模型示意图，在图中可以找到与RGB颜色模型角度的对应关系。

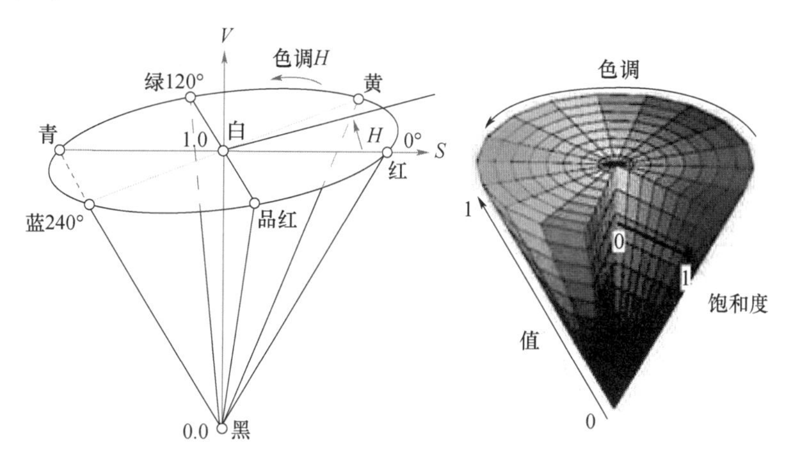

图5－4 HSV颜色模型

与HSV模型表达比较接近的是HSL颜色模型与HSI颜色模型，HSV颜色模型在黑白的判断上，会出现失误，与HSV颜色模型不同，HSL颜色模型主要应用于台式机图形的颜色表示，并用六角形锥体表示自己的颜色模型，着重描述光线强弱关系。HSL模型中，L（Lightness）是完全控制亮度的。而在RGB模型中，亮度和 R，G，B 的最大值有关。比如真彩色24bit表示法中FF0000、00FF00、0000FF和FFFFFF四种颜色都是一样亮的。

5.2.3 HSL颜色模型

在HSL（Hue Saturation Lightness）模型中，Hue表示色度，Saturation表示饱和度，Lightness表示亮度，所以HSL模型强调光线的强弱，HSL颜色模型用六角形锥体表示，当饱和度为零时颜色表现为黑色和白色，椎体的中间轴为亮度，当亮度和纯度都为零时颜色表现为黑色，当亮度最大而纯度为零时表现为白色，纯度为100%时表现为各种单色光。H 的计算和前面的HSV颜色模型类似，只是变化范围从原来的360°变为240°，但是 S，L 和一般HSV模型的计算不同，它们是相互关联的。分别记 R，G，B 三个分量中最大值和最小值为max和min，L 的计算为：$L=(\max+\min)\times240/2\times255$；$S$ 的计算为：当 $(\max+\min)>255$ 时，$S=(\max-\min)\times240/(255-(\max+\min-255))$；当 $(\max+\min)<255$ 时，$S=(\max-\min)\times240/(\max+\min)$。这里 S 的计算体现了和亮度的密切相关性，不会出现物体较暗时饱和度 S 偏高，物体较亮时饱和度 S 偏低的情况。HSL色彩体系使用得非常广泛，Windows编辑颜色对话框采用了RGB和HSL色彩体系，如图5－5所示：

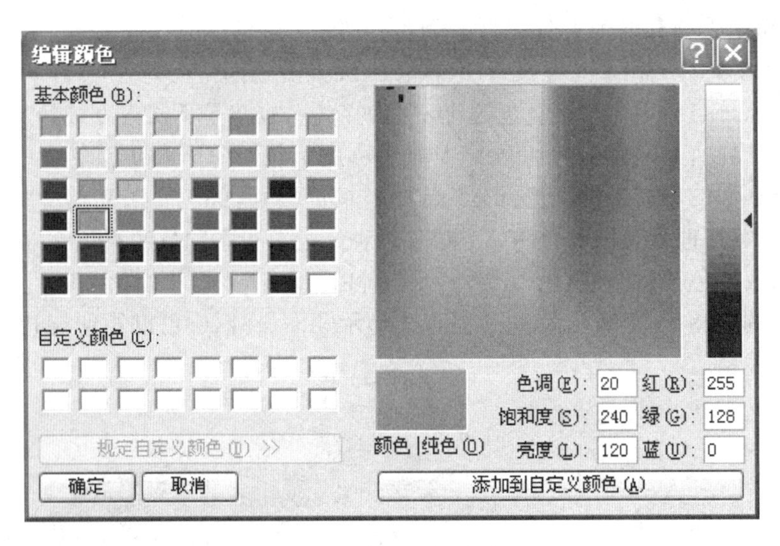

图 5-5　编辑颜色对话框

从 RGB 到 HSL 的转换，设 r, g, b 的值是在 0 到 1 之间的实数。设 max 等价于 r，g 和 b 中的最大者。min 等于这些值中的最小者。要找到在 HSL 空间中的 (h, s, l) 值，这里的 $h \in [0, 360)$ 是角度的色相角，而 $s, l \in [0,1]$ 是饱和度和亮度，计算为

$$h=\begin{cases}0^\circ & \text{if } \max=\min \\ 60^\circ\times\dfrac{g-b}{\max-\min}+0^\circ, & \text{if } \max=r \text{ and } g\geqslant b \\ 60^\circ\times\dfrac{g-b}{\max-\min}+360^\circ, & \text{if } \max=r \text{ and } g<b \\ 60^\circ\times\dfrac{b-r}{\max-\min}+120^\circ, & \text{if } \max=g \\ 60^\circ\times\dfrac{r-g}{\max-\min}+240^\circ, & \text{if } \max=b\end{cases}$$

$$l=\frac{1}{2}(\max+\min)$$

$$s=\begin{cases}0 \quad \text{if } l=0 \text{ or } \max=\min \\ \dfrac{\max-\min}{\max+\min}=\dfrac{\max-\min}{2l} & \text{if } 0<l\leqslant\dfrac{1}{2} \\ \dfrac{\max-\min}{2-(\max+\min)}=\dfrac{\max-\min}{2-2l} & \text{if } l>\dfrac{1}{2}\end{cases}$$

h 的值通常规范化到位于 0～360°之间。而 $h=0$ 用于 max = min 的（就是灰色）时候而不是留下 h 未定义。

从 HSL 到 RGB 的转换，给定 HSL 空间中的 (h,s,l) 值定义的一个颜色，带有 h 在指示色相角度的值域 $[0,360)$ 中，分别表示饱和度和亮度的 s 和 1 在值域 $[0, 1]$ 中，相应在 RGB 空间中的 (r,g,b) 三原色，带有分别对应于红色、绿色和蓝色的 r,g 和 b 也在值域 $[0,1]$ 中，它们可计算为：

首先，如果 $s=0$，则结果的颜色是非彩色的或灰色的。在这个特殊情况，r,g 和 b 都等

于 1。h 的值在这种情况下是无定义。

当 $s \neq 0$ 的时候,可以使用以下代码实现转换,首先借助于中间变量 p 和 q 的公式:

$$q = \begin{cases} l \times (1+s) & \text{if } l < \dfrac{1}{2} \\ l + s - (l \times s) & \text{if } l \geqslant \dfrac{1}{2} \end{cases}$$

$$p = 2 \times l - q$$

$$h_{\mathrm{k}} = \frac{h}{360}$$

$$t_{\mathrm{R}} = h_{\mathrm{k}} + \frac{1}{3}$$

$$t_{\mathrm{G}} = h_{\mathrm{k}}$$

$$t_{\mathrm{B}} = h_{\mathrm{k}} - \frac{1}{3}$$

if $t_{\mathrm{C}} < 0$ 那么把 $t_{\mathrm{C}} = t_{\mathrm{C}} + 1.0$ 遍历 $C \in \{R,G,B\}$

if $t_{\mathrm{C}} > 1$ 那么把 $t_{\mathrm{C}} = t_{\mathrm{C}} - 1.0$ 遍历 $C \in \{R,G,B\}$

对于每个颜色向量 Color = (ColorR,ColorG,ColorB) = $(r,\ g,\ b)$,

$$\mathrm{Color}_{\mathrm{C}} = \begin{cases} p + ((q-p) \times 6 \times t_{\mathrm{C}}), & \text{if } t_{\mathrm{C}} < \dfrac{1}{6} \\ q, & \text{if } \dfrac{1}{6} \leqslant t_{\mathrm{C}} < \dfrac{1}{2} \\ p + \left((q-p) \times 6 \times \left(\dfrac{2}{3} - t_C\right)\right), & \text{if } \dfrac{1}{2} \leqslant t_{\mathrm{C}} < \dfrac{2}{3} \\ p, & \text{其他} \end{cases}$$

遍历 $C \in \{R,G,B\}$

5.2.4 HSI 颜色模型

HSI 颜色模型是从人的视觉系统出发,用 H 代表色调(Hue)、S 代表饱和度(Saturation)和 I 代表亮度(Intensity)来描述色彩。饱和度与颜色的白光光量刚好成反比,它可以说是一个颜色鲜明与否的指标。在显示器上使用 HIS 模型来处理图像,能得到较为逼真的效果。

HSI 颜色空间可以用一个圆锥空间模型来描述。通常把色调和饱和度通称为色度,用来表示颜色的类别与深浅程度。由于人的视觉对亮度的敏感程度远强于对颜色浓淡的敏感程度,为了便于色彩处理和识别,人的视觉系统经常采用 HSI 颜色空间,它比 RGB 颜色空间更符合人的视觉特性。在 HSI 颜色空间可以大大简化图像分析和处理的工作量。HSI 颜色空间和 RGB 颜色空间是同一物理量的不同表示法,因而它们之间存在着转换关系。

RGB 与 HIS 模型定义的区别:

(1) RGB 模型也称为加色法混色模型。它是以 RGB 三色光互相叠加来实现混色的方法,因而适合于显示器等发光体的显示。

(2) HSI 模型用 H、S、I 三参数描述颜色特性,其中 H 定义颜色的波长,称为色调;S 表示颜色的深浅程度,称为饱和度;I 表示强度或亮度。

转换原理:采用圆锥模型公式:

$$I=(R+G+B)\div\sqrt{3}$$

$$S=[(R-G)^2+(G-B)^2+(B-R)^2]^{\frac{1}{2}}$$

$$H=\begin{cases}\varphi & G\geqslant B\\ 2\pi-\varphi & G<B\end{cases}$$

式中 $\varphi=\dfrac{2R-(G+B)}{\sqrt{2}[(R-G)^2+(G-B)^2+(B-R)^2]^{\frac{1}{2}}}$

图 5 -6 所示为 HSI 颜色模型示意图。

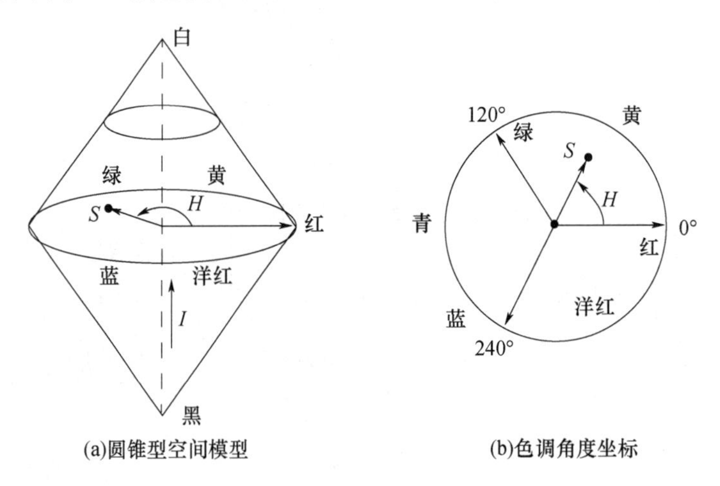

图 5 -6 HSI 颜色模型

5.2.5 HSB 颜色模型

HSB 是基于人的眼睛对色彩的识别,是从视觉的角度定义的颜色模式。HSB 颜色模型在某种程度上与 Munsell(蒙赛尔)的色相、值和色度系统类似,它也使用类似的三个轴来定义颜色。HSB 源自 RGB 色彩空间,并且是设备相关的色彩空间。HSB 中三个基本的颜色特征如下:

色相是从物体反射或透过物体传播的颜色。在 0 到 360 度的标准色轮上,按位置度量色相。在通常的使用中,色相由颜色名称标识,如红色、橙色或绿色。

饱和度(有时称为色度)是指颜色的强度或纯度。饱和度表示色相中灰色分量所占的比例,它使用从 0%(灰色)至 100%(完全饱和)的百分比来度量。在标准色轮上,饱和度从中心到边缘递增。

亮度是颜色的相对明暗程度,通常使用从 0%(黑色)至 100%(白色)的百分比来度量。

HSB 颜色模型通常用圆柱体来表示,将 RGB 转化成 HSB 的公式如下:

$$H=\arccos\left(\frac{\frac{1}{2}[(R-G)+(R-B)]}{\sqrt{(R-G)^2+(R-B)(G-B)}}\right)$$

$$S = \frac{\max(R,G,B) - \min(R,G,B)}{\max(R,G,B)}$$

$$B = \frac{\max(R,G,B)}{255}$$

Photoshop 图像处理软件业包含了 HSB 颜色模型，Photoshop 颜色模式的选择步骤：第一步，通过菜单“窗口”→“颜色”命令，打开颜色窗口；第二步，在“颜色”面板的右上角有一个带三角形和三根横线的快捷小菜单按钮，用鼠标左键单击以后，出现如图 5－7 所示颜色模型菜单。

图 5－7　颜色模型菜单

HSB 的颜色滑块如图 5－8 所示。

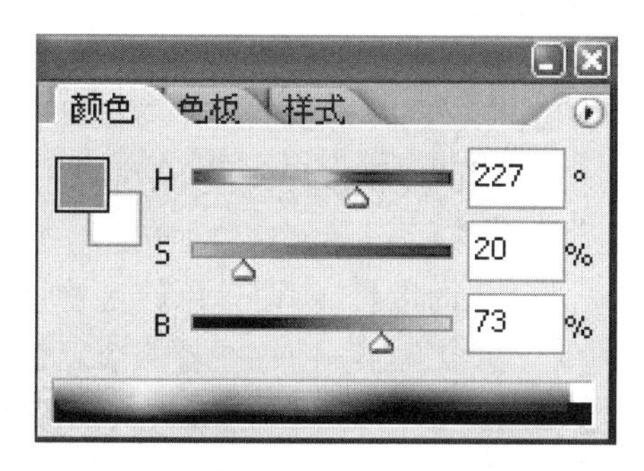

图 5－8　Photoshop 中 HSB 颜色滑块

5.2.6　Lab 颜色模型

Lab 颜色模型是由国际照明委员会（CIE）制定的一种色彩模式。自然界中任何一点色都可以在 Lab 空间中表达出来，它的色彩空间比 RGB 空间还要大。另外，这种模式是以数字化方式来描述人的视觉感应，与设备无关，所以它弥补了 RGB 和 CMYK 模式必须依赖于设备色彩特性的不足。由于 Lab 的色彩空间要比 RGB 模式和 CMYK 模式的色彩空间大。这就意味着 RGB 以及 CMYK 所能描述的色彩信息在 Lab 空间中都能得以影射。

Lab 颜色空间取坐标 Lab，其中 L 为亮度；a 的正数代表红色，负端代表绿色；b 的正数代表黄色，负端代表蓝色(a,b)，有 $L=116f(y)-16$，$a=500[f(x/0.982)-f(y)]$，$b=200[f(y)-f(z/1.183)]$；其中：$f(x)=7.787x+0.138$，$x<0.008856$，$f(x)=(x)1/3$，$x>0.008856$。

在 Photoshop 中，由图 5－8 直接转换的 Lab 调色板如图 5－9 所示。

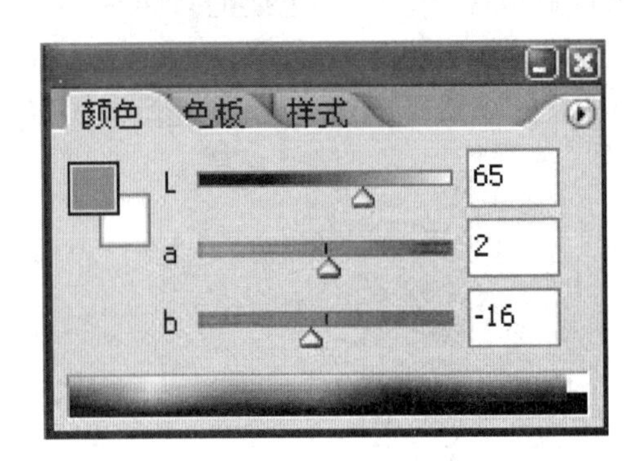

图 5－9　Lab 颜色滑块

5.2.7　CMYK 颜色模型

CMYK(Cyan，Magenta，Yellow)颜色模型应用于印刷工业，印刷业通过青(C)、品(M)、黄(Y)三原色油墨的不同网点面积率的叠印来表现丰富多彩的颜色和阶调，这便是三原色的 CMY 颜色空间。实际印刷中，一般采用青（C)、品(M)、黄(Y)、黑(BK)四色印刷，在印刷的中间调至暗调增加黑版。当红绿蓝三原色被混合时，会产生白色，但是当混合蓝绿色、紫红色和黄色三原色时会产生黑色。既然实际用的墨水并不会产生纯正的颜色，黑色是包括在分开的颜色，而这模型称为 CMYK。CMYK 颜色空间是和设备或者是印刷过程相关的，则工艺方法、油墨的特性、纸张的特性等，不同的条件有不同的印刷结果。所以 CMYK 颜色空间称为与设备有关的表色空间。而且，CMYK 具有多值性，也就是说对同一种具有相同绝对色度的颜色，在相同的印刷过程前提下，可以用 CMYK 数字组合来表示和印刷出来。这种特性给颜色管理带来了很多麻烦，同样也给控制带来了很多的灵活性。在印刷过程中，必然要经过一个分色的过程，所谓分色就是将计算机中使用的 RGB 颜色转换成印刷使用的 CMYK 颜色。在转换过程中存在着两个复杂的问题：其一是这两个颜色空间在表现颜色的范围上不完全一样，RGB 的色域较大而 CMYK 则较小，因此就要进行色域压缩；其二是这两个颜色都是和具体的设备相关的，颜色本身没有绝对性。因此就需要通过一个与设备无关的颜色空间来进行转换，即可以通过以上介绍的 XYZ 或 LAB 色空间来进行转换。

RGB 与 CMY 在归一化坐标下的转换公式：

$$\begin{cases} C=1-R \\ M=1-G \\ Y=1-B \end{cases}$$

在 Photoshop 中，由图 5－9 所示 Lab 颜色模型直接转换的 CMYK 调色板如图 5－10 所示。

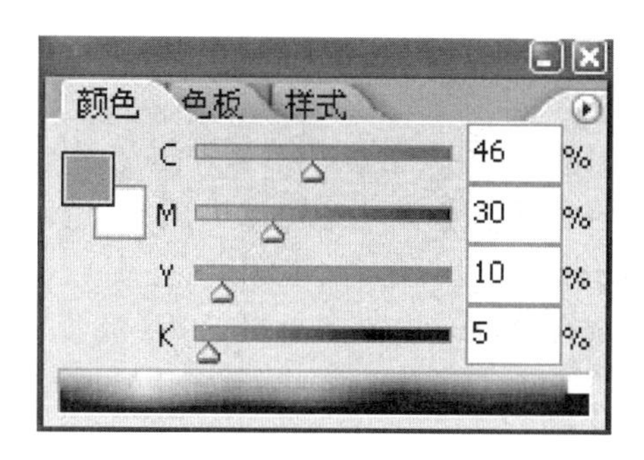

图5-10 CMYK颜色滑块

5.2.8 YUV颜色模型

YUV是为解决电视系统色彩的表示而开发的。YUV适用于PAL电视制式,其中Y是亮度信号,U和V是两个色差信号,分别表示红色差$R\text{-}Y$和蓝色差$B\text{-}Y$。Y分量的取值范围是0到1(或者数字值0到255),U分量和V分量的取值范围是-0.5到0.5(或者有符号数字值-128到127,无符号数字值0到255)。有些标准进一步限制了这个取值范围,以便可以利用超出范围之外的值作为特殊信息,比如同步信息。当丢弃YUV颜色空间的U分量和V分量的数据后可以得到一幅灰度级别的图像。考虑到人眼对明亮度的敏感程度大大高于对颜色的感知程度这一生理特点,许多有损图像压缩格式都丢弃了半数甚至更多采样像素点的色度频道数据来达到减少需要处理的数据量的目的,而又不至于严重破坏或者降低图像的质量。亮度信号Y解决了黑白电视与彩色电视的兼容问题。

在现代彩色电视系统中,通常采用三管彩色摄像机或彩色CCD(点耦合器件)摄像机,它把摄得的彩色图像信号,经分色后分别放大校正得到RGB,再经过矩阵变换电路得到亮度信号Y和两个色差信号$R\text{-}Y$、$B\text{-}Y$,最后发送端将亮度和色差三个信号分别进行编码,用同一信道发送出去。这就是我们常用的YUV颜色模型。采用YUV颜色模型的重要性是它的亮度信号Y和色度信号U、V是分离的。如果只有Y信号分量而没有U、V分量,那么这样表示的图就是黑白灰度图。彩色电视采用YUV空间正是为了用亮度信号Y解决彩色电视机与黑白电视机的兼容问题,使黑白电视机也能接收彩色信号。根据美国国家电视制式委员会NTSC制式的标准,当白光的亮度用Y来表示时,它和红、绿、蓝三色光的关系可用如下的方程式描述:$Y=0.3R+0.59G+0.11B$。这就是常用的亮度公式。色差U、V是由$B\text{-}Y$、$R\text{-}Y$按不同比例压缩而成的。如果要由YUV空间转化成RGB空间,只要进行相反的逆运算即可。

*RGB*变换为*YUV*坐标转换公式如下:

$$\begin{bmatrix} Y \\ U \\ V \end{bmatrix} = \begin{bmatrix} 0.299 & 0.587 & 0.114 \\ -0.1678 & -0.3313 & 0.5 \\ 0.5 & -0.4178 & -0.0813 \end{bmatrix} \begin{bmatrix} R \\ G \\ B \end{bmatrix}$$

*YUV*变换为*RGB*坐标转换公式如下:

$$\begin{bmatrix} R \\ G \\ B \end{bmatrix} = \begin{bmatrix} 1 & 0 & 1.402 \\ 1 & -0.34414 & -0.71414 \\ 1 & 1.1772 & 0 \end{bmatrix} \begin{bmatrix} Y \\ U \\ V \end{bmatrix}$$

5.2.9 不同颜色模型的使用

颜色是图像中最本质的信息，不同的颜色给人的感觉是不一样的。如 RGB（红、绿、蓝三原色）颜色模型适用于彩色监视器和彩色摄像机，HSI（色调、饱和度、亮度）更符合人描述和解释颜色的方式（或称为 HSV，色调、饱和度、亮度），CMY（青、深红、黄）、CMYK（青、深红、黄、黑）主要针对彩色打印机、复印机等，YIQ（亮度、色差、色差）是用于 NTSC 制式的电视系统格式，YUV（亮度、色差、色差）是用于 PAL 制式的电视系统格式，YCbCr（亮度单一要素、蓝色与参考值的差值、红色与参考值的差值）在数字影像中广泛应用。Lab 色彩模型是由国际照明委员会（CIE）于 1976 年制定的，它是用 $L*$、$a*$、$b*$ 三个互相垂直的坐标轴来表示一个色彩空间，$L*$ 轴表示明度，黑在底端，白在顶端。$+a*$ 表示品红色，$-a*$ 表示绿色，$+b*$ 表示黄色，$-b*$ 表示蓝色，$a*$ 轴是红—绿色轴，$b*$ 轴是黄—蓝色轴 Lab 与 LCH 对颜色的描述在数值上的对应关系将在第三部分详细介绍。任何颜色的色相和特征都可以用 $a*$、$b*$ 数值来表示，用 $L*$、$a*$、$b*$ 三个数值可以描述自然界中的任何色彩。Lab 有三个通道，制作一个 Lab 模式的图像，从中可以发现，a 和 b 通道几乎不能辨别出来，它们仅仅定义了图像的色彩部分，而没有定义图像的形态细节，因此在 Lab 模式的图像中颜色和层次是分离的，这一点与 RGB 和 CMYK 是不一样的，这使得灰色曲线和彩色曲线可以分开调整，当使用者调整灰色曲线时，彩色的部分不受影响，因此可以只用没有颜色信息的 $L*$ 通道确定图像的最亮和最暗值。这样既可以避免在色彩校正过程中产生一些跳跃性的、阶调不连续的颜色，也可以只在 L 通道上锐化图像来强调图像的整体细微层次。$L*$ 值的范围为 100（白）至 0（黑），这样的最大范围在印刷品上并不能体现出来，对于优质铜版纸，$L*$ 值的范围不超过 95（白）和 5（黑）。$a*$ 和 $b*$ 的变化范围从 -100 到 100。任一颜色可以用空间中对应点的 $L*$、$a*$、$b*$ 确定。

5.3 图像的基础知识

从图像的颜色种类出发，图像可分成 5 类：二值图像、16 色图像、256 色图像、灰阶图像和 24 位真彩色图像。二值图像就是通常所说的黑白图像，16 色图像每个像素需要用 4 位来表示其颜色深度。256 色图像每个像素由 1 个字节 8 位来表示颜色深度。灰度图像反映的是由亮到暗不同等级的亮度表示，灰度图像通常是在单个电磁波频谱如可见光内测量每个像素的亮度得到的。如果用一个字节来表示灰度图像则称为 256 级灰度图像。灰阶图像一般在遥感探测和 CT 扫描、超声成像中获得。24 位图像每个像素由三个字节来表示颜色深度，表示的颜色种类可达 16 兆，能较逼真地模拟现实中的色彩。

按照图像颜色的表示方法分类，图像可以分为三类：伪彩色、直接色、真彩色。伪彩色图像的含义是，每个像素的颜色不是由每个基色分量的数值直接决定，而是把像素值当作彩色查找表（Color Look-Up Table，CLUT）的表项入口地址，去查找一个显示图像时使用的 R,G,B 强度值，用查找出的 R,G,B 强度值产生的彩色称为伪彩色。彩色查找表 CLUT 是一个事先做好的表，表项入口地址也称为索引号。例如 16 种颜色的查找表，0 号索引对应黑色，15 号索引对应白色。彩色图像本身的像素数值和彩色查找表的索引号有一个变换关系，这个关系可以使用 Windows 95/98 定义的变换关系，也可以使用自定义的变换关系。使用查找得到的数值显示的彩色是真的,但不是图像本身真正的颜色,它没有完全反映原图的彩色。

直接色每个像素值分成 R,G,B 分量,每个分量作为单独的索引值对它做变换。也就是通过相应的彩色变换表找出基色强度,用变换后得到的 R,G,B 强度值产生的彩色称为直接色。它的特点是对每个基色进行变换。用这种系统产生颜色与真彩色系统相比,相同之处是都采用 R,G,B 分量决定基色强度,不同之处是后者的基色强度直接用 R,G,B 决定,而前者的基色强度由 R,G,B 经变换后决定。因而这两种系统产生的颜色就有差别。试验结果表明,使用直接色在显示器上显示的彩色图像看起来真实、很自然。这种系统与伪彩色系统相比,相同之处是都采用查找表,不同之处是前者对 R,G,B 分量分别进行变换,后者是把整个像素当作查找表的索引值进行彩色变换。

真彩色是指在组成一幅彩色图像的每个像素值中,有 R,G,B 三个基色分量,每个基色分量直接决定显示设备的基色强度,这样产生的彩色称为真彩色。

数字图像处理是指用计算机及其他有关的数字图像采集设备和数字技术对图像进行运算和处理,从而达到某种预期的目标。具体来说,数字图像的处理是指以电子计算机为信息处理的核心,借助于各种输入、输出和存储设备,以各种图形图像处理软件为操作工具,完成对图形图像的采集、绘制、建模、变换、存储、加工、传输和输出等工作。数字图像按照表达的方式不同可以分为位图和矢量图。

5.3.1　位图和矢量图

位图是以黑白或彩色的像素来表达图像的,每一个像素都有特定的位置和颜色值。位图善于表达图像的细节,适用于表达具有复杂色彩、明暗多变、虚实丰富的图像。使用位图格式的绘画程序叫作位图绘画程序,如 Windows 操作系统自带的画图,Adobe Photoshop 图像处理软件,位图的特点是能表现逼真的图像效果,但是通常情况下像素越多文件越大,并且缩放时清晰度会降低并出现锯齿。位图有多种文件格式,常见的有 JPEG、PCX、BMP、PSD、PIC、GIF 和 TIF 等。位图特点:

(1) 可以表现出色彩丰富的图像效果。

(2) 可逼真地表现自然界各类景物。

(3) 不能任意放大缩小,通常情况下图像数据量较大。

(4) 位图是像素组成的,清晰度随放大和缩小而改变。

矢量图像,使用直线和曲线来描述图形,这些图形的元素是一些点、线、矩形、多边形、圆和弧线等,它们都是通过数学公式计算获得的,所以矢量图形文件一般较小。矢量图形的优点是无论放大、缩小或旋转等都不会失真;缺点是难以表现色彩层次丰富的逼真图像效果,而且显示矢量图也需要花费一些时间。矢量图形主要用于插图、文字和可以自由缩放的徽标等图形。Illustrator 是美国 Adobe 公司推出的专业矢量绘图工具。Adobe Illustrator 是出版、多媒体和在线图像的工业标准矢量插画软件。其他绘图工具还有 CorelDRAW 和 Freehand 等,CorelDRAW 虽然是基于矢量的程序,但它不仅可以导入(或导出)矢量图形,甚至还可以利用 CorelTrace 将位图转换为矢量图,也可以将 CorelDRAW 中创建的图形转换为位图导出。常见的矢量图文件格式有 .ai,.cdr,.eps,.wmf 等。

矢量图也称为面向对象的图像或绘图图像,矢量文件中的图形元素称为对象。每个对象都是一个自成一体的实体,它具有颜色、形状、轮廓、大小和屏幕位置等属性。可以在维持它原有清晰度和弯曲度的同时,多次移动和改变它的属性,而不会影响图例中的其他对象。这些特征使基于矢量的程序特别适用于图例和三维建模,因为它们通常要求能创建和操作单个对象。基于矢量的绘图同分辨率无关。这意味着它们可以按最高分辨率显示到输出设备上。矢量图特点:

(1) 矢量图是由点构成的,图形大小改变,清晰度不变。

(2) 可任意放大缩小而不会出现马赛克现象,且图像数据量小。

(3) 色彩不丰富,无法表现逼真的景物。

5.3.2 像素和分辨率

像素的英文名称是 Pixel,它是一个复合词,由 Picture 和 Element 复合而成。像素是组成数字化图像的基本单位,位图是由像素的单个点组成的,许多个大小相同的像素沿水平方向和垂直方向按统一的矩阵排列组成图像,这些点可以进行渲染形成不同的颜色。像素本身是没有实际尺寸的,它依赖于输出(呈现)它的硬件设备。只有当像素向指定的设备(如显示器、打印机)输出时,才具有物理量的长宽、面积等。

位图的大小与精致,取决于组成这幅图的像素数目的多少。鉴定一个点阵图的精致与否,应该看它有多少像素,而不是看它有多少长宽尺寸,只有像素才是决定一个点阵图精致与粗糙的决定因素。由于像素的分布是沿水平和垂直两个方向排列的,任何一个点阵图总是有一定数目的水平像素和垂直像素。我们通常用"水平像素数 × 垂直像素数"表示一幅点阵图的大小。在相同的图形文件格式和相同的位深度的情况下,一个点阵图包含的像素越多,它的图形文件就越大,所要占据的存储器空间也越大。计算机显示屏的分辨率(Resolution)就是屏幕图像的精密度,是指显示器所能显示的点数的多少。由于屏幕上的点、线和面都是由点组成的,显示器可显示的点数越多,画面就越精细,同样的屏幕区域内能显示的信息也越多,而同一幅图像在分辨率高的显示器中显示要小,在分辨率低的显示器中显示要大。这一点在网页设计中尤其要注意,谁都不希望看见自己辛辛苦苦完成的网页在不同屏幕分辨率下面目全非,所以测试网页在不同分辨率下的浏览效果是网页制作中很重要的一步。有时甚至有必要制作常用分辨率下的多个备份网页,以便让网页显示的页面不随显示屏的大小和屏幕分辨率的变化而变化。

分辨率在文字描述中,是一个极易被混用的概念。这是因为分辨率能使用于各种不同的场合,而每个场合都有各自特定的含义。不同场合分辨率主要有图像分辨率(ppi)、扫描分辨率(dpi)、网屏分辨率(lpi)、设备分辨率(dpi)。像素单位 ppi 和 dpi(每英寸点数)经常会出现混用现象,从技术角度说,"像素"(p)只存在于计算机显示领域,而"点"(d)只出现于打印或印刷领域。

屏幕分辨率为 1024 × 768,是指每一条水平线上包含 1024 个像素点,每一屏上共有 768 条线,即扫描列数为 1024 列,行数为 768 行。分辨率不仅与显示尺寸有关,还受显像管点距、视频带宽等因素的影响。其中,它和刷新频率的关系比较密切,严格地说,只有当刷新频率为"无闪烁刷新频率",显示器能达到最高多少分辨率,才能称这个显示器的最高分辨率为多少。

点阵图的分辨率,是指每英寸长度单位内的像素数值。用通俗的语言表达,就是指每英寸长度单位内能够容纳多少个像素。它用“像素/英寸”(pixel per inch)即ppi表示。如果一个72×72Pixel的点阵图,图的尺寸是2.54×2.54cm^2(1英寸×1英寸),分辨率就是72ppi,这个点阵图刚好是1英寸^{2}大小。我们在不改变点阵图像素的情况下,把分辨率变为36ppi,图的尺寸就会变为5.08×5.08cm^2(2英寸×2英寸),这个点阵图的尺寸就放大了4倍,变成4英寸^2。由此,我们得出结论:点阵图的像素,随着图像分辨率的增加而增加,图像的面积与分辨率成平方比;图像文件的大小与分辨率成正比。点阵图的尺寸随着图形分辨率的增大而缩小。尺寸与分辨率成反比。

根据上述结论,我们用同一个固定像素的点阵图,分别在不同分辨率的视窗中打开,或在不同分辨率的打印机上打印,会得到尺寸大小不一样的结果。假如在Photoshop中打开一副位图,系统缺省(也叫默认)情况下它的分辨率为72ppi,它的相关数据如下:像素,宽144像素,高144像素。把图像的像素改为分辨率是36ppi时,则可得到以下的变化:像素,宽72像素,高72像素。

dpi(dot per inch)最早的时候是印刷业的计量单位,意思是每英寸上所能印刷的网点数。但随着数字输入,输出设备快速发展,大多数人也将数字影像的解析度用dpi表示,但是印刷时计算的网点(dot)和计算机显示器的显示像素(pixel)并非相同,所以通常用ppi(pixel per inch)表示数字影像的解析度,以区分二者。

现在我们通常讲的打印机分辨率是多少dpi,指的是在该打印机最高分辨率模式下,每英寸所能打印的最多理论“墨点数”。这是衡量打印机打印精度的主要参数之一,该值越大,表明打印机的打印精度越高。

如果一台打印机的分辨率是4800×1200dpi,那么意味着在X方向(横向)上,两个墨点最近的距离可以达到1/4800英寸;在Y方向(纵向)上,两个墨点的距离可以达到1/1200英寸。

另外,受普通打印纸质量的影响,打印分辨率越高有时反而会起到适得其反的作用,比如600×600dpi以上的图像,在普通纸上按照更高打印精度(如:4800×1200dpi)的打印是没有意义的。例如现在的HP喷墨打印机最高分辨率是4800×1200dpi,这意味着在纸张的X方向(横向)上,每一英寸长度理论上可以放置4800个墨点。但是如果真的在普通介质的一英寸上放置全部的4800个墨点,会发生什么情况呢?普通纸张对墨水的吸收过于饱和,墨水连成一片,反而使图像印刷质量下降。所以打印分辨率用“理论”点数来描述,是指打印机能够达到的能力极限,但是实现起来需要依靠纸张的配合,如果采用专用纸张,便可达到更好的效果,在每英寸上放置更多的独立墨点,如果使用纸张不能支持选定的最高分辨率,就会出现相邻的墨点交融连成一片的情况,从而影响打印效果。

现在我们来明确了一下图像的两种尺寸和换算关系:

一种是像素尺寸,也称显示大小或显示尺寸。等同于图像的像素值。一种是打印尺寸,也称打印大小。需要同时参考像素尺寸和打印分辨率才能确定。在分辨率和打印尺寸的长度单位一致的前提下(如像素/英寸和英寸),像素尺寸÷分辨率=打印尺寸。

dpi还可以表示扫描精度,dpi越小,扫描的清晰度越低,由于受网络传输速度的影响,Web上使用的图片都是72dpi,但是冲洗照片不能使用这个参数,必须是300dpi或者更高350dpi。

网屏分辨率(lpi),印刷图像加网线数是指印刷品在水平或垂直方向上每英寸的网线数,即挂网网线数。称为网线数是因为最早的印刷品网点有线状的。挂网线数的单位是line/inch(线/英寸),简称lpi。图像分辨率ppi与印刷分辨率lpi(加网线数)既有联系又有区别:图像分辨率要高于印刷分辨率,一般是2×2个以上的像素生成1个网点,即lpi是dpi的1/2左右。设备分辨率dpi与印刷分辨率lpi(加网线数)的关系是:对于图像输出设备来说,一般是由10×10个以上的激光点构成1个网点,即dpi必须大于lpi的10～20倍以上。

矢量图是用数学方式的描述建立的图形,计算机对于一个图形,不是按照长宽矩阵对像素进行点阵排列,而是按特定的数学模式进行矢量的描述。例如用VC++实现画圆,简单的矢量描述为:

```
MOVE TO 100,100
CIRCLE 20
```

因此,矢量图的物件中,没有组成图形的像素,矢量图本身不存在分辨率的问题。应该注意的是,我们使用的计算机显示器,绝大多数都是CRT技术的光栅扫描形式的彩色显示器,无论是点阵图或是矢量图,显示的方式都一样。矢量图虽然本身是一幅没有像素(最小单位)光滑的图案,但它必须借助计算机的显示器呈现给用户,因此自然带有显示器的性质,把它光滑的图案拆分成1024×768或者640×480个小点,均匀地投射到整个荧光屏上。我们在显示器上看到的矢量图,已经是经过显示器映射后的图像。好在人的视觉能力在15～20英寸的显示器上,分辨不清被拆分后形成的0.3～0.25mm的小色点与未拆分前光滑的图案有多大差别。由此可见,显示器是以一种虚拟的点来显示矢量图的。但我们必须明白,这种虚拟的点不是由图形本身的“像素”组成,而是显示器所为,与点阵图的“点”存在本质上的区别。点阵图中的“点”是“像素”,是图形本身结构的一部分,它随着图形分辨率的变化而被放大或缩小;矢量图本身没有“点”,显示器强加给它的虚拟的“点”,只与显示器的物理分辨率有关,不能被放大或缩小。所以,矢量图无论放大多少万倍,水平和垂直边缘不会出现锯齿状。

5.4 图像的获取与处理

随着图像采集设备与计算机技术的发展,把图像数字化并且使用计算机对图像进行处理,通过Photoshop处理人们日常生活中的照片已经非常普遍。在医学领域,胃窥镜视图、CT螺旋扫描图像、MRI核磁共振图像、B超图像、x射线机图像、显微图像等的处理已经被广泛地应用于临床诊断。

5.4.1 图像生成的软件和图像采集的设备

我们把计算机能够处理的数字图像分为计算机产生的图像和由各种图像采集设备“采集”的图像两种类型。计算机产生的图像是用计算机相关语言和输入设备(如键盘、鼠标和扫描仪等)写入的数字图形文件。早期的计算机系统描绘图形并不是“所见即所得”的。当一个数字图形文件被编写好之后,要借助具有显示功能的命令才能把这个图形呈现出来,看到所设计的图的样子。今天用于机械设计的Auto CAD的低版本,就留有早期生成图形的痕迹。在图像“产生”阶段,数字图形的像素和色彩是不可见的,它只是一串记录图形、色彩性质的数字信号,没有视觉上的长、宽、颜色等量度的大小。只有当它进入“显示”阶段,这一串数字信号才以特定的长宽比和分辨率展示在计算机的显示器上,图形文件才有了可视的形象、色彩及长宽等。比较常用的生成和显示图形图像的语言工具有 C,C + + ,MATLAB,OpenGL。MATLAB,Mathematica,MapLe,MathCAD,Lingo,Scilab,SPSS,SAS 等是比较专业的数学语言工具。Linux 上用来实现数据的图形可视化应用程序同样很多,从简单的 2-D 绘图到 3-D 制图,再到科学图形编程和图形模拟。开放源码绘图工具包括:GNU Octave(GPL),Scilab(Scilab),MayaVi(BSD),Maxima(GPL),Gnuplot。

现阶段可视化绘图工具有 AutoCAD,Solidworks,ACDSee Canvas 11 with GIS + ,ACD Systems Canvas X 898,工程科学绘图软件 Tecplot Focus 2008 v11.2。其中 AutoCAD 是美国 Autodesk 公司首次于 1982 年生产的自动计算机辅助设计软件,用于二维绘图、详细绘制、设计文档和基本三维设计。现已经成为国际上广为流行的绘图工具。.dwg 文件格式成为二维绘图的事实标准格式。SolidWorks 是工程绘图的又一功能强大的绘图软件,SolidWorks 2008 配合 3DLib 插件,可以直接调用几十万模型库,改进了三维显示效果。SolidWorks 2010 增加了笔势功能以及方便的有限元分析,使用起来就如玩游戏一样生动有趣。

由前面提到的各种工具生成图像之后就是显现阶段,一个数字图形文件被写好完成时,就具备了该图形的全部性质,包括像素和色彩。另一种图像就是由图像采集系统获得的现成的图像。图像采集系统包括图像采集设备、图像采集卡、信号放大器。图像采集设备有数码照相机、显微成像目镜、摄像机、扫描仪、CMOS 摄像头等。图像采集卡根据图像采集系统中摄像机的不同,也相应地分为彩色图像采集卡和黑白图像采集卡,彩色图像采集卡也可以采集同灰度级别的黑白图像。根据模拟摄像机和数字摄像机的不同,图像采集卡分为模拟图像采集卡和数字图像采集卡,模拟图像采集卡上设有 A/D 转换芯片,对输入信号以 4:2:2 格式进行采样,然后进行量化,一般对 YUV(也即对 RGB)各 8 位量化,则传入的视频信号转换为数字图像信号。与数字摄像机配套使用的图像采集卡,可称为数字图像采集卡。根据照相机扫描方式不同,与面扫描相机配套的采集卡是面扫描图像采集卡,其一般不支持线扫描相机。配合线扫描相机使用的是线扫描图像采集卡。支持线扫描相机的图像采集卡往往也支持面扫描相机。根据其他分类方式有 PCI-E 图像采集卡、USB 外置图像采集盒、VGA 采集卡。图像采集系统的配套设备有机器视觉光源和机器视觉图像处理软件。

5.4.2 图像采集设备的主要参数指标

1. 数码相机的性能指标

1)光圈

光圈是一个用来控制光线透过镜头进入机身内感光面的光量的装置,它通常是在镜头内。表达光圈大小,用 f 值来表示,与实际大小成反比,f 值越小,光圈口径越大。光圈越大表示进光量就越大,这样的好处是在弱光环境中可以在不需要别的辅助方式的情况下保持相对高的快门速度。大光圈的另一个好处是可以取得更浅的景深,就是可以使主体以后某段距离之外的东西虚化得更好,一般光圈大的镜头适于拍特写。

完整的光圈值系列如下:f1,f1.4,f2,f2.8,f4,f5.6,f8,f11,f16,f22,f32,f44,f64。这里值得一提的是光圈 f 值愈小,在同一单位时间内的进光量便愈多,而且上一级的进光量刚是下一级的 1 倍,例如光圈从 f8 调整到 f5.6,进光量便多 1 倍,我们也说光圈开大了一级。对于消费型数码相机而言,光圈 f 值常常介于 f2.8 ~ f16。光圈口径大小对所需要的透镜直径影响很大,长焦距时光线路径长、损失大,要让同样的光线达到感光层,光孔的直径就必须相应增大。基本公式是:在焦强(光圈)不变的情况下,焦距增加 1 倍其透镜直径也必须增加 1 倍。假如 50mm 焦距镜头 f2.8 镜片直径是 40mm,如果 100mm 焦距要达到 f2.8 则需要镜片达到 80mm,如果是 200mm 则需要镜片达到 160mm。定焦镜头就是这么制造的。由于其体积太大,成本太高,工艺太复杂。不利于推广。因此科学家在牺牲进光量的前提下制造了“浮动光圈镜头”,即光圈随着焦距的加大而自动缩小。

2)快门

光圈是通过控制光的入口大小来控制光亮的,快门是用进光时间的长短来控制光亮的,两者需要结合着用,运动的物体想拍得很清晰需要用尽可能小的快门。目前超过 1/2000s 一般要高端机才具备,所以选择时要注意的是最慢速度,最好是有 B 门,这样可以自己决定曝光时间,不少数码相机具备 B 门。

3)CCD 尺寸和 CMOS 尺寸

目前数码相机的核心成像部件有两种:一种是广泛使用的电荷耦合元件(Charge Coupled Device,CCD);另一种是互补金属氧化物导体器件(Complementary Metal-Oxide Semiconductor,CMOS)。两者都是在数码相机中可记录光线变化的半导体。CCD 和 CMOS 的尺寸就是感光芯片的大小,其面积越大,捕获的光子越多,感光性能越好,信噪比越低。反映在选购相机时,比如都是 1000 万像素的相机,一个用的是 2/3 英寸的 CCD,一个用的是 1/1.8 英寸的相机,我们优先考虑的是使用 2/3 英寸 CCD 的那款。CCD/CMOS 的功能相当于传统光学相机中的胶卷。

4)光学变焦

光学变焦比数码变焦优秀很多。光学变焦是通过改变镜头中焦点的位置来改变进入镜头光线的角度,从而使同一距离的被摄物体在感光元件上变得更大,或者让更远的物体能够更清晰地聚焦在感光元件上。光学变焦镜头的结构通常很复杂,镜片数量很多,光线进入相机时镜头片数越多产生的折射次数就越多,成像质量就会受到影响,所以一般情况下,同级的变焦镜头是比不上定焦镜头的。

5)像素

像素对于最后的冲印大小起到了决定性的作用,一般冲印分辨率的要求大概在 240dpi 就可以了,比如索尼 A7R4 全画幅微单相机具有 6100 万有效像素,最大分辨率是 9504 × 6336,9504/240 等于 39.6,也就是说 6100 万像素的相机在保证图像质量的前提下最大可以冲长边为 39 英寸的照片。所以,在选购相机之前按自己的需要先用这个公式算一下,在价格和需求之间找一个平衡点。

6)ISO

ISO 是感光度的意思,感光度越高感受光线的速度就越快,所以在胶片里高 ISO 的胶片也称为高速胶片,高 ISO 适合在弱光环境下使用,比如拍家庭室内照、夜景等。但是感光度越高带来的问题是颗粒感加重,ISO 值越低画面就越细腻。低 ISO 值相对比较实用一些,而高ISO值在现阶段的实用价值是比较差的,因为在数码相机中高ISO表现出来的画面并不像传统胶片那样只是颗粒感加重,而是出现大量色彩斑斓的杂点,严重影响输出的画面,基本上可以说,在普通数码相机里(为了区别于数码单反),高于200的ISO是没有必要使用的(富士的机器除外),虽然少数高端机的画面表现要好一些,但一般的情况下还是尽量不用。所以,在数码相机的选择上,ISO值关键的选择点在最低ISO值上,像佳能的数码相机一般都做到了50,所以一般感觉佳能的数码相机拍出来的画面感觉要细腻一点。不过,这不是说一定要选佳能的数码相机,很多机器在ISO达到100时画面就很不错了。

7)手动功能

手动功能以前是半专业以上级别相机里的专利,但现在很多廉价的数码相机也具有半手动或全手动功能,在初学阶段,可能会觉得手动功能过于麻烦,但是,随着学习的深入,手动功能会越来越有用。所以选购相机时手动功能越多越好。

2. 常见摄像机的主要性能指标

1)CCD有效像素

有效像素指CCD感光元件可受光信号、并转换成电信号的最大区域。PAL制下的CCD一般有效像素为:752(H)×585(V)。与数码相机一样,CCD的像素数也是DV的一个重要指标,CCD像素数有CCD总像素、动态有效像素和静态有效像素三个指标。CCD总像素是指DV采用的感光元件CCD所具备的像素值,这一数值的大小基本就决定了DV的档次,如80万像素级的DV便是指这类产品采用了总像素为80万的CCD成像;动态有效像素是指DV在拍摄动态影像时可以达到的像素值,对于DV来说这是最重要的指标之一;而静态有效像素则表示用DV进行静态照片拍摄时可以达到的像素值,有些产品会在拍摄静态影像时通过插值方式来提高这一数值,这不是真正意义上的静态有效像素。

2)CCD尺寸

比起CCD像素,CCD尺寸对画面质量的影响更加直接,信噪比、镜头焦距与CCD尺寸息息相关。CCD尺寸的大小,直接决定了MOS的体积。按照一些专业人士的解释,当MOS的体积增大的时候,其容纳电荷的能力就相应增强,可以使CCD的动态范围加大,从而能够把细微的光线变化表现得更加细腻,丰富了画面的自然层次。而如果减小了MOS的体积,那么储存电荷的能力将会明显地下降,就很容易出现电荷溢出等现象,导致画面出现噪点。作为影像核心的CCD生产工艺制作技术的快速发展,才使得DV走入了寻常百姓家。

3)水平扫描线

由于CCD元件的电信号采样是采用垂直和水平两方向交叉定位的方式来提取单点元素的RGB数值,所以水平和垂直扫描的精度直接影响着图像的精度。人们常以水平扫描的线数来衡量镜头的精度等级,作为通信用的专业摄像机,该数值一般要求在450线以上,目前以480线为主流。

4)光学变焦倍数

数码摄像机依靠光学镜头结构来实现变焦,目标物体反射的光信号,需要经过光学镜头组,才能聚焦在CCD上,形成清晰的图像,光学变焦是通过镜头、物体和焦点三方的位置发生变化而产生的。当成像面在水平方向运动时,视觉和焦距就会发生变化,更远的景物变得更清晰,让人感觉像物体递进的感觉。光学镜头组所采用的玻璃透光性、滤光性是各厂家需要保证的根本要素,常见的倍数有 8x、10x 和 12x,也有达到 22x 的。

5)数字变焦倍数

要改变视角主要有两种办法,一种是改变镜头的焦距,这就是光学变焦。通过改变变焦镜头中的各镜片的相对位置来改变镜头的焦距。另一种就是改变成像面的大小,即成像面的对角线长短在目前的数码摄影中,这就叫作数码变焦。实际上数码变焦并没有改变镜头的焦距,只是通过改变成像面对角线的角度来改变视角,从而产生了相当于镜头焦距变化的效果。一些镜头越长的数码摄像机,内部的镜片和感光器移动空间更大,所以变焦倍数也更大。数字变焦是采用软件差值计算的方式,将 CCD 形成的当前图像进行局部取样,形成指定像素的信号。数字变焦倍数的数值依赖于 CCD 的有效像素和内置 DSP 芯片的处理能力,各厂家一般都提供 10x 和 12x 两档常规指标。

6)信号制式

信号制式一般有 NTSC 和 PAL 两种。根据中国的电视广播及通信的规范,中国地区适用 PAL 制。

7)信号输出格式

大家常见的视频信号都是采用 AV-Video 复合信号,以及 S-Video 分离信号两种,后者相对来说信号质量较前者稳定。

8)信噪比

衡量视频信号的指标是信号的信噪比,信噪比越高,干扰噪点对画面的影响就越小。信噪比是信号电压对于噪声电压的比值,通常用符号 s/n 来表示。由于在一般情况下,信号电压远高于噪声电压,比值非常大,信噪比的单位用 dB 来表示。一般摄像机给出的信噪比值均是在 AGC(自动增益控制)关闭时的值,因为当 AGC 接通时,会对小信号进行提升,使得噪声电平也相应提高。信噪比的典型值为 45 ~ 55dB,若为 50dB,则图像有少量噪声,但图像质量良好;若为 60dB,则图像质量优良,不出现噪声。市面销售的摄像机的 SNR 都大于 45dB。

3. 图像采集卡的技术参数

图像采集卡(Image Capture Card),又称图像捕捉卡,是一种可以获取数字化视频图像信息,并将其存储和播放出来的硬件设备。很多图像采集卡能在捕捉视频信息的同时获得伴音,使音频部分和视频部分在数字化时同步保存、同步播放。

1)图像传输格式

图像采集卡需要支持系统中摄像机所采用的输出信号格式。大多数摄像机采用 RS422 或 EIA644(LVDS)作为输出信号格式。在数字相机中,IEEE1394,USB2.0 和 Camera Link 几种图像传输形式则得到了广泛应用。格式是视频编辑最重要的一种参数。

2)支持的图像格式

通常情况下,灰度图像等级可分为 256 级,即以 8 位表示。在对图像灰度有更精确要求时,可用 10 位、12 位等来表示。彩色图像可由 RGB(YUV)3 种色彩组合而成,根据其亮度级别的不同有 8-8-8,10-10-10 等格式。图像采集卡支持的格式越多越好,通常采集设备彩色图像格式有:NTSC-M,NTSC-Japan,PCL-B,PALD,PAL-G,PAL-H,PAL-I,PAM-M,PAL-N 和 SECAM。黑白图像格式有:CCIR 和 EIA(RS-170)等。

3)传输通道数

当摄像机以较高速率拍摄高分辨率的图像时,会产生很高的输出速率,这一般需要多路信号同时输出,因此好的图像采集卡要能支持多路输入。一般情况下,图像采集卡有 1 路,2 路,4 路,8 路输入等之分。

4)分辨率

采集卡能支持的最大点阵反映了其分辨率的性能。一般采集卡可支持 768 * 576 点阵,而性能优异的采集卡某些高清黑白图像采集卡,其支持的最大点阵可达 2048 * 1536,很大程度上提高了成像质量。除此之外,单行最大点数和单帧最大行数也可反映采集卡的分辨率性能。

5)采样频率

采样频率反映了采集卡处理图像的速度和能力。在进行高度图像采集时,需要注意采集卡的采样频率是否满足要求。目前高档采集卡的采样频率可达 65MHz。

6)传输速率

主流图像采集卡与主板间都采用 PCI 接口,其理论传输速度为 132MB/s。

5.4.3　图像处理软件

图像处理是指运用光学、电子光学、数字处理方法,对图像进行复原、校正、增强、统计分析、分类、识别压缩和解压缩等以便达到所需结果的加工过程。运用计算机对图像数据进行的各种运算,一般包括采样、量化、预处理、图像恢复、图像校正、图像增强、图像配准、图像分割、图像分类和图像压缩等。图像处理软件常用的有 Photoshop,Coreldraw,3ds Max,AutoCAD。

5.4.4　图像处理软件 Photoshop CS

Photoshop 是 Adobe 公司旗下最为出名的图像处理软件之一,集图像扫描、编辑修改、图像制作、广告创意,图像输入与输出于一体的图形图像处理软件,深受广大平面设计人员和美术爱好者的喜爱。Photoshop 8.0 的官方版本号是 CS,9.0 的版本号则成了 CS2,10.0 的版本号被 CS3 替换,以此类推。CS 是 Adobe Creative Suite 一套软件中后面 2 个单词的缩写,表示“创作集合”的意思,是一个统一的设计环境,将 Adobe Photoshop CS2、Illustrator CS2、InDesign CS2、GoLive CS2 和 Acrobat 7.0 Professional 软件与 Version Cue CS2、Adobe Bridge 和 Adobe Stock Photos 结合起来了。Photoshop 的应用非常广泛,在图像、图形、文字、动画、出版各方面都有涉及。具体应用在平面设计、修复照片、广告摄影、影像创意、艺术文字、网页制作、建筑效果图后期修饰、绘画、绘制或处理三维图像、婚纱照片设计、视觉创意、图标制作和界面设计等多个领域。Photoshop 的长处不在于绘图上,主要在于图像处理和修复上。

5.4.5　熟悉 Photoshop CS 及主要菜单

图 5 - 11 所示为 Photoshop 主菜单和属性栏,主菜单条下的属性栏属于当前工具按钮,常用工具按钮如图 5 - 12 所示。

图 5－11　主菜单条和渐变工具按钮属性面板

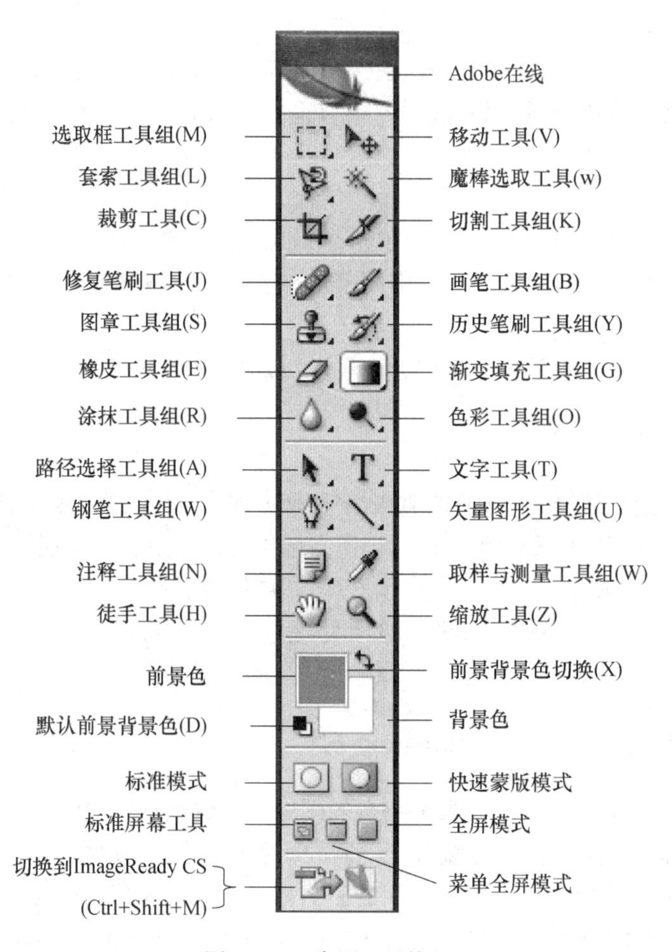

图 5－12　常用工具按钮

图 5－12 所示常用工具按钮是渐变填充色，其属性面板在图 5－11 窗口菜单栏的下方。

通过文件菜单中的新建命令可以新建一个空白图像，新建图像对话框如图 5－13 所示，新建图像的名称为未标题－1，图像默认分辨率为 72，由于颜色模型为灰度图，通过这种默认方式新建的图像，在编辑过程中将无法进行色彩的配置。

文件菜单中另一个比较重要的下拉菜单是存储，与存储相关的下拉子菜单如图 5－14 所示。

存储选项和存储为选项只对已经保存过的图像文件有区别。选择存储选项是在原来位置上以原来文件名进行保存，而选择存储为选项则会弹出如图 5－15 所示对话框，可以更改存储位置、文件名、文件类型等。在保存编辑过的图片时，Photoshop CS 中最易混淆的两个选项是存储为选项和存储为 Web 所有格式选项。

新建

名称(N): 未标题-1　　确定

预设(P): 剪贴板　　复位

宽度(W): 531 像素　　存储预设(S)...

高度(H): 20 像素　　删除预设(D)...

分辨率(R): 72 像素/英寸

颜色模式(M): 灰度 8 位

背景内容(C): 白色　　图像大小: 10.4K

高级

颜色配置文件(O): 不要对此文档进行色彩管理

像素长宽比(X): 方形

图 5－13　新建图像对话框

存储(S)	Ctrl+S
存储为(V)...	Shift+Ctrl+S
Save aVersion...	
存储为Web所用格式(W)...	Alt+Shift+Ctrl+S

图 5－14　文件菜单中与存储有关的下拉子菜单

图 5－15　存储对话框

在图 5 – 15 所示中可以获知 Photoshop 能够保存的图像类型达 18 种之多，很多格式类型在当今网络中流行。值得一提的是，保存成 PNG 格式可以保留图像透明背景的特点。

在图 5 – 15 所示的存储类型和图 5 – 16 所示的存储类型中，我们可以发现两种保存方式都可以输出 JPEG 格式图片，但两种方式在 JPEG 压缩质量的选项、灵活度和表现上有所区别。那么在存储选择中如何很好地使用这两种方式呢？具体表现在：创建网页使用的图像，或者想尽可能地优化图像文件的体积；和他人分享图片，但你不希望别人知道你拍摄照片的时间日期等，比如用于图片库，或是需要保护隐私；把图像文件压缩到指定的大小，或者想要在设定图像质量时能有交互的反馈；则可以采用存储为 WEB 所有格式，它虽然没有像另存为那样提供很多种保存图像文件的格式选择，但是它为每种支持的格式提供了更灵活的设置。支持的格式包括：

（1）JPEG 格式可以设置图像保存质量（1% ~100%），无透明度类型。

（2）GIF 格式通过设置调色盘大小（2 ~256 色）和颜色抖动来确定保存图片的质量，支持单色透明度。

（3）PNG-8 格式通过设置调色盘大小（2 ~256 色）和颜色抖动来确定保存图片的质量，支持单色透明度。

（4）PNG-24 格式支持无损 24 位质量和透明度。

（5）WBMP 格式支持黑白抖动输出。

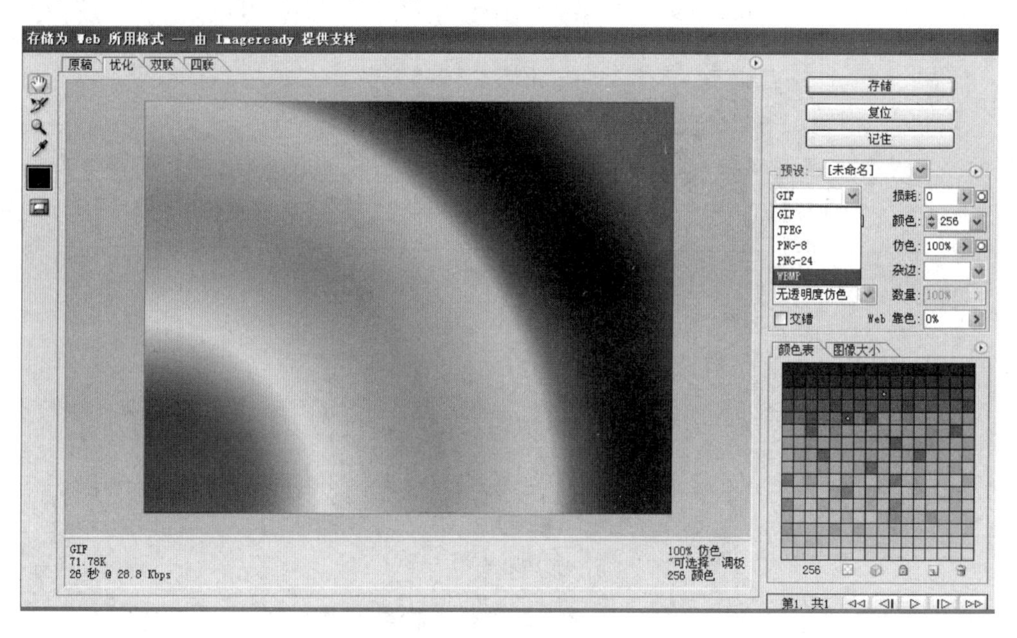

图 5 – 16　存储为 Web 所用格式

存储为 Web 所有格式选项用于输出展示在网页上的图片。保存的主要目的之一是在维持图片质量的同时尽可能地缩小文件。保存为网页格式使用了两种方法达到此目的：①在拖动滑动条更改 JPEG 质量设置时提供即时预览；②移除输出文件中所有不必要的信息（JPEG 标记）。

存储为 Web 所有格式选项的主要特色有：

(1) 优化文件大小:可以自动选择文件格式(JPEG 或 GIF)和选择 JPEG 的压缩率,以实现选定的文件大小。

(2) 移除 Exif 信息。很多时候这是一个有用的功能,而另一些人则会因为此功能而不使用存储为 Web 所有格式选项。对于简单的网页图片来说,出于保护隐私的需要可以隐藏照片拍摄的时间日期以及其他参数。但是,如果想要在网络相册中分享照片,并且希望观看者看到拍摄的焦距、光圈和其他参数,那么就不适合使用存储为 Web 所有格式选项。

(3)在大多数 JPEG 文件中,有一些记录附加信息或是在出错/崩溃时用以恢复的特殊标记。存储为 Web 所有格式选项可在 JPEG 文件依然被解码的前提下移除这些标记。

(4)根据存储为 Web 所有格式的选项特点,当想和他人分享照片拍摄的时间以及其他参数时,需要用存储为 Web 所有格式选项对话框进行参数的选择。

5.4.6　选区工具及使用

除了众所周知的各种选框工具、魔术棒、套索工具能够直接获得选区外,另外的方法是通过路径转化为选区。与选择相匹配的是选择菜单,选区的属性面板随着选取工具的不同而有所不同,其中羽化功能在各种选择工具中都存在,选择适当的羽化功能能使选择的边缘获得较好的朦胧效果。图 5 - 17 所示是人物照在选择羽化像素设置为 30 后获得的裁剪效果。

图 5 - 17　羽化裁剪后的图片效果

选区对于抠图操作等采集图像素材非常重要,很多动画作品的素材、网站的素材、产品 LOGO 等的创作都离不开选区的使用。

5.4.7 图像的校正

成像系统的像差、畸变、带宽有限,成像器件拍摄姿态和扫描非线性,运动模糊、辐射失真、引入噪声等原因都会引起图像的失真。图像校正是指对失真图像进行的复原性处理。图像校正的基本思路是:根据图像失真原因,建立相应的数学模型,从被污染或畸变的图像信号中提取所需要的信息,沿着使图像失真的逆过程恢复图像本来面貌。实际的复原过程是设计一个滤波器,使其能从失真图像中计算得到真实图像的估值,使其根据预先规定的误差准则,最大限度地接近真实图像。

图像校正主要分为两类:几何校正和灰度校正。

图像几何校正的思路是通过一些已知的参考点,即无失真图像的某些像素点和畸变图像相应像素的坐标间的对应关系,拟合出上述多项式中的系数,并作为恢复其他像素的基础。

1. 几何校正

几何校正的基本方法是:首先建立几何校正的数学模型;其次利用已知条件确定模型参数;最后根据模型对图像进行几何校正。具体操作通常分两步:

(1) 对图像进行空间坐标变换;首先建立图像像点坐标(行、列号)和物方(或参考图)对应点坐标间的映射关系,解求映射关系中的未知参数,然后根据映射关系对图像各个像素坐标进行校正;

(2) 确定各像素的灰度值(灰度内插)。

2. 灰度校正

根据图像不同失真情况以及所需的不同图像特征,灰度矫正可以采用不同的修正方法。通常使用的主要有三种:

(1) 灰度级校正。针对图像成像不均匀如曝光不均匀,使图像半边暗半边亮,对图像逐点进行不同程度的灰度级校正,目的是使整幅图像灰度均匀。

(2) 灰度变换。针对图像某一部分或整幅图像曝光不足使用灰度变换,其目的是增强图像灰度对比度。

(3) 直方图修正。能够使图像具有所需要的灰度分布,从而有选择地突出所需要的图像特征,来满足人们的需要。

Photoshop 软件有强大的色彩调节,图片分色以及系统校正等功能。图像的色彩是非常难以掌握的。有时屏幕上显示的,一经印刷、打印,得到的却是另一种样子,即所见非所得,这时就必须对屏幕、系统进行调校。Photoshop 提供了一系列调整图像的色调品质和色彩平衡的命令和功能。对于简单的图像校正,可以使用快速调整命令。对于精确和灵活的调整,必须对 Photoshop 进行两种校正:设备校正(主要指屏幕)和系统校正。设备校正是指校准屏幕及照排机等输出设备(当需要分色打样时);而系统校正则是调节 Photoshop 的设置,这将影响 RGB 到 CMYK 的变化。

在色调调整中,Photoshop 提供了以下几种方式:

(1) 可以在"色阶"对话框中沿直方图拖移滑块调整,图 5-18 所示是图 5-17 所示图形的色阶。

(2) 如图 5-19 所示,Photoshop 可以在"曲线"对话框中调整图表的形状。此方法可以根据 0~255 色调范围调整任何点,并可以最大限度地控制图像的色调品质。

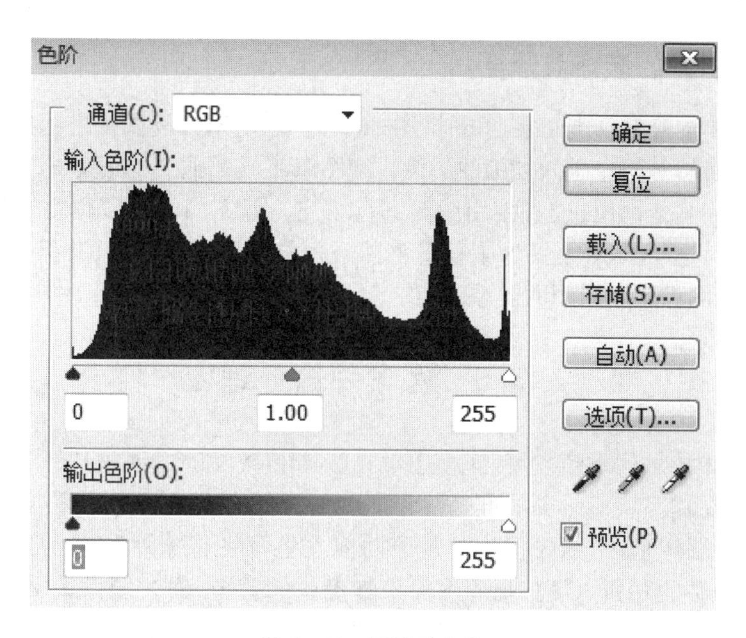

图 5－18 图形的色阶

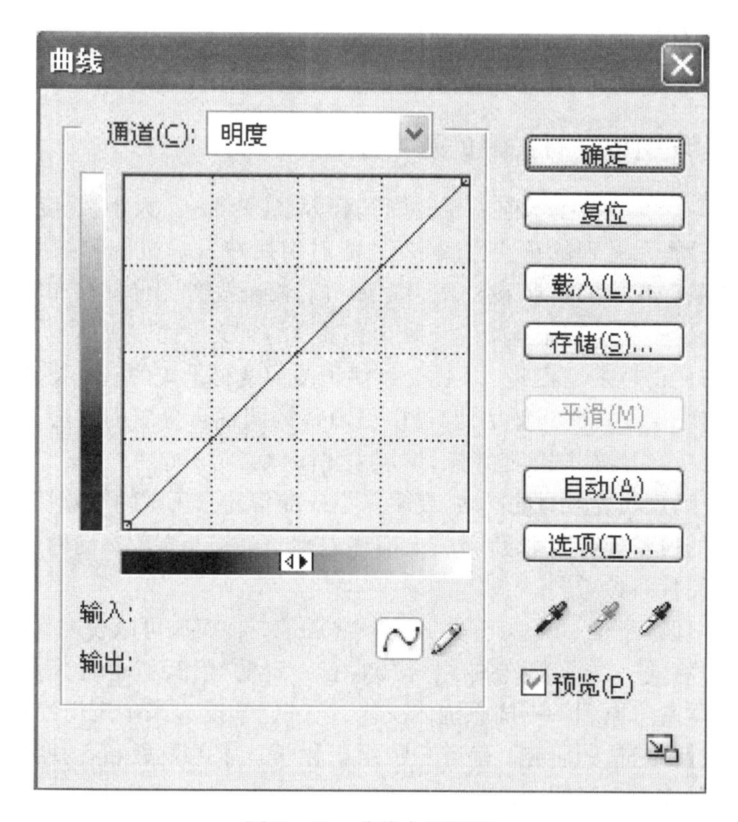

图 5－19 曲线色调调整

（3）Photoshop 可以使用“色阶”或“曲线”对话框给高光和暗调像素指定目标值。此方法对于要印刷到出版物上的图像非常有用。

5.4.8 图像的修饰与修复

在图5－12中修复画笔工具(Brush Healing Tool)用于修复图像中的缺陷,并能使修复部分的色彩自然等信息融入周围的图像。和图章工具类似,“修复画笔工具”也是从图像中取样复制到其他部位,或直接用图案进行填充。但不同的是,“修复画笔工具”在复制或填充图案时,会将取样点的像素信息自然融入复制的图像位置,并保持其纹理、亮度和层次,被修复的像素和周围的图像完美结合。

5.5 医学图像处理

随着多媒体技术的不断发展,医学图像在临床和教学等方面被广泛地使用,图像增强和复原技术在提高疾病诊断的准确性和刑事侦查能力中显得尤为重要。前面小节提到的Photoshop图像选区、图像校正和复原功能在医学图像素材处理中具有重要作用。现实中扫描仪、数码相机、CT扫描等图像采集设备的普及,通过图像编辑工具获得相应的素材变得越来越容易了。但是,由于印刷质量、拍摄水平、制作工艺和扫描仪分辨率等多方面原因,使图像不能很好地满足要求,因此,对图片素材的处理和再加工是多媒体作品制作的一个重要环节,Photoshop使非美术专业的人员也可以修改出一幅幅完美的图片。

5.5.1 病理图像素材采集的基本技巧

任何需要手术的疾病,手术前需要明确其病因、病变部位、大小、深度、性质以及与周围正常组织的关系等,病理的重要性就在于,能对疾病在发病机制和细胞水平上作出诊断,按照临床诊断和观察的要求采集病理图像,并将特征病理图像保存和收集起来对医学示教,对照临床诊断,医生临床经验的获取具有重要的意义。而多媒体技术的不断进步让病理图像的采集变得越来越容易。下面介绍病理图像素材采集的基本技巧。

(1) 根据肉眼层层观察病理切片,再由显微镜按照逐步分层的方法,从大体到局部,从低倍到高倍,从组织结构到细胞形态,层层采集图像素材。

(2) 在采集病理切片素材的同时,要多采集或准备几张正常的对照切片,因为不同的人,或者用不同的设备进行脱水、制片都会有些差别。最好能多收集同种疾病模型中病理变化情况,便于阅片时参考。

(3) 由于病理诊断是一种形态学的诊断,常常是一种疾病可以表现很多个形态,而很多种疾病又可以有同一种形态,它的组合虽然有一定的规律,但也有其复杂性。免疫组化,是应用免疫学基本原理——抗原抗体反应,通过化学反应来确定组织细胞内抗原,对其进行定位、定性及定量的研究。随着免疫组织化学技术的发展和各种特异性抗体的出现,使许多疑难肿瘤得到了明确诊断。在做免疫组化时,同样需要设好阴性阳性对照片的素材采集。必要时,请用苏木素/伊红复染试剂染色。

目前手术中的视频采集设备并不完善,今后在手术刀或医生手术帽中加载或完善图像、视频采集设备,同步传输手术过程,以便获得病人病理第一手数字化影像资料,作为远程诊断,会诊,避免医患纠纷的证据,这是一个在手术中值得改良和探索的方向。

5.5.2　素材图片的调整与修复技巧

Photoshop 是一款经典的、功能强大的图形处理软件，利用它来对使用带有摄像头的显微镜、数码相机、扫描仪获得的图像，CT、MRI 及 χ 射线图像进行后处理，效果非常理想。当采集的图像不需要在线使用时，可以采用 Photoshop 软件来调整和修复采集的医学图像。在处理原始素材之前，首先要利用好图层，通过 Photoshop 打开采集的素材，在修改之前，创建透明图层，并复制原始图像到新建的图层，单击掩藏图层把原始图像的图层掩藏起来，并在复制图像的图层中加以复原和修改，以防止无法恢复的误操作，在还原和修复图像时可以打开导航控制面板，及时精确地调整修改的区域及显示比例。

Photoshop 软件在编辑医学图像多媒体示教素材中使用非常普遍，通过选区、复制图章很容易将 CT、MRI 片子上显示有医院名称、患者姓名、性别、年龄等资料去除，避免病人隐私被流传。通过 Photoshop 软件很容易为医学影像资料添加注解。

在对被污点和杂纹污染的图像进行修改时，如果只是一味在像素级别上以放大镜、橡皮擦或者图章工具进行修改，这不仅是一项非常繁重的工作，而且由于放大观看只是注重了局部效果而忽略了整体效果，这样会加重图片的修改痕迹，难以达到理想的效果。下面是污点和杂纹修改技巧。

先把图像放大，放大程度愈大，愈能发觉灰尘或者瑕疵存在。

方法一；在对图片分辨率要求不高的情况下，可选用 filter（滤镜）下的 blur（模糊）滤镜，以削弱相邻像素之间的对比度，达到淡化杂纹的效果，使用时应注意 blur 半径值不可太大。失真与半径的大小有直接关系。

方法二：应用滤镜—杂色—蒙尘/划痕，可以在不影响原图整体轮廓的情况下，对整个图像或选取范围内细小轻微的杂点进行柔化，达到消除斑点或折痕的效果。图 5－20 所示为用 Photoshop 复制图章去掉隐私信息后的 64 排螺旋 CT 胸骨扫描重建图。

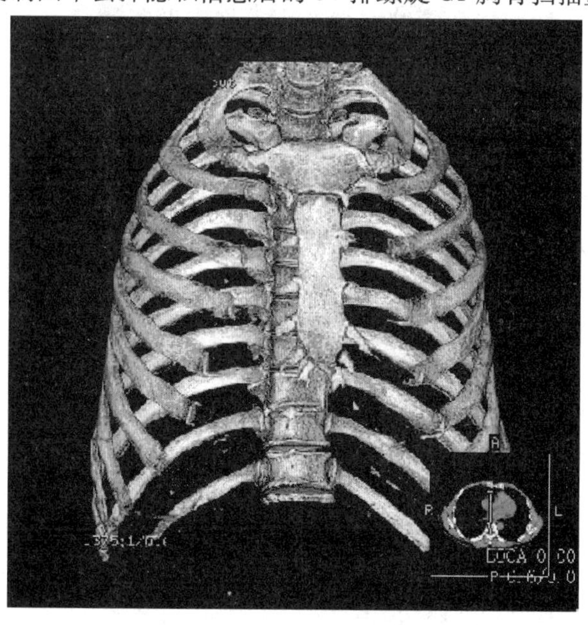

图 5－20　64 排螺旋 CT 重建胸骨

图 5 - 21 所示为螺旋 CT 图像通过应用滤镜—杂色—蒙尘/划痕的默认处理后获得的效果。从图 5 - 21 中可以看出图片中文字部分已经很模糊,图像失真也比较严重。

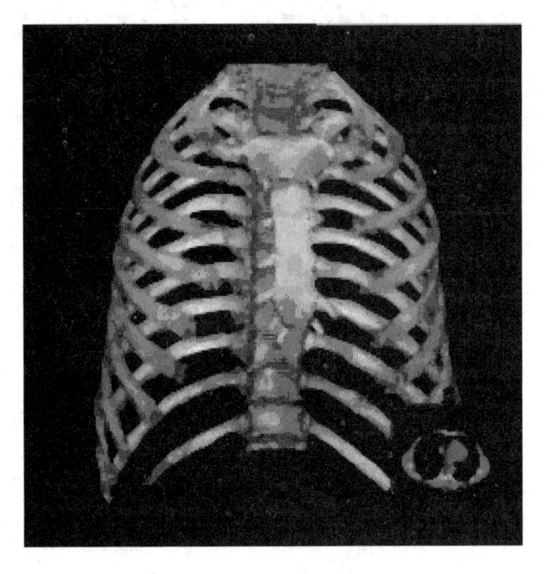

图 5 - 21　滤镜处理后的重建 CT 图

图 5 - 22 所示为蒙尘与划痕像素选择框,通过像素大小,可以均衡边上的色差。应用 filter(滤镜)杂色蒙尘/划痕滤镜可以搜索图片中的缺陷并将其融入周围像素中,该滤镜对去除大而明显的杂点及折痕效果十分显著。调整其控制面板中的 radius(半径)值大小(从 1 ~ 100 像素)可定义以半径的缺陷来融合图像,调整 threshold(阈值)值大小(0 ~ 255)可调整去杂点的效果强弱。设置半径时,数值愈低愈好;阈值设置愈高,门槛愈高,消除效果愈不分明,设置时,愈高愈好,阈值愈高图像越不会失真,但去杂质效果越差。

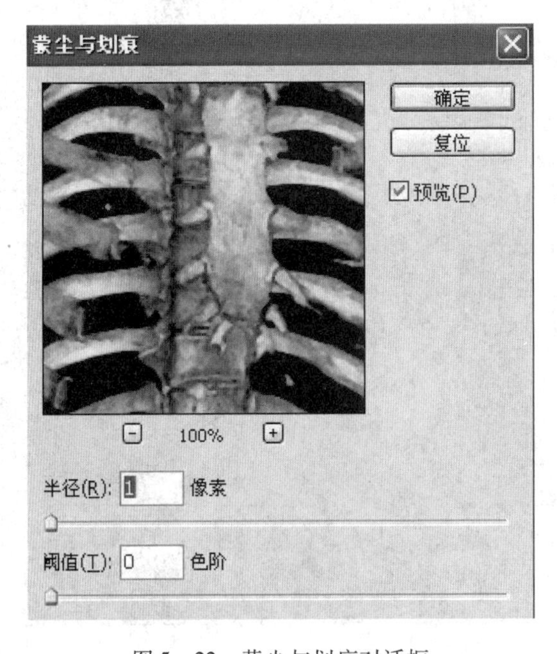

图 5 - 22　蒙尘与划痕对话框

图 5－23 所示为阈值 99 半径为 1 的滤镜—杂色—蒙尘/划痕滤镜的最终效果。对照原始图像,可以看出文字信息基本上已经被模糊,而胸骨重建图像更清晰,特别是胸骨边缘中其他组织已被完全去除。骨组织边缘也更清晰。

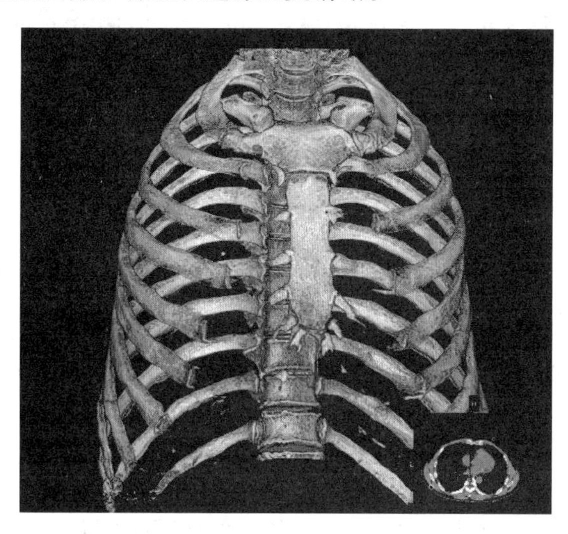

图 5－23　用 Photoshop 处理后的效果图

方法三:应用滤镜—杂色下的(median 中间值)滤镜,可将杂点和周围像素的中间值颜色作为该点的颜色来消除干扰。

小面积的图片经放大后,边缘锯齿现象较为突出,线条失去平滑和连续感,有的线条放大后,边缘有羽化效果,影响了图片的清晰度。下面谈谈线条光滑度、清晰度的修改技巧:

对直线和折线较多的图形,可使用 line(直线)工具进行描边,注意划线的粗细要与原图相符,并使衔接部位自然流畅。对弧线较多的图形,可使用钢笔工具绘制路径,节点位置可灵活调整。双击节点,调整节点的方向线来改变曲线的形状和平滑程度。调整合适后,将路径转化为选取范围,在“编辑”菜单下选取“描边”进行描边,注意描边宽度的设定。

其次是色彩修正,长年使用的医学挂图,底色泛黄,显古旧;从某些印刷刊物上选取的图片色彩失真;因某些特殊需要而要求对原图的部分色彩进行修改等诸多原因。在 Adobe Photoshop 中有一个特殊的层 Adjustment Layer(调整图层),它将色调和色彩的设定制作成调整层单独存放到文件中,应用 Brightness/Contrast(亮度/对比度)命令、Hue/saturation(色调/饱和度)命令、ColorBalance(色彩平衡)命令等均可以非常方便快捷地调整图片的亮度、对比度、饱和度和色相等,这些命令各有所长。Hue/Saturation 命令不仅可调整色相和饱和度,它还可以通过给像素指定新的色相和饱和度,从而给灰度图像染上色彩。注意:Hue/Saturation 对话框右下角有一个 colorize 复选框,选中它可使黑白、灰度或彩色图像变成单一色彩的图像。Color Balance 命令调整整图的色彩平衡,非常方便快捷,其对话框底部有一个 pre-serve luminosity(保持亮度)复选框,选择它可使原图整体亮度不改变。

Curves(色调曲线)命令可对色彩实行较精确的控制,改变 curves 曲线表格中的线条形状即可得到千变万化的色彩效果。

Levels(色阶)命令,可对整图或图像中的某一选取范围、某一层及某一个色彩通道进行明暗度的调整,拖动 levels 对话框中的三个小三角滑标,改变 input levels 及 output levels 值大小,直到获得满意的效果,也可使用其中的 auto 按钮自动调整,使亮度分布均匀。

Variations(变化)命令可以非常直观、精确而且方便地调整色彩平衡、对比度和饱和度,variations 对话框中显示了各种情况下待处理图像的缩略图,我们可以边调节边对比效果。在某些时候,因教学的需要而要求将一幅彩色或灰度图像变成具有高度反差的黑白图像,我们可以使用 threshold(阈值)命令,它根据图像颜色的亮度值把全图中的色彩一分为二,一部分用黑色表示,一部分用白色表示,调整 threshold levels 值的大小(0 ~ 255),可获得不同效果的黑白图像。

Adobe Photoshop 是公认的具有最强大的图像处理功能的应用软件,灵活使用各种工具,可制作出任何你所能想象和不能想象到的图像效果,但是,对医学教育来说,科学性是第一位的,我们应用 Adobe Photoshop 对一些图像进行修改的目的是更好地满足教学需要,更真实、形象地反映医学现象,切记不可随心所欲,过分追求艺术美感而失去科学性。

5.6 MATLAB 在图像处理中的应用

MATLAB(Matrix Laboratory)最初是一种纯粹的矩阵计算软件,现在发展成为一门高级科学计算语言,它在数值计算、数据处理、信号处理、神经网络、优化计算、小波分析、图像处理、统计分析、金融分析等众多的领域有着广泛的用途,从图像数字化过程可以看出,数字图像实际上就是一组有序的离散数据,MATLAB 在对图像离散数据形成的矩阵进行处理时,同样具备多、快、好、省的几大优势。

在 MATLAB 中可用两种数据类型来存储图像:双精度型和 8 位无符号整数型,MATLAB。AB 中图形命令对不同的数据类型做不同的处理。MATLAB 支持 TIFF、JPEG、BMP、PCX、XWD 和 HDF 的图形文件格式,支持索引、灰度、二进制、RGB 类型的图像。MATLAB 中的图像处理工具箱几乎包括了经典图像处理的所有方面,从基本的图像增强到图像分割,MATLAB 都提供了简便的函数调用来实现许多经典的图像处理方法。数字图像处理工具箱函数包括 12 类:图像文件操作和显示函数、图像的矩阵表示及运算函数、图像增强函数、图像变换函数、图像的空间变换函数、二值形态学操作函数、图像分析和理解函数、颜色空间转换函数、图像几何运算函数、基于区域的图像处理函数、图像滤波函数、图像领域即操作函数。另外 MATLAB 提供了对多种图像文件格式的读写和显示,这使得 MATLAB 在集成环境中进行图像处理的实验模拟非常方便。

5.6.1 MATLAB 常用的图像显示函数

在本节介绍的图像显示函数不只具备图像的显示功能,也包括与图像显示相关的读写函数、颜色空间变换函数以及图像类型转换函数等。其中 imread( )为图像文件读入函数,可用来读入 BMP、HDF、JPG、PCX、TIFF 等格式的图像文件;imwrite( )为图像写出函数,仅仅用这一个函数就可以实现将一个矩阵存储为 JPG、BMP、TIF 等格式的图像文件;imshow( )为图像显示函数。除此之外,MATLAB 还提供了 rgb2hsv( )等颜色空间变换函数和 rgb2gray(　)、rgb2ind(　)等图像类型转换函数。

1. 在 MATLAB 中实现图像的读写函数

1)imread

imread 函数用于读入各种图像文件,如:a = imread('c:\01.jpg')。

注:计算机 c 盘上要有相应的 01. jpg 文件。

2)imwrite

imwrite 函数用于写入图像文件,如:imwrite(a,'c:\02.jpg','jpg')。

3)imfinfo

imfinfo 函数用于读取图像文件的有关信息,如:imfinfo('c:\01.jpg')。

2. 在 MATLAB 中实现图像的显示

1)image

image 函数是 MATLAB 提供的最原始的图像显示函数,如:

```
a = [1,1,1,1;2,2,2,2;3,3,3,3];
image(a);
```

2)imshow

imshow 函数用于图像文件的显示,如:

```
i = imread('c:\01.jpg');
imshow(i);
```

3)colorbar

colorbar 函数用显示图像的颜色条,如:

```
i = imread('c:\01.jpg');
imshow(i);
colorbar;
```

4)figure

figure 函数用于设定图像显示窗口,如:

```
figure(1);/figure(2);
```

5.6.2　MATLAB 常用的图像变换函数

MATLAB 在进行图像处理时,都是以向量、矩阵、数组的形式表示图像并进行各种运算的。它提供了图像的和、差等线性运算,以及卷积、相关、滤波等非线性运算,比如,conv2(i,j)实现两幅图像 i、j 的卷积,其次还有傅里叶变换等。

图像变换技术是图像处理的重要工具,常应用于图像压缩、滤波、编码和后续的特征抽取或信息分析过程。MATLAB 提供了常用的变换函数,如 filt2(　)与 ifft2(　)函数分别实现二维快速傅里叶变换及其逆变换,dot2(　)与 idct2(　)函数实现离散余弦变换及其逆变换,Randon(　)与 iradon(　)函数实现 Radon 变换与逆 Radon 变换。

1. 图像的变换

1)二维傅里叶变换

fft2 函数用于数字图像的二维傅里叶变换,如:

```
i = imread('c:\01.jpg');
j = fft2(i);
```

2)二维傅里叶逆变换

ifft2 函数用于数字图像的二维傅里叶反变换,如:

```
i=imread('c:\01.jpg');
j=fft2(i);
k=ifft2(j);
```

3)利用 fft2 计算二维卷积

利用 fft2 函数可以计算二维卷积,如:

```
a=[8,1,6;3,5,7;4,9,2];
b=[1,1,1;1,1,1;1,1,1];
a(8,8)=0;
b(8,8)=0;
c=ifft2(fft2(a).*fft2(b));
c=c(1:5,1:5);
```

利用 conv2(二维卷积函数)校验,如:

```
a=[8,1,6;3,5,7;4,9,2];
b=[1,1,1;1,1,1;1,1,1];
c=conv2(a,b);
```

2. 模拟噪声生成函数和预定义滤波器

1)MATLAB 对图像模拟噪声的生成函数

imnoise 函数用于对图像生成模拟噪声,如:

```
i=imread('c:\01.jpg');
j=imnoise(i,'gaussian',0,0.02);% 模拟高斯噪声
```

2)fspecial 函数

fspecial 函数用于产生预定义滤波器,如:

```
h=fspecial('sobel');% sobel 水平边缘增强滤波器
h=fspecial('gaussian');% 高斯低通滤波器
h=fspecial('laplacian');% 拉普拉斯滤波器
h=fspecial('log');% 高斯拉普拉斯(LoG)滤波器
h=fspecial('average');% 均值滤波器
```

5.6.3 MATLAB 在图像增强中的应用

图像增强是数字图像处理过程中常用的一种方法,目的是采用一系列技术改善图像的视觉效果或将图像转换成一种更适合于人眼观察和机器自动分析的形式。常用的图像增强方法有灰度直方图均衡化、灰度变换、平滑及锐化滤波。MATLAB 中都提供了相应的函数来实现相应的功能,比如 hsteq( )、medfilt2( )可以分别实现灰度直方图均衡化和中值滤波。MATLAB 直接提供的函数大多数是针对灰度图像的,但是通过将这些函数应用到彩色图像的每个通道,最后再合成的方法可以实现彩色图像的增强。对于某些应用这种方法是非常简单易用的。

1. 直方图

imhist 函数用于数字图像的直方图显示,如:

```
i=imread('c:\01.jpg');
```

```
imhist(i);
```

2. 直方图均化

histeq 函数用于数字图像的直方图均化,如:

```
i=imread('c:\01.jpg');
j=histeq(i);
```

3. 对比度调整

imadjust 函数用于数字图像的对比度调整,如:

```
i=imread('c:\01.jpg');
j=imadjust(i,[0.3,0.7],[]);
```

4. 对数变换

log 函数用于数字图像的对数变换,如:

```
i=imread('c:\01.jpg');
j=double(i);
k=log(j);
```

5. 基于卷积的图像滤波函数

filter2 函数用于图像滤波,如:

```
i=imread('c:\01.jpg');
h=[1,2,1;0,0,0;-1,-2,-1];
j=filter2(h,i);
```

6. 线性滤波

利用二维卷积 conv2 滤波,如:

```
i=imread('c:\01.jpg');
h=[1,1,1;1,1,1;1,1,1];
h=h/9;
j=conv2(i,h);
```

7. 中值滤波

medfilt2 函数用于图像的中值滤波,如:

```
i=imread('c:\01.jpg');
j=medfilt2(i);
```

8. 锐化

① 利用 Sobel 算子锐化图像,如:

```
i=imread('c:\01.jpg');
h=[1,2,1;0,0,0;-1,-2,-1];% Sobel 算子
j=filter2(h,i);
```

② 利用拉普拉斯算子锐化图像,如:

```
i=imread('c:\01.jpg');
j=double(i);
h=[0,1,0;1,-4,0;0,1,0];% 拉普拉斯算子
k=conv2(j,h,'same');
m=j-k;
```

5.6.4 MATLAB 在图像缺陷统计中的应用

本节中对缺陷统计的描述是借助于 MATLAB 自带样例 rice. png 图片中的精米和碎米的统计为例来实现的,随机对加工后的大米进行采样,把样本平摊开,放置在黑色背景中,拍摄大米图像后,对图片进行滤波及二值化处理,通过 MATLAB 图像识别功能,在图中分别对整精米和碎精米进行自动检测,并在相应的米粒上打上标志,最终计算出整精米和碎精米的比值。具体步骤如下:

(1) 对图像进行预处理(滤波、使背景灰度均衡化)。

(2) 把米粒图像转换成二值图像。

(3) 根据区域内部像素的连通性,将不同的区域赋予不同的标记。

(4) 计算出单个米粒所占的像素。

(5) 通过先期计算的整精米长度/面积比换算出米粒长度,最后根据米粒长度判断整精米和碎米的比值。

M 程序如下:

```
function Title3()
% 读取并显示图像,rice.png 为 MATLAB 自带图像,保存在默认路径下,所以在此可以省略路径
Original_Image = imread('Rice.png');
figure;imshow(Original_Image);
title('1. 原图');
% 去不均匀背景
SE = strel('disk',15);
Background = imopen(Original_Image,SE);
Uniform_Image = imsubtract(Original_Image,Background);
figure;imshow(Uniform_Image);
title('2. 去不均匀背景');
% 对比度调整
Contrast_Image = imadjust(Uniform_Image,stretchlim(Uniform_Image),[0 1]);
figure;imshow(Contrast_Image);
title('3. 增强对比度');
% 图像二值化
Theshold = graythresh(Contrast_Image); % 灰度处理
BW_Image_Temp = im2bw(Contrast_Image,0.4);
BW_Image = ~BW_Image_Temp;
figure;imshow(BW_Image);
title('4. 图像二值化');
% 进行中值滤波
Medfit_Image_BW = medfilt2(BW_Image,[5,5]);
figure;imshow(Medfit_Image_BW);
title('5. 中值滤波');
% 收缩由于中值滤波所带来的边缘扩大
Optimized_Image_BW = BW_Image | Medfit_Image_BW;
```

```
figure;imshow(Optimized_Image_BW);
title('6.收缩由于中值滤波所带来的边缘扩大');
% 对图像进行开操作进一步分离米粒虽然效果不明显,不过还是有一定帮助
SE = strel('disk',1);
Final_Image_BW = imopen( ~Optimized_Image_BW,SE);
figure;imshow(Final_Image_BW);
title('7.对图像进行开操作,进一步分离各个米粒');
Count_Image_BW = Final_Image_BW;
% 统计当前所有米粒的总数并用"+"号进行标记
ConnectStyle = 4;
% Connect style, the value maybe '8' or '4'
% 4:                          8:
%        i-1,j                  i-1,j-1 i-1,j i-1,j+1
%          |                             \ | /
% i,j-1 - i,j - i,j+1              i,j-1 - i,j - i,j+1
%          |                             / | \
%        i+1,j                  i+1,i-1 i+1,j i+1,l+1
CrossSize = 4;  % "+"号的长与宽系数
[ImageFlag, ObjectNum] = bwlabel(Count_Image_BW, ConnectStyle);
[ImageRow, ImageCol] = size(Count_Image_BW);
for i = 1:ObjectNum
% 找出米粒的中心
   PixelsInObj = 0;
   RowCount = 0;
   ColCount = 0;
   for a = 1:ImageRow
      for b = 1:ImageCol
         if (ImageFlag(a, b) = = i)
            PixelsInObj = PixelsInObj + 1;
            RowCount = RowCount + a;
            ColCount = ColCount + b;
         end
      end
   end
   CRow = round(RowCount /PixelsInObj);
  CCol = round(ColCount /PixelsInObj);
  % 画"+"号的竖
   for j = (CRow-CrossSize):(CRow + CrossSize)
      if j > 0 && j < ImageRow
         Count_Image_BW(j, CCol) =1 - Count_Image_BW(j, CCol);
      end
   end
   % 画"+"号的横
```

```
    for j = (CCol-CrossSize):(CCol + CrossSize)
        if j >0 && j < ImageCol
            Count_Image_BW(CRow, j) =1 - Count_Image_BW(CRow, j);
        end
    end
end
figure;imshow(Count_Image_BW);
title(['8. 用“ + ”标记不同的米粒并且统计米粒总数为 ', num2str(ObjectNum)]);
% 分析米粒
RiceProps = regionprops(ImageFlag,'MajorAxisLength','Area');
AllRiceArea = [RiceProps.Area]                    % 打印各个米粒的面积
AllRiceLength  = [RiceProps.MajorAxisLength]    % 打印各个米粒的长度
RiceAreaMean = mean(AllRiceArea)                  % 打印米粒面积平均值
RiceLengthMean = mean(AllRiceLength)              % 打印米粒长度平均值
% 提取碎米并统计
Cardamine = find(AllRiceLength < = RiceLengthMean & AllRiceArea < = RiceAreaMean);
CardamineSize = size(Cardamine);
Cardamine_Image = ismember(ImageFlag,Cardamine);
figure,imshow(Cardamine_Image);
title(['9. 提取碎米并统计总数为:', num2str(CardamineSize)]);
% 提取精米并统计
Milledrice = find( AllRiceLength  >  RiceLengthMean  | AllRiceArea  >  RiceAre-
aMean);
MilledriceSize = size(Milledrice);
Milledrice_Image = ismember(ImageFlag,Milledrice);
figure,imshow(Milledrice_Image);
title(['10. 提取精米并统计总数为:', num2str(MilledriceSize)]);
```

输出如图 5 - 24 至图 5 - 33 所示,共 10 幅图像效果。

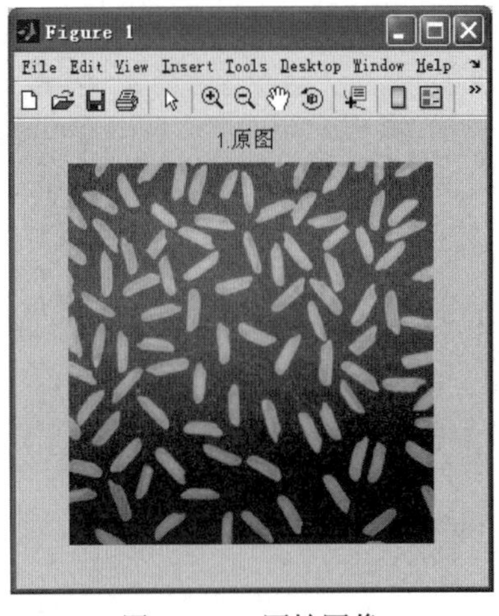

图 5 - 24　原始图像

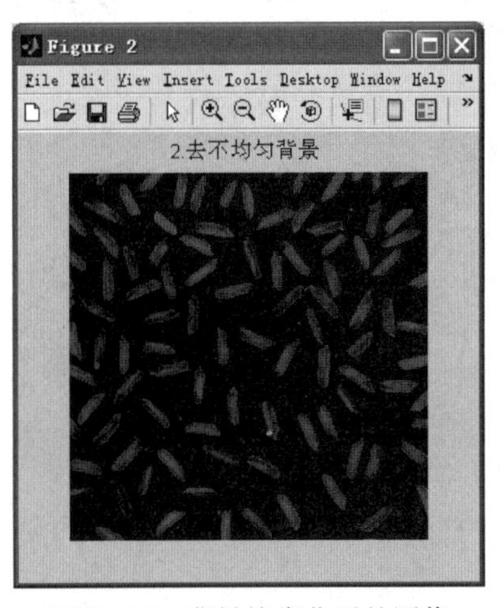

图 5 - 25　背景均衡化后的图像

图 5－26　图像增强

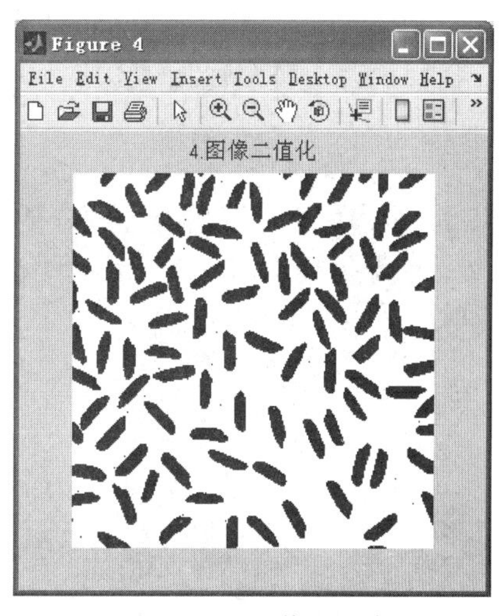

图 5－27　二值化图像

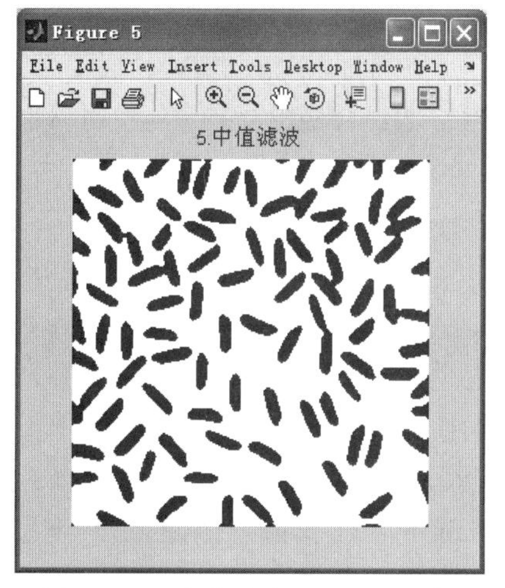

图 5－28　中值滤波处理后的图像

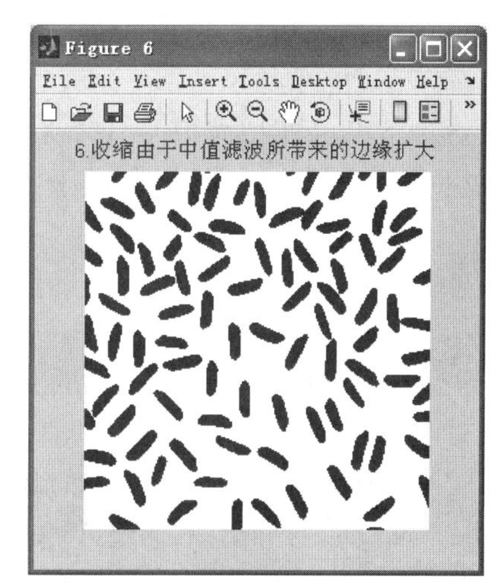

图 5－29　腐蚀膨胀后的图像

图 5－30　膨胀腐蚀后的图像

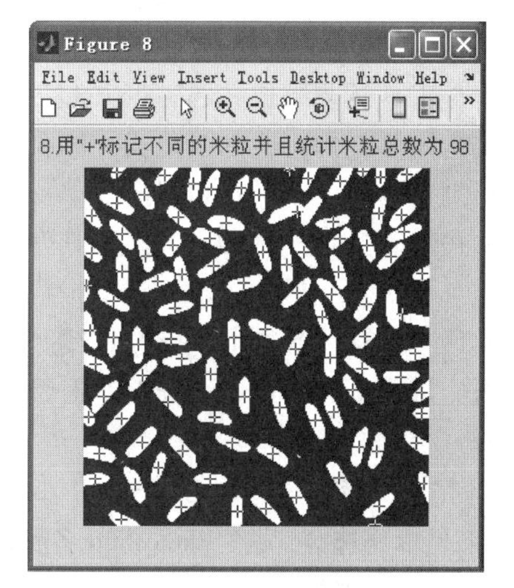

图 5－31　标记不同的米粒
（接触的米粒被看成是同一颗）

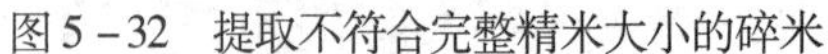
图 5-32　提取不符合完整精米大小的碎米

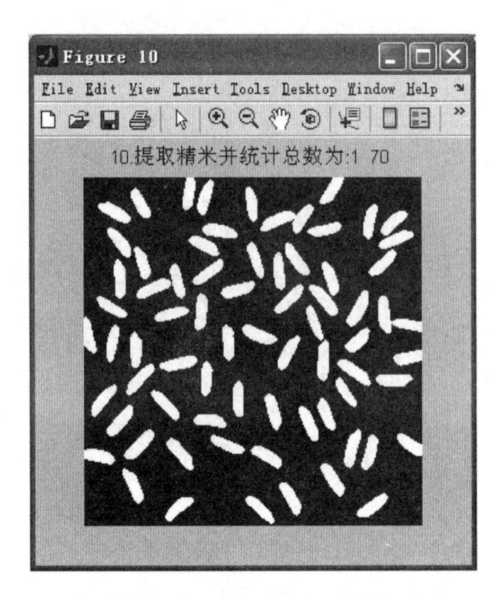

图 5-33　统计出整米

这种方法可以用于按面积大小自动化检测产品是否合格的生产场合,也可以用于电子显微镜下红细胞数目的统计等。

练　习

1. 编写 MATLAB 程序,实现图像的 RGB 颜色模型到 HSI 模型的转换,观察两幅图的不同;编写 MATLAB 程序,显示图像的直方图,再用 Photoshop 现成工具显示图像的直方图,观察两侧的异同,了解图像直方图的含义,并撰写实验报告。

2. 用 Photoshop 打开图像,通过 Adobe Photoshop 色阶工具调整图像色阶,观察图像显示效果。

3. Photoshop 提供了多种形状工具,可以用来绘制各种各样的图形。熟悉 Photoshop 图形绘制工具,学会图层的使用。

【矩形工具】:绘制长方形和正方形。

【圆角矩形工具】:绘制圆角长方形和正方形。

【椭圆工具】:绘制椭圆和圆形。

【多边形工具】:绘制多边形,其中边数最少的是三角形,最多可以绘制 100 个边的图形。

【直线工具】:绘制各种角度的直线。

【自定形状工具】:可以选择自定形状,并绘制图形,包括箭头、标志、花朵及其他艺术图形等。

4. 创建一个名为“练习 1”,宽为 1024 个像素,高为 768 像素,背景透明的图像文件,用渐变工具填充选区,观察 Photoshop 各种颜色模型的显示特征。

主要制作步骤提示:

(1) 选择【文件】→【新建】命令打开“新建”对话框。

（2）在【名称】文本框中输入文件名。将宽度和高度单位改为【像素】，同时在【宽度】、【高度】文本框中输入文件宽度和高度值。

（3）在【背景内容】下拉列表中选择【透明】选项。

（4）完成设置后单击【确定】按钮创建文件。

第6章　多媒体数据压缩与编码技术

数字化后的音频和视频信息数据量庞大，当前硬件技术所能提供的计算机存储资源和网络带宽对媒体信息的存储和运输都有很大局限性，成为阻碍人们有效获取和利用媒体信息的一个瓶颈问题。如何处理语音、图像与视频等多媒体数据的压缩编码，是解决多媒体数据的存储与传输的关键技术之一。

本章介绍数据压缩的基本原理和方法，以及声音、图像和视频的常用国际压缩标准。

6.1　多媒体数据压缩的必要性

由于图像、视频信息具有信息量大、直观性强的特点，而且特别适合人们在信息交流中所需要的直接、亲切等生理和心理的要求特点，图像、视频信息在通信中的地位显得尤为重要。图像、视频文件的最大特点是占用空间大，图像、视频等多媒体数据文件存储和传输则需要更多的资源。因此，研究多媒体数据编码与压缩是数字处理与通信技术必不可少的内容。近年来，随着计算机与数字通信技术的快速发展，特别是 Internet 的兴起和多媒体系统在众多领域的广泛应用，多媒体数据编码与压缩作为数据压缩的一个分支，已受到越来越多的关注。

图像编码与压缩从本质上来说就是对要处理的图像源数据按一定的规则进行变换和组合，从而达到用尽可能少的代码（符号）来表示尽可能多的数据信息的过程。图像数据的特点之一是数据量大。例如，一张 A4（210mm × 297mm）幅面的图片，若用中等分辨率（600dpi）的扫描仪按真彩色扫描，共有（600 × 210/25.4）×（600 × 297/25.4）个像素，每个像素占用 3 个字节，其数据量为 144MB 字节。在多媒体计算机中，大量数据的传送和存储问题是面临的最大难题之一。若不进行编码压缩处理，一张 640MB 容量的普通光盘只能存放 45s 的原始电视数据。显然，电视信号数字化后直接保存的方法是不能接受的，因此必须采取图像数据压缩后再保存。彩色图像也是数据量极大的一类数据。

例如，存储一幅标准 VGA 模式的图像（640 × 480 × 256 色）时，大约需要 0.3MB。若要求达到每秒 25 帧的全动态显示要求，每秒所需的存储容量为 7.5MB，640MB 的光盘也只能存放 1min25s 的视频数据。又如，在 Internet 上，基于传统字符界面的应用被能浏览图像信息的 WWW 方式所代替。WWW 具有更加吸引人的外观，但也带来了一个重大的问题：图像信息的数据量非常庞大，使原来就已经很紧张的网络带宽资源变得更加不堪重负，在现有资源下不进行图像数据的合理编码和压缩已经完全无法正常应用。

我们从传送的角度来看，则更要求数据量压缩。首先某些图像采集有时间性，例如遥感卫星图像传回地面有一定的时间限制，某地区卫星过境后无法再得到数据，否则就要增加地面站的数量；其次，图像存储体的存储时间也有限制。它取决于存储器件的最短存取时间，若单位时间内大量图像数据来不及存储，就会丢失信息。在现代通信中，图像与视频传输也已成为重要内容。除要求设备可靠、图像保真度高以外，实时性将是重要技术指标之一。数字信号传送规定一路数字电话为64Kb，多个话路通道再组成一次群、二次群、三次群……通常一次群为32个数字话路，二次群为120路，三次群为480路，四次群为1920路……彩色电视的传送最能体现数据压缩的重要性，我国的PAL制彩电传送用三倍副载波取样。若用8位量化约需100Mb，总数字话路为64Kb，传送彩色电视需占用1600个数字话路，即使黑白电视用数字微波接力通信也需要占用900个话路。很显然，在信道带宽、通信链路容量一定的前提下，采用编码压缩技术，减少传输数据量，是提高通信速度的重要手段。

总之，大数据量的图像信息会给存储器的存储容量，通信线路信道的带宽，以及计算机的处理速度增加了极大的压力。单单依靠增加存储器容量，提高信道带宽以及计算机的处理速度等方法来解决这个问题是不现实的。很显然，在信道带宽、通信线路容量一定的前提下，采用编码压缩技术，减少传输数据量，是提高通信速度的重要手段。

可见，没有多媒体编码压缩技术的发展，大容量图像、视频信息的存储与传输是难以实现的，多媒体、信息高速公路等新技术在实际中的应用也会碰到很大困难。

6.2　多媒体数据压缩的可能性

由分析研究发现，没有图像与视频编码和压缩技术的发展，大容量图像和视频信息的存储和传输是难以实现的。众所周知，视频由一帧一帧的图像组成，图像的各像素之间，无论在行方向还是在列方向，都存在着一定的相关性，即冗余度。应用某种编码方法提取或减少冗余度，便可以达到压缩数据的目的。

图像数据表示中存在着大量的冗余，通过去除那些冗余数据可以使原始图像数据极大地减少，从而解决图像数据量巨大的问题。图像数据压缩技术就是研究如何利用图像数据的冗余性来减少图像数据量的方法。即进行图像压缩研究的起点是研究应用某种编码方法提取或减少图像数据的冗余度。

下面介绍常见的一些图像数据冗余的情况。

1. 空间冗余

这是静态图像存在的最重要的一种数据冗余。一幅图像记录了画面上可见景物的颜色。同一景物表面上各采样点的颜色之间往往存在着空间连贯性，但是基于离散像素采样来表示物体颜色的方式通常没有利用景物表面颜色的这种空间连贯性，从而产生了空间冗余。我们可以通过改变物体表面颜色的像素存储方式来利用空间连贯性，达到减少数据量的目的。例如：在静态图像中有一块表面颜色均匀的区域，在此区域中所有点的光强和色彩以及饱和度都是相同的，因此数据有很大的空间冗余。

2. 时间冗余

这是序列图像（电视图像、运动图像）表示中经常包含的冗余。序列图像一般为位于一时间轴区间内的一组连续画面，其中的相邻帧往往包含相同的背景和移动物体，只不过移动物体所在的空间位置略有不同，所以后一帧的数据与前一帧的数据有许多共同的地方，这种共同性是由于相邻帧记录了相邻时刻的同一场景画面，所以称为时间冗余。

3. 结构冗余

在许多图像的部分区域内存在较强的纹理结构或者具有规则形状,或是图像的各个部分存在强相似性;视频运动图像序列中不同帧之间的相关性引起的时间冗余,例如电视画面中的大部分区域信号变换缓慢,尤其是背景部分有时几乎不变,这些都是结构冗余的表现。

4. 知识冗余

有些图像的理解与某些基础知识有相当大的相关性。例如:人脸的图像有固定的结构,比如说嘴的上方有鼻子,鼻子的上方有眼睛,鼻子位于脸的中线上,等等。这类规律性的结构可由先验知识和背景知识得到称此类冗余为知识冗余。根据已有的知识,对某些图像中所包含的物体,可以构造其基本模型,并创建对应各种特征的图像库,进而图像的存储只需要保存一些特征参数,从而可以大大减少数据量。知识冗余是模型编码主要利用的特征。

5. 视觉冗余

人眼感觉到的区域的亮度不仅仅取决于该区域的反射光,还取决于其他因素。产生这个现象是因为眼睛对视觉信息感受的灵敏性不同。人类的视觉系统对于图像的感知是非均匀和非线性的,人眼对一般图像中的许多信息并不敏感,并不是对图像中的任何变化都能察觉得到。然而在获取原始图像数据时,通常假定视觉系统是线性的和均匀的,对视觉敏感与否不进行设定,这样就会产生比较多的数据,这就是视觉冗余。如果压缩编码方案能够充分利用人眼的视觉系统特性,可以达到较高的压缩比。

6. 图像区域的相同性冗余

它是指图像中的两个或多个区域所对应的所有像素值相同或相近而产生的数据重复性存储,这就是图像区域的相似性冗余。在以上情况下,记录了一个区域中各像素的颜色值,则与其相同或相近的其他区域就不再需要记录其中各像素的值。向量量化方法就是针对这种冗余性的图像压缩编码方法。

7. 纹理的统计冗余

有些图像纹理尽管不严格服从某一分布规律,但是它在统计的意义上服从该规律。利用这种性质也可以减少表示图像的数据量,我们称为纹理的统计冗余。

上述各种形式的冗余,使得图像压缩成为可能。图像编码方法都是基于各种冗余信息和人类的视觉特性,以尽量少的比特数表示和重建原始图像的。

随着对人类视觉系统和图像模型的进一步研究,人们可能会发现更多的冗余性,使多媒体数据压缩编码的可能性越来越大,从而推动多媒体压缩技术的进一步发展。

6.3 压缩编码基础理论

多媒体数据压缩编码与信息论密不可分。信息论是研究编解码的理论基础,信息论理论基础的建立始于香农 (C. E. shannon)1948 年发表的论文。文章中指出通信系统传递的对象就是信息,并提出了信息熵的概念,以及如何在噪声环境下有效而可靠地传递信息的主要方法就是编码等一系列经典理论。香农 1959 年的文章系统地提出了信息率失真理论和限失真信源编码定理,为各种数据压缩编码奠定了理论基础。信息论中认为,如果信源编码的熵大于信源的实际熵,则该信源中一定存在冗余。去掉冗余不会减少信息量,仍可原样恢复数据:但是如果减少了熵,数据则不能完全恢复。不过,在允许的范围内损失一定的熵,数据仍然可以近似恢复,得到的信息仍然可以接受。

6.3.1　图像压缩

图像压缩一般是通过改变图像的表示方式来实现的,所以压缩和编码是分不开的。从 60 年代后期开始,信源编码逐渐成为人们研究的热点,尤其是在网络技术和多媒体技术飞速发展的今天更是如此。一个图像压缩系统包括两个结构块:编码器和解码器,如图 6-1 所示。图像 $f(x,y)$ 输入到编码器中,这个编码器可以根据输入数据生成一组符号。在通过信道进行传输之后,将经过编码的表达符号送入解码器,经过重构后,就生成了输出图像 $g(x,y)$。一般来讲,$g(x,y)$ 可能是也可能不是原图像 $f(x,y)$ 的准确复制品。如果输出图像是输入的准确复制,系统就是无误差的或具有信息保持编码的系统;如果不是,则在重建图像中就会呈现某种程度的失真。

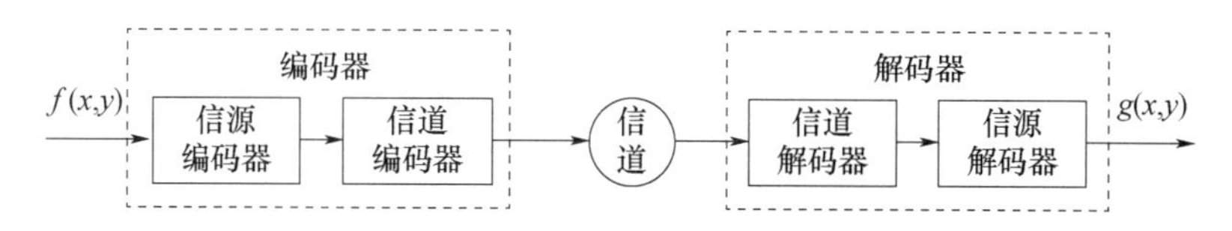

图 6-1　常用图像压缩的系统模型

编码模型中显示的编码器和解码器都包含两个彼此相关的函数或子块。编码器由一个消除输入冗余的信源编码器和一个用于增强信源编码器输出的噪声抗扰性的信道编码器构成。一个解码器包括一个信道解码器,它后面跟着一个信源解码器。如果编码器和解码器之间的信道是无噪声的,则信道编码器和信道解码器可以略去,而一般的编码器和解码器分别是信源编码器和信源解码器。

6.3.2　编码压缩方法分类

目前,图像编码压缩的方法很多,多媒体数据压缩方法根据不同的依据可产生不同的分类。

根据解压缩后重建图像和原始图像之间是否具有误差,可以将图像编码与压缩方法分为无损(无失真或无误差)编码和有损(有失真或有误差)编码两大类。

无损编码。这类压缩算法中删除的仅仅是图像数据中冗余的信息,因此在解压缩后能精确恢复原始图像。无损编码用于要求重建后图像严格地和原始图像保持相同的场合,例如用于复制、保存十分珍贵的历史、文物图像等。

有损编码。这类算法是一种以放弃部分信息量为代价换取缩短平均码长的编码压缩方法。由于放弃了一些图像细节或其他不太重要的内容,因此在解压缩时只能对原始图像进行近似的恢复,而不能准确的复原。它只适合大多数用于存储数字化了的模拟数据。

根据编码原理,图像压缩编码分为熵编码、预测编码、变换编码和混合编码等。

熵编码。熵编码是纯粹基于信号统计特性的编码技术,是一种无损编码。熵编码的基本原理是给出现概率较大的符号赋予一个短码字,而给出现概率较小的符号赋予一个长码字,从而使得最终的平均码长很小,常见的熵编码方法有霍夫曼编码、算术编码和行程编码。

预测编码。预测编码是基于图像数据的空间或时间冗余特性,用相邻的已知像素(或像素块)来预测当前像素(或像素块)的取值,然后再对预测误差进行量化和编码。预测编码可分为帧内预测和帧间预测,常用的预测编码有差分脉冲编码调制和运动补偿法。

变换编码。变换编码通常是将空间域上的图像经正交变换映射到另一变换域上,使变换后的系数之间的相关性降低。图像变换本身并不能压缩数据,但变换后图像的大部分能量只集中到少数几个变换系数上,再采用适当的量化和熵编码就可以有效地压缩图像。

混合编码。混合编码是指综合了熵编码、变换编码和预测编码的编码方法,如JPEG标准和MPEG标准。

根据图像的光谱特征,图像压缩编码分为单色图像编码、彩色图像编码和多光谱图像编码。

根据图像的灰度,图像压缩编码分为多灰度编码和二值图像编码。

以第一种分类为例。无损压缩可以精确地从压缩数据中恢复除原始数据。常见的无损压缩技术有:霍夫曼编码、算数编码、行程编码、字典编码。

有损压缩是以丢失部分信息为代价来换取高压缩比的,但是,如果丢失部分信息后造成的失真是可以容忍的,则压缩比增加是有效的。常见的有损压缩技术有:预测编码、变换编码、分形编码、基于模型编码、其他编码。

有损压缩技术主要应用于影像节目、可视电话会议和多媒体网络等由音频、彩色图像和视频组成的多媒体应用中。

下面根据编码技术的原理分别介绍几种主要的编码压缩方法。

6.4 统计编码

统计编码属于无损编码,它是根据消息出现概率的分布特性而进行的压缩编码。这种编码的宗旨是,在消息和码字之间找到明确的一一对应关系,以便在恢复时能准确无误地再现出来,并把这种失真或不对应概率预设在可容忍的范围内。常用的统计编码有香农—费诺编码、霍夫曼编码、算术编码、游程编码和字典编码等。

6.4.1 香农－费诺编码

香农－费诺编码操作步骤如下:

(1) 把信源 $x_1, x_2, \cdots, x_n$ 按概率由大到小或者从上到下排成一列,然后把 $x_1, x_2, \cdots, x_n$ 分成两组 $x_1, \cdots x_k, x_{k+1}, \cdots, x_n$,并使这两组符号概率之和相等或几乎相等,即:$\sum_{i=1}^{k} P(x_i) \approx \sum_{j=k+1}^{n} P(x_j)$

(2) 按照这种方法将所有信源两两分开。

(3) 把分开的信源分别按0,1赋值,例如将第一组赋值为零,则第二组赋值为1。

将每个 x 所赋的值依次排列起来就是香农—费诺编码。以前面的数据为例,如图6－2所示。

<table>
<tr><th>输入</th><th>概率</th><th></th><th></th><th></th><th></th><th></th></tr>
<tr><td>x_1</td><td>0.4</td><td>0</td><td></td><td></td><td></td><td>0</td></tr>
<tr><td>x_2</td><td>0.3</td><td rowspan="5">1</td><td>0</td><td></td><td></td><td>10</td></tr>
<tr><td>x_3</td><td>0.1</td><td rowspan="4">1</td><td rowspan="2">0</td><td>0</td><td>1100</td></tr>
<tr><td>x_4</td><td>0.1</td><td>1</td><td>1101</td></tr>
<tr><td>x_5</td><td>0.06</td><td rowspan="2">1</td><td>0</td><td>1110</td></tr>
<tr><td>x_6</td><td>0.04</td><td>1</td><td>1111</td></tr>
</table>

图 6 - 2　香农 - 费诺编码

香农 - 费诺编码的目的是在确保不同信号的编码表示唯一的前提下，采用可变长码，将符号出现的概率大的用短码表示，概率小的用长码表示，以达到压缩目的。

6.4.2　霍夫曼编码

1. 理论基础

一个事件信源集合 $x_1, x_2, \cdots, x_n$ 处于一个基本概率空间，其相应概率为 $p_1, p_2, \cdots, p_n$，且 $p_1 + p_2 + \cdots + p_n = 1$。每一个信息的信息量为：$I(x_k) = -\log_a(p_x)$

定义在概率空间中每一个事件的概率不相等时的平均信息量为信息熵，则信息熵 H 可采用如下公式计算：$H = E\{I(x_k)\} = \sum_{k=1}^{n} P_k I(x_k) \approx \sum_{k=1}^{n} -P_k \log a p_k$

式中，当 $a = 2$ 时，H 的单位为比特；当 $a = e$ 时，H 的单位为奈特。

对于图像来说，$n = 2^m$ 个灰度级为 x_i，则 $P(x_i)$ 为各灰度级出现的概率，熵即表示平均信息量为多少比特。也就是说，熵是编码所需比特数的下限，即编码所需的最少比特。编码时，一定要用不少于熵的比特数编码才能完全保持原图像的信息，这是图像数据压缩的下限。

2. 霍夫曼编码

霍夫曼编码（Huffman Coding）是常用的压缩方法之一，它是霍夫曼在研究文本文件的压缩时提出来的。它是一种无损压缩方法，通过设计合理的代码取代数据来实现。霍夫曼编码的基本思路是用变长的码字来使冗余量达到最小，出现频率越高的像素值，其对应的编码长度越短，反之出现频率低的像素值，对应的编码长度越长。这样就可以达到用尽可能少的代码表示信源数据的目的。从而达到用尽可能少的码符号表示源数据。它在变长编码方法中是最佳的。

设信源 A 的信源空间为

$$[A \cdot P] = \begin{pmatrix} A: & a_1 a_2 \cdots a_n \\ P(A): & P(a_1) P(a_2) \cdots P(a_n) \end{pmatrix}$$

其中 $\sum_{i=1}^{N} P(a_i) = 1$，现用 r 个码符号的码符号集体 $X:\{x_1, x_2, \cdots, x_r\}$ 对信源 A 中的每个符号 $a_i (i = 1, 2, \cdots, N)$ 进行编码。具体编码方法如下：

（1）信源符号 a_i 按其出现概率的大小顺序排列起来。

（2）将最末两个具有最小概率的元素概率相加。

（3）把该概率之和同其余概率重新排序，重复以上步骤直到最后两个概率相加为 1。

【例 6-1】设有编码输入 $X=\{x_1,x_2,x_3,x_4,x_5,x_6\}$。其频率分布为 $P(x_1)=0.4$，$P(x_2)=0.3$，$P(x_3)=0.1$，$P(x_4)=0.1$，$P(x_5)=0.06$，$P(x_6)=0.04$，现求其最佳霍夫曼编码 $W\{w_1,w_2,w_3,w_4,w_5,w_6\}$。

解：霍夫曼编码过程如图 6-3 所示，下肢赋值为 1，上肢赋值为 0。本例中对 0.6 赋予 0，对 0.4 赋予 1，0.4 传递到 x_1，所以 x_1 的编码便是 1。0.6 传递到前一级是两个 0.3 相加，大值是单独一个元素 x_2 的概率，小值是两个元素概率之和，每个概率都小于 0.3，所以 x_2 赋予 0，0.2 和 0.1 求和的 0.3 赋予 1。所以 x_2 的编码是 00，而剩余元素编码的前两个码应为 0 和 1。0.1 赋予 1，0.2 赋予 0。依此类推，最后得到元素的编码如表 6-1 所列。

表 6-1　信源出现的概率及其编码

元素 X_i	X_1	X_2	X_3	X_4	X_5	X_6
概率 $P(X_i)$	0.4	0.3	0.1	0.1	0.06	0.04
编码 W_i	1	00	011	0100	01010	01011

输入概率

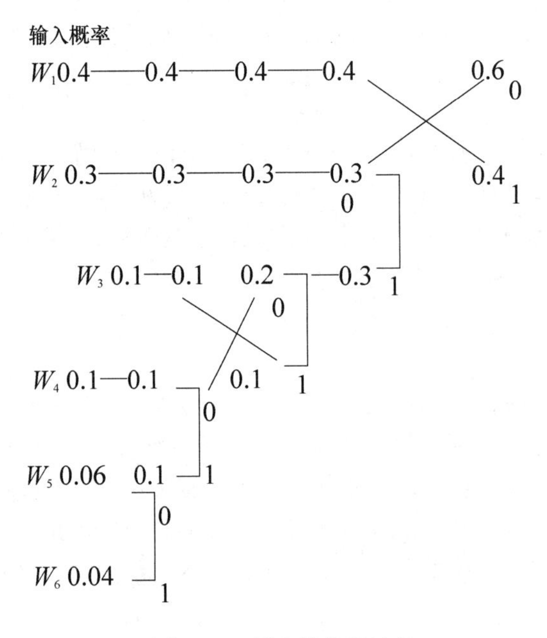

图 6-3　霍夫曼编码过程

经霍夫曼编码后，平均码长为

$$\sum_{i=1}^{6} P(w_i)n_i = 0.4*1+0.3*2+0.1*3+0.1*4+0.06*5+0.04*5=2.2\text{bit}$$

该信源的熵为 $H=2.14\text{bit}$，编码后计算的平均码长为 2.2bit，非常接近熵，可见霍夫曼编码是一种较好的编码。

理论研究表明，霍夫曼编码是一种接近于信源熵的编码方法。但是霍夫曼编码也存在不足，一是它必须精确地统计原始文件中每个值的出现概率，如果没有这个精确统计，压缩的效果会打折扣，甚至达不到预期的压缩效果。而在实际应用中，由于很难事先得知信源数据中各符号发生的概率,对那些要求实时编码的工作带来很大困难。二是它对位的增删比较敏感。由于霍夫曼编码的所有码字是合在一起的,没有分位,所以如果丢失一位或者增加噪声都会使解码结果面目全非。

6.4.3 算术编码

算术编码没有沿用数据编码技术中用一个特定的代码代替一个输入符号的一般做法,它把要压缩处理的整段数据映射到一段实数半开区间[0,1]内的某一区段,构造出小于 1 且大于或等于零的数值。这个数值是输入数据流的唯一可译代码。

下面通过一个例子说明算术编码的方法。

对一个 5 符号信源 $A=\{a_1,a_2,a_3,a_4\}$,各字符出现的概率和设定的取值范围如表 6－2 所列。

表 6－2　字符出现的概率和设定的取值范围

字符	概率	范围
a_3	0.2	[0,0.2]
a_1	0.2	[0.2,0.4]
a_2	0.4	[0.4,08]
a_4	0.2	[0.8,1.0]

范围给出了字符的赋值区间。这个区间是根据字符发生的概率划分的。具体把 a_1, a_2, a_3, a_4 分配在哪个区间范围,对编码本身没有影响,只要保证编码器和解码器对字符的概率区间有相同的定义即可。为讨论方便起见,假定有 low1 = low + range × rangelow, high1 = low + range × rangehigh。式中 low1 为新子区间的起始位置;low 为前一区间的起始位置;range 为前子区间的长度;rangelow 为前符号的区间左端值;high1 为新子区间的结束位置;rangehigh 为前子区间的结束位置。

按上述区间的定义,若数据流的第一个字符为 a_1,由字符概率取值区间的定义可知,代码的实际取值范围是[0.2,0.4],即输入数据流的第一个字符决定了字符最高有效位取值的范围,然后继续对源数据流中后续字符进行编码。每读入一个新的符号,输入数值范围就进一步缩小。读入第二个符号 a_2 取值范围在区间[0.4,0.8]内。但需要说明的是,由于第一个字符 a_1 已将取值区间限制在[0.2,0.4]的范围中,a_2 的实际取值是在前符号范围的[0.4,0.8]处。根据计算,字符 a_2 的编码取值范围是(0.28,0.36)。最终结果如表 6－3 所列。

表 6－3　输出结果

字符	概率	范围
a_1	0.2	[0.2,0.4]
a_2	0.08	[0.28,0.36]
a_3	0.016	[0.28,0.296]
a_2	0.0064	[0.2864,0.2928]
a_4	0.00128	[0.2915,0.2928]

由此可见,算术编码的基本原理是将编码的信息表示为实数 0 和 1 之间的一个间隔,消息越长,编码表示它的间隔就越小,表示这一间隔所需的二进制位就越多。

6.4.4 游程编码

游程编码,又叫作行程长度编码(Run-Length Coding,RLC),它是一种利用空间冗余度压缩图像的方法,相对比较简单,属于统计编码类。

游程编码的基本思想是,当二值图像按照从左到右的扫描顺序去记录每一行时,总会交替出现一定数量的连续白点和连续黑点,如图 6-4 所示。通常把具有相同灰度值的相邻像素组成的序列称为一个游程,游程中像素的个数称为游程长度,简称游长。游程编码就是将这些不同的游程长度构成的字符串用其数值和游长数值来表示。对图像进行编码时,首先对图像进行扫描,如果有连续的 L 个像素具有相同的灰度值 G,则对其作行程编码后,只需传送一个数组(G,L)就可代替传送这一串像素的灰度值。图中可写成白 4、黑 3、白 5、黑 2、白 3(其含义是 4 个白、3 个黑、5 个白、2 个黑、3 个白)。然后,再对游程进行变长编码,根据出现概率的不同分配不同长度的码字。很明显,游程长度越长,游程编码效率越高,因而特别适用于灰度等级少,灰度值变化小的二值图像。

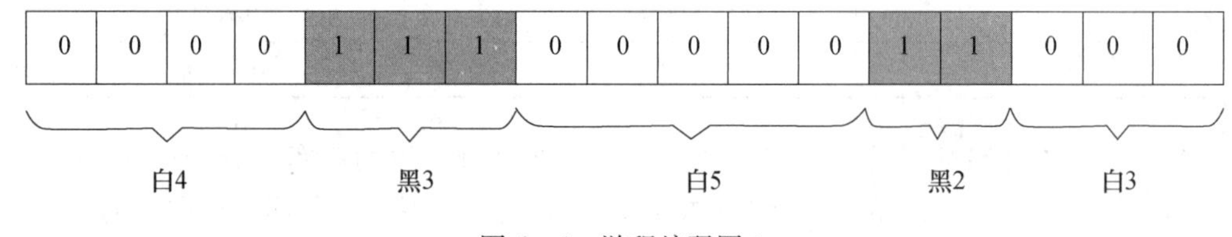

图 6-4 游程编码图 1

游程编码分为定长游程编码和变长游程编码两类。定长游程编码是指编码的游程所使用位数是固定的,即游程长度 RL 位数是固定的。如果灰度连续相同的个数超过了固定位数所能表示的最大值,则进入下一轮游程编码。变长游程编码是指对不同范围的游程使用不同位数的编码。

游程编码一般不直接应用于多灰度图像,比较适合于二值图像的编码。为达到较好的压缩效果。有时游程编码和其他一些编码方法混合使用。游程编码适合二值图像数据序列的原因在于,在二值序列中,只有 0 和 1 两种符号;这些符号的连续出现,形成了 0 游程:$L(0)$,1 游程:$L(1)$。0 游程和 1 游程总是交替出现的。倘若规定二值序列是从 0 开始的,第一个游程是 0 游程,第二个必是 1 游程,第三个是 0 游程……各游程长度$[L(0),L(1)]$是随机的,其取值为 $1,2,3,\cdots,\infty$。

定义游程和游程长度后,就可以把任何二元序列变换成游程长度的序列。这一变换是可逆的,一一对应的。

从二元序列转换到游程序列的方法比较简单。方法为:对二元序列的 0 和 1 分别计算,可得到 0 游程和 1 游程。若对游程长度进行霍夫曼编码,必须先测定 L(0)和 L(1)的分布概率,或从二元序列的概率特性计算各种游程长度的概率。

游程编码主要应用在 ITU(CCITT)为传真制定的文件传真三类机 G3 一维标准中,在该标准中游程的霍夫曼编码分为行程码和终止码两种,对不同长度的黑游程和白游程采用不同的编码方式,如图 6-5 所示。

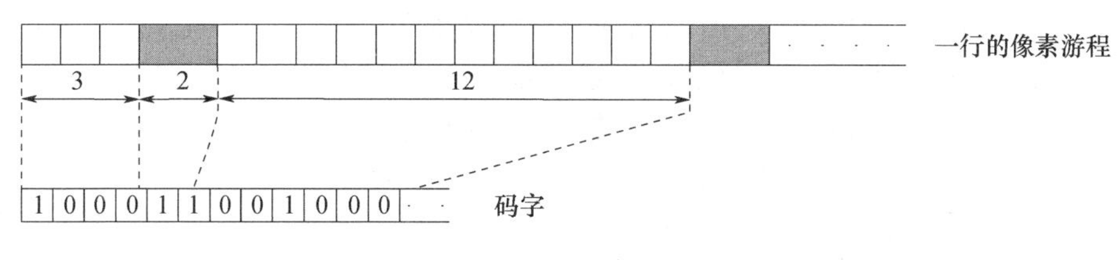

图 6－5　游程编码图 2

6.4.5　字典编码

字典编码的基本思想是用符号代替一串字符,这一串字符可以是有意义的,也可以是无意义的。

图像数据实际上是由字符串组成的,在对一幅图像数据进行编码之前首先设置一个编码码表,这个码表可以是已知的 256 个字符组成的码表,表的每一栏可看作由单个字符组成的字符串,并且给每一栏都编一个号码。

在编码图像数据过程中,每读一个字符,就与以前读入的字符串拼接起来成一个新的字符串,并且查看码表中是否已经有相同的字符串,如果有,就用码表中的字符串的号码代替这个字符;如果没有,就把这个新的字符放到码表中,并且给它编上一个新的号码。在数据存储或传输时,只存储或传输号码,而不存储或传输码表本身。在解码时,按照编码时的规则一边生成码表一边还原图像数据。

1. 编码算法

字典编码是围绕称为词典的转换表来完成的。这张转换表用来存放称为前缀的字符序列,并且为每个表项分配一个码字,或者称为序号。这张表实际上是把 8 位 ASCII 字符集进行扩充,增加的字符用来表示在文本或图像中出现的可变长度 ASCII 字符串。扩充后的代码可用 9 位、10 位、11 位、12 位甚至更多位来表示。

字典编码器就是通过管理这个词典完成输入与输出之间的转换。它输入的是字符流,字符流可以是 8 位 ASCII 字符组成的字符串,而输出是用 n 位表示的码字流,码字表示单个字符或多个字符组成的字符串。

字典编码器使用的是贪婪算法。在贪婪分析算法中,每一次分析都要串行地检查来自字符流的字符串,从中分解出已经识别的最长的字符串,也就是已经在词典中出现的最长的前缀 Prefix。用已知的前缀加上下一个输入字符 C 也就是当前字符作为该前缀的扩展字符,形成新的扩展字符串——缀－符串 String:Prefix. C。这个新的缀－符串是否要加到词典中,还要看词典是否存有和它相同的缀—符串。如果有,那么这个就变成前缀,继续输入新的字符,否则就把它写到词典中生成一个新的前缀,并赋予一个代码。

2. 译码算法

字典译码算法中还用到两个术语:

当前码字:cW 指当前正在处理的码字,用 string. cW 表示当前缀－符串。

先前码字:pW 指先于当前码字的码字,用 string. pW 表示先前缀－符串。

字典译码算法开始时,译码词典与编码词典相同,它包含所有可能的前缀根。算法在译码过程中会记住先前码字,从码字流中读当前码字之后输出当前缀—符串,然后把用 string. cW 第一个符号扩展的先前缀—符串添加到词典中。

【例6-2】编码字符如表6-4所列,编码过程如表6-5所列,译码过程如表6-6所列,其中,"步骤"表示编码步骤,"位置"表示在输入数据中的当前位置,"词典"表示添加到词典中的缀-符串,它的索引在括号中,"输出"表示码字输出。

表6-4 被编码的字符串

位置	1	2	3	4	5	6	7	8	9
字符	A	B	B	A	B	A	B	A	C

表6-5 编码的过程

步骤	位置	词典		输出
		(1)	A	
		(2)	B	
		(3)	C	
1	1	(4)	AB	(1)
2	2	(5)	BB	(2)
3	3	(6)	BA	(2)
4	4	(7)	ABA	(4)
5	6	(8)	ABAC	(7)
6	—	—	—	(3)

表6-6 译码的过程

步骤	代码	词典		输出
		(1)	A	
		(2)	B	
		(3)	C	
1	(1)	—	—	A
2	(2)	(4)	AB	B
3	(2)	(5)	BB	B
4	(4)	(6)	BA	AB
5	(7)	(7)	ABA	ABA
6	(3)	—	ABAC	C

6.5 预测编码

预测编码是图像压缩技术的一个重要分支,其基本思想是,在一般的二维图像中相邻像素间存在着相关性,利用这种相关性,每个像素的值可以根据其临近的前几个像素的值进行预测。将像素点的实际取值和预测值相减得到一个误差值,尽管预测误差的数据量与原始图像数据量相同,但其均方根较原始图像大大减小,也就是说对于每一个误差数据，只要用较少的码字即可以表示出来，对该误差值进行编码即得到预测编码结果。显然，在恢复图像时，需要有一个相应的预测器。如果模型足够好，样本序列的时间相关性较强，那么误差信号将远小于原始信号，可以用较少的值对其差值量化，得到较好的压缩效果。

6.5.1　无损预测编码

一幅二维静止图像，设空间坐标(i,j)像素点的实际灰度为$f(i,j)$，$f(\bar{i},\bar{j})$是根据已出现的像素点的灰度对该点的预测灰度计算预测值的像素，可以是同一扫描行的前几个像素，或者是前几行上的像素，甚至是前几帧的邻近像素。实际值和预测值之间的差别可以表示为：$e(i,j)=f(i,j)-f(\bar{i},\bar{j})$。此差值定义为预测误差。

由图像的统计特性可知，相邻像素之间有着较强的相关性；就是相邻像素之间灰度值比较接近。由此，像素的值可根据以前可知的几个像素来估计、猜测，即预测。预测编码是根据某一模型利用以往的样本值对新样本值进行预测，然后将样本的实际值与其预测值相减得到一个误差值。如果模型足够好且样本序列在时间上相关性较强，那么误差信号的幅度将远远小于原始信号，对差值信号不进行量化而直接编码就称为无损压缩编码。

预测误差计算公式为

$$e(i,j)=f(i,j)-f(\bar{i},\bar{j})=f(i,j)-[a_1 f(i,j-1)+a_2 f(i-1,j-1)+a_3 f(i-1,j)]$$

设$a=f(i,j-1)$，$b=f(i-1,j)$，$c=f(i-1,j-1)$，$f(i,j)$的预测方法如图 6-6 和图 6-7 所示。

	c	b	
	a	x	

图 6-6　系数表

选择方法	预测值$f(\bar{i},\bar{j})$
0	非预测
1	a
2	b
3	c
4	$a+b-c$
5	$a+(b-c)/2$
6	$b+(a-c)/2$
7	$(a+b)/2$

图 6-7　预测值

6.5.2　有损预测编码

在预测编码中，若直接对差值信号进行编码就称为无损预测编码，与之相反，如果不是直接对差值信号进行编码,而是对差值信号进行量化后再进行编码就称为有损预测编码。有损预测编码有很多,其中差分脉冲编码调制 DPCM(Differential Pulse Code Modulation),是一种有代表性的编码方法。

DPCM 系统的工作原理如图 6-8 所示。系统包括发送、接收、信道传输三部分。发送端由编码器、量化器、预测器和加减法器组成;接收器包括解码器和预测器;信道传输以虚线表示。图中输入信号 $f(i,j)$ 是坐标 (i,j) 处的像素的实际灰度值,$\hat{f}(i,j)$ 是由已出现先前相邻像素点的灰度值对该像素的预测灰度值,$e(i,j)$ 是预测误差。加入发送端不带量化器,直接对预测误差进行编码、传送,接收端可以无误差地恢复 $f(i,j)$。这是可逆的无失真的 DPCM 编码,是信息保持编码。但是,如果包含量化器,这时编码器对 $e'(i,j)$ 编码,量化器导致了不可逆的信息损失,这时接收端经解码恢复出的灰度信号不是真正的 $f(i,j)$,而是以 $f'(i,j)$ 表示这时的输出。可见引入量化器会引起一定程度的信息损失,使得图像质量受损。但是,为了压缩位数,利用人眼的视觉特性,对图像信息丢失不易察觉的特点,带有量化器有失真的 DPCM 编码系统还是普遍被采用。

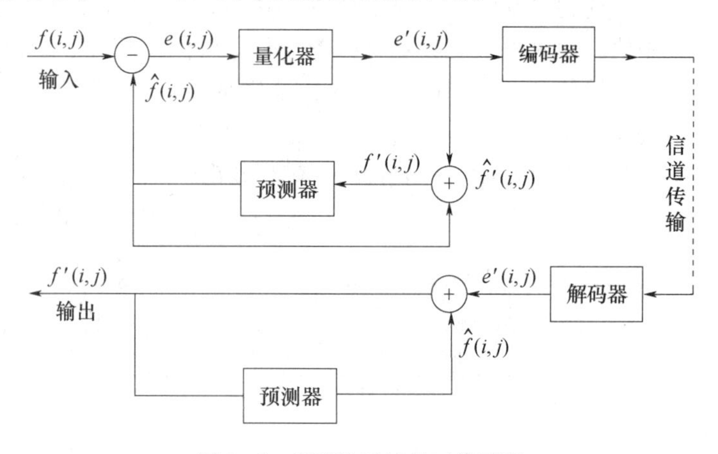

图 6-8　DPCM 系统的工作原理

6.6　变换编码

6.6.1　变换编码的原理

变换编码不是直接对空域图像信号编码,而是首先将空域图像信号映射变换到另一个正交矢量空间(变换域或频域),产生一批变换系数,然后对这些变换系数进行编码处理。在发送端将原始图像分割成 1 到 n 个子图像块,每个子图像块送入正交变换器作正交变换,变换器输出变换系数经滤波、量化、编码后送信道传输到达接收端,接收端作解码、逆变换、综合拼接,恢复出空域图像。

变换编码有两个最明显的特点:一是可以得到高的压缩比;二是比预测编码等其他方法的计算复杂度高。变换编码之所以能压缩信息的比特数,是因为在经过变换得到的系数矩阵中,数值较大的方差总是集中在少数系数中。多数图像的统计特性表明,大幅度的系数往往集中在低频率区内,这样可以给那些较小的系数分配较少的比特数,甚至可以不予传送,从而压缩了整个传送数据的比特数。因此,变换本身只是把分布的信息变得集中起来,为合理地少分配比特数给某些数据提供可能。

正交变换中常采用的有傅里叶变换、沃尔什变换、离散余弦变换和 K-L 变换等,其中 K-L 变换是一种最佳正交变换,但计算复杂,在编码中很少使用。离散余弦变换在数字图像数据压缩编码技术中可与最佳变换 K-L 变换媲美。因其性能和误差很接近,而离散余弦变换计算复杂度适中,又具有可分离特性,还有快速算法等特点,所以近年的多媒体技术中,采用该编码的方案很多。

6.6.2　离散余弦变换编码

余弦变换是傅里叶变换的一种特殊情况。在傅里叶级数展开式中,如果被展开的函数是实偶函数。那么,傅里叶级数中只包含余弦项,再将其离散化由此导出余弦变换,或称为离散余弦变换 DCT。

二维离散余弦正交换公式为

$$C(u,v) = E(u)E(v)\frac{2}{N}\sum_{x=0}^{N-1}\cos\left(\frac{2x+1}{2N}u\pi\right)\sum_{y=0}^{N-1}f(x,y)\cos\left(\frac{2y+1}{2N}v\pi\right)$$

其中,$x,y,u,v=0,1,\cdots,N-1$;$E(u),E(v)=1/\sqrt{2}$,当 $u=v=0$ 时,$E(u),E(v)=1$,当 $u=1,2,\cdots,N-1$;$v=1,2,\cdots,N-1$ 时,二维离散余弦偶余弦逆变换公式为

$$f(x,y) = \frac{2}{N}\sum_{u=0}^{N-1}\sum_{v=0}^{N-1}E(u)E(v)C(u,v)\cos\left(\frac{2x+1}{2N}u\pi\right)\cos\left(\frac{2y+1}{2N}v\pi\right)$$

其中,$x,y,u,v=0,1,2,\cdots,N-1$;$E(u),E(v)=1/\sqrt{2}$,当 $u=v=0$ 时,$E(u),E(v)=1$,当 $u=1,2,\cdots,N-1$;$v=1,2,\cdots,N-1$ 时,二维离散余弦变换具有可分离特性,所以,正交换和逆交换均可将二维变换分解为一维变换(行、列)进行计算。同傅里叶变换一样,DCT 变换也存在快速算法。在离散余弦变换为主要方法的变换编码中,一般不直接对整个图像进行变换,而是首先对图像分块,将 $M\times N$ 的一幅图像分成不重复的 $K\times K$ 块分别进行变换。分块大小通常选 8×8 和 16×16。采用 DCT 进行变换编码时,通常首先将原始图像分成子块,对每一子块经正交变换得到变换函数,并对变换系数经过量化和取舍,然后采用熵编码等方式进行编码后,再由信道传输到接收端。在接收端,经过解码、反量化、逆变换后,得到重建图像。

6.6.3　小波变换

小波变换的基本思想是将信号展开成一族基函数的加权和,即用一族函数来表示或逼近信号或函数。这一族函数是通过基本函数的平移和伸缩构成的。小波变换用于图像编码的基本思想就是把图像进行多分辨率分解,分解成不同空间、不同频率的子图像,然后再对子图像进行系数编码。小波变换本身并不具有压缩功能,之所以将它用于图像压缩,是因为生成的小波图像的能量主要集中于低频部分,水平、垂直和对角线上的高频部分则较少,可以将这一特性与一定的编码算法相结合,达到高效压缩图像的目的。小波变换作为一种多尺度、多分辨率的分析方法,由于小波具有很好的时—频或空—频局部特性,特别适合于按照人类视觉系统特性设计图像压缩编码方案,也非常有利于图像的分层传输。实验证明,图像的小波变换编码,在压缩比和编码质量方面优于传统的 DCT 变换

编码。目前建立在小波变换基础上的常用图像压缩方法有:阈值标量量化、矢量量化、零树框架、零块框架、尾数优化截断及上下文算术编码等。

基于小波变换的图像压缩方法能在高压缩比的前提下保持好的重建图像质量。其压缩算法分为三个步骤:小波变换、量化和编码。

具体步骤如下:

(1) 选择合适的小波基对原始图像进行小波变换。

(2) 对变换系数进行量化。量化方法分为矢量量化、标量量化和零树量化。矢量量化能得到较高的压缩比,但压缩时间较长并且重建图像质量较差;标量量化能保持较高的图像质量但压缩比较低;采用零树结构进行的量化则充分利用了小波变换优秀的时域—频域局部化特性,及各方向上分解系数间的相关性,能取得较好的压缩效果。

(3) 对量化后的系数进行编码。将量化后的系数转化为字符流,使其熵最小。其中,量化方法是研究的主要问题,对图像的变换系数采用不同的量化编码,就可以得到不同的压缩方法。

小波变换在静态和动态图像压缩领域得到广泛的应用,而且成为 MPEG-4 等国际标准的重要环节。利用小波变换技术实现对图像、视频、声音的压缩可以得到很好的压缩效果。

6.7 其他编码

6.7.1 矢量量化编码

由 Shalmon 信息论可知,当数据相关时,采用多维编码比一维编码具有更小的平均码长。在阶数不小于编码维数的前提下,高维编码比低维编码具有更高的压缩率。因此,在图像压缩编码中,相对于标量量化,矢量量化利用图像数据之间的相关性进行数据压缩,从而获得较高的压缩比。

矢量量化分为矢量空间区域划分和子区域量化编码两个步骤。设:$\boldsymbol{x} = (\boldsymbol{x}_1, \boldsymbol{x}_2, \cdots, \boldsymbol{x}_k)^{\mathrm{T}}$为 K 维矢量,其分量$\{\boldsymbol{x}_{\mathrm{i}} | 1 \leqslant \mathrm{i} \leqslant K\}$为幅值连续的随机变量。矢量量化可以看作由一个 K 维矢量空间 $\boldsymbol{R}^k$到 $\boldsymbol{Y}$ 的一个有限子集 $\boldsymbol{y}$ 的映射,即

$$\mathrm{Q}: \boldsymbol{R}^K \rightarrow \boldsymbol{Y}$$

其中:$\{\boldsymbol{Y} = \boldsymbol{y}_i | i = 1, \cdots, N\}$是一个重建矢量集,$N$ 是 $\boldsymbol{Y}$ 中的矢量个数;$\boldsymbol{Y}$ 为矢量量化器的码书,码书大小 N 也称为量化电平数,$\boldsymbol{y} = (\boldsymbol{y}_1, \boldsymbol{y}_2, \cdots, \boldsymbol{y}_k)^{\mathrm{T}}$为码矢量。

矢量量化器 Q 由码书 $\boldsymbol{Y}$ 和对输入矢量空间的集合 $\boldsymbol{R} = \{\boldsymbol{R}_1, \boldsymbol{R}_2, \cdots, \boldsymbol{R}_N\}$作定义,其中 $\boldsymbol{R}_i$是分割后的子区域,$i = 1, \cdots, N$,是映射成 $\boldsymbol{y}_i$的所有矢量的集合。这 N 个子区域满足:

$$\bigcup_{i=1}^{N} R_i = R^k, R_i \cap R_j = 0, \forall i \neq j$$

矢量量化编码器根据一定的失真度在码书中搜索与输入矢量间失真最小的码字。传输时仅传输该码字在码书中的位置索引信息。解码只要根据接收到的码字位置索引信息在码书中查找到该码字,将它作为输入矢量的重构矢量。

通过以上步骤即可完成压缩与解压缩功能。

6.7.2 子带编码

子带编码技术是一种高质量、高压缩比的图像编码方法。它的基本依据是:人眼对不同频域段的敏感程度不同,图像信号可以划分为不同的频域段。子带编码的基本思想是利用一滤波器组,经采样将输入信号分解为高频分量和低频分量,然后分别对高频和低频分量进行量化和编码。解码时,高频分量和低频分量经过插值和共轭滤波器而合成原信号。

子带编码的关键技术在于:一是采用分解与合成滤波器组处理边带;二是对各子带采用适当的编码技术进行编码。其优点是量化在各子带内单独进行,量化噪声被限制在各子带内,可以防止能量较小的频带内信号受其他频带内量化噪声的干扰。

6.8 视频编码

由于视频信号信息量大,传输网络带宽要求高。因此,必须进行视频压缩编码。视频压缩编码方法与采用的信源模型有关。

如果将视频信源看作样点存在时间和空间上相关的图像序列,对应的参数就是像素的亮度和色度的幅度值。对这类参数进行编码的技术称为第一代视频编码,也称为基于波形的编码。第一代编码方法主要有:预测编码、变换编码和基于块的混合编码方法等。

如果采用把信源看作由不同的物体组成的图像序列,其模型参数就是物体的形状、纹理、运动和颜色。对这类参数进行编码的技术称为第二代视频编码,也称为基于内容的编码。第二代视频编码方法主要采用分析合成编码、基于知识的编码、模式编码、视觉编码和语义编码等。

下面以预测编码为例,介绍视频编码的基本思想。

6.8.1 帧内预测编码

在视频预测编码中,主要分为帧间编码和帧内编码。所谓帧内预测编码,就是在一个视频帧,即一幅图像内进行的预测。帧内预测编码的优点主要是算法简单,易于实现,但压缩比比较低,因此在视频图像压缩中几乎不单独使用。

6.8.2 帧间预测编码

在图像传输技术中,活动图像特别是电视图像是关注的主要对象。活动图像是由时间上以帧周期为间隔的连续图像帧组成的时间图像序列,它在时间上比在空间上具有更大的相关性。大多数电视图像相邻帧间细节变化是很小的,即视频帧间具有很强的相关性,帧间预测编码就是利用视频图像帧间的相关性,即时间相关性来获得比帧内编码高得多的压缩比。

6.9 数据压缩编码标准

在色彩缤纷、变幻无穷的多媒体世界里,用户如何选择产品?用户能自由地组合、装配来自不同厂家的产品部件,构成自己满意的系统?这就提出了一个不同厂家产品的兼容性问题,因此需要一个全球性统一的国际技术标准。

国际标准化组织(International Organization for Standardization,ISO),国际电子学委员会(International Electrotechnical Commission,IEC),国际电信协会(International Telecommunication Union,ITU)等国际组织,于20世纪90年代制定了重要的多媒体国际标准。

6.9.1 静态图像压缩编码标准

对于静态图像压缩,已有多个国际标准,如ISO制定的JPEG标准、JBIG标准、ITU-T的G3、G4等。特别是JPEG标准,适用黑白及彩色照片、彩色传真和印刷图片,可以支持很高的图像分辨率和量化精度。

1. JPEG标准

由国际标准化组织与国际电报电话咨询委员会(CCITT)联合发起的联合图像专家组,在20世纪90年代初制定了静止图像的编码标准——JPEG(Joint Photographic Expert Group)。JPEG标准采纳了一种8点DcT结构,在硬件条件较低的环境下能够得到较高的压缩比和保真度。

JPEG标准是一个用于灰度或彩色图像的压缩标准,包括无损模式和多种类型的有损模式,非常适用哪些不太复杂或一般取自真实景象的图像的压缩。它使用离散余弦变换、量化、行程和霍夫曼编码等技术,是一种混合编码标准。它的性能依赖于图像的复杂性,对一般图像将以20:1或25:1的比率来压缩,无损模式的压缩比常采用2:1。对于非真实图像,应用JPEG效果并不理想。如果硬件处理的速度足够快,则数字动态视频可由JPEG图像标准实现。但是它不能充分利用帧间冗余,不能挖掘最大的压缩潜力。

2. JPEG2000标准

1999年,国际标准化组织出台了国际化标准JPEG2000,其内容主要包括:JPEG2000图像编码系统、应用扩展、运动JPEG2000、兼容性、参考软件、复合图像文件格式。它将小波理论内容加入其中,使得在低比特率时重构图像的主观保真度能够比以往的标准有较大的提高。而且在高比特率时,重构效果能够得到保证。JPEG2000的算法从原来JPEG采用的以离散余弦变换算法为主的区块编码,改用以离散小波变换算法为主的多解析编码方式。JPEG2000的特点:高压缩率、无损压缩、渐进传输、感兴趣区域压缩、图像处理简单等。

总体来说,在压缩比和编码质量方面优于以DCT为基础的JPEG标准。

6.9.2 音频编码标准

音频信号是多媒体信息的重要组成部分。音频信号可分为电话质量的语言、调幅广播质量的音频信号和高保真立体声信号(如调频广播信号、激光唱片音频信号等)数字音频压缩技术标准分为电话语音压缩、调幅广播语音压缩和调频广播及CD音质的宽带音频压缩3种。

在语音编码技术领域,各个厂家都在大力开发与推广自己的编码技术,使得在语音编码领域编码技术产品种类繁多,兼容性差,各厂家的技术也难于尽快得到推广。所以,需要综合现有的编码技术,制定出全球统一的语言编码标准。自20世纪70年代起,ccett下第十五研究组和国际标准化组织已先后推出了一系列的语音编码技术标准。其中,ccitt推出了 g 系列标准,而 150 则推出了 h 系列标准。

(1) 电话(200Hz ~ 3.4kHz)语音压缩标准,主要有 ITU 的 9.722(64kb/s)、9721(32kb/s)、9.728(16kb/s)和 9.729(skb/s)等建议,用于数字电话通信。

(2) 调幅广播(50Hz ~ 7kHz)语音压缩标准,主要采用 ITU 的 9.722(64kb/s)建议,用于优质语音、音乐、音频会议和视频会议等。

(3) 调频广播(20Hz ~ 15kHz)及 CD 音质(20Hz ~ 20kHz)的宽带音频压缩标准,主要采用 mpeg-1 或 mpeg-2 双杜比 ac-3 等建议,用于 CD、MD、MPC、VCD、DVD、HDTV 和电影配音等。

6.9.3　视频编码标准

ITU-T 和 ISO/IEC JTC1 是目前国际上制定视频编码标准的正式组织,ITU-T 的标准称为建议,并命名为 H.26x 系列,比如 H.261、H.263 等。ISO/IEC 的标准称为 MPEG-x,比如 MPEG-1、MPEG-2、MPEG-4 等。H.26x 系列标准主要用于实时视频通信,比如视频会议、可视电话等;MPEG 系列标准主要用于视频存储(DVD)、视频广播和视频流媒体(如基于 Internet、DSL 的视频,无线视频等等)。图 6-9 说明了这两族标准的发展历程。

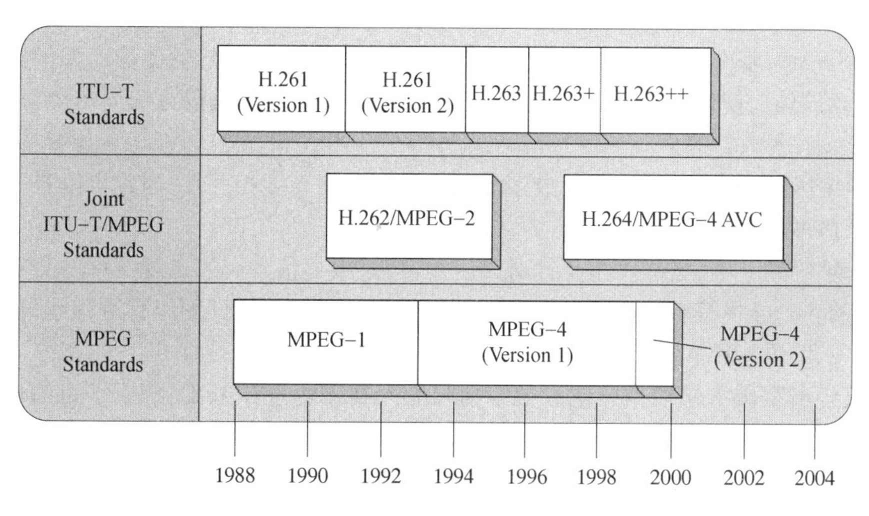

图 6-9　视频编码标准的发展过程

国际电报电话咨询委员会(CCITT)于 1984 年成立了一个专家组,专门研究电视电话的编码问题,并于 1990 年完成和批准了 CCITT 推荐书 H.261。在 H.261 的基础上,1996 年 ITU-T 完成了 H.263 编码标准。在编码算法复杂度增加较少的基础上,H.263 能提供更好的图像质量、更低的速率。目前,H.263 编码是 IP 视频通信采用最多的一种编码方法。1998 年 ITU-T 推出的 H.263+是 H.263 建议的第二版,它提供了 12 个新的可协商模式和其他特征,进一步提高了压缩编码性能。ITU 还制定一系列音频编码标准,如 G.711、G.722、G.723、G.727、G.728、G.729 等。

运动图像专家组(Moving Picture Expert Group,MPEG)是 ISO/IEC JTC1 1988 年成立的,负责数字视频、音频和其他媒体的压缩、解压缩、处理和表示等国际技术标准的制定工作。从1988年开始,MPEG专家组每年召开四次左右的国际会议,主要内容是制定、修订、发展MPEG系列多媒体标准。已推出的标准包括MPEG-1、MPEG-2、MPEG-4、MPEG-7、MPEG-21。目前,MPEG系列标准已经成为影响最大的多媒体技术标准,对数字电视、视听消费电子产品、多媒体通信等信息产业的重要产品产生了深远影响。除了联合开发H.262/MPEG-2标准外,大多数情况下,这两个组织独立制定相关标准。自1997年,ITU-T VCEG与ISO/IEC MPEG再次合作,成立了JVT(Joint VideoTeam),致力于开发新一代的视频编码标准H.264。1998年1月,开始草案征集;1999年9月,完成了第一个草案;2001年5月,制定了其测试模式TML-8;2002年6月,JVT第5次会议通过了H.264的FCD版;2002年12月,ITU-T在日本的会议上正式通过了H.264标准,并于2003年5月正式公布了该标准。国际电信联盟将该系统命名为H.264/AVC,国际标准化组织和国际电工委员会将其称为14496-10/MPEG-4 AVC。

1. 经典的视频编码技术

1948年,Oliver提出了第一个编码理论——脉冲编码调制(Pulse Coding Modulation,PCM);同年,Shannon的经典论文——“通信的数学原理”首次提出并建立了信息率失真函数概念;1959年,Shannon进一步确立了码率失真理论,以上工作奠定了信息编码的理论基础。主要编码方法有预测编码、变换编码和统计编码,也称为三大经典编码方法。

预测编码的基本思想是:根据数据的统计特性得到预测值,然后传输图像像素与其预测值的差值信号,使传输的码率降低,达到压缩的目的。预测编码方法简单经济,编码效率较高。

变换编码的基本思想是:由于数字图像像素间存在高度相关性,因此可以进行某种变换来消除这种相关性。

统计编码的基本思想是:主要针对无记忆信源,根据信息码字出现概率的分布特征而进行压缩编码,寻找概率与码字长度间的最优匹配。常用的统计编码有游程编码、霍夫曼编码和算术编码三种。

三大经典编码方法以信息论和数字信号处理技术为理论基础,构成了目前最为通用的编码标准的基础。

近年来不局限于信息论的框架,充分利用人的视觉生理、心理和图像信源的各种特征的“第二代”编码技术正在被广泛的研究,包括基于分形的编码、基于模型的编码、基于区域分割的编码和基于神经网络的编码等。

“第二代”编码方法充分利用了计算机图形学、计算机视觉、人工智能与模式识别等相关学科的研究成果,为视频(图像)压缩编码开拓出了广阔的前景。

但是由于“第二代”编码方法增加了分析的难度,所以大大增加了实现的复杂性。从当前发展情况来看,“第二代”编码方法仍处于深入研究的阶段。例如,分形法由于图像分割、迭代函数系统代码的获得是非常困难的,因而实现起来时间长,算法非常复杂。模型法则仅限于人头肩像等基本的视频(图像)上,进一步的发展有赖于新的数学方法和其他相关学科的发展。神经网络的工作机理至今仍不清楚,硬件研制不成功,所以在视频(图像)编码中的应用研究进展缓慢,目前多与其他方法结合使用。

正因为如此,目前主流的编码技术还都基本未采用“第二代”编码方法。

2. MPEG

视频压缩的一个重要标准是 MPEG,已经推出有 MPEG-1、MPEG-2、MPEG-4、MPEG-7、MPEG-21 等系列标准。另一个重要的标准是 H 系列,包括 H. 261、H. 263 等标准。

MPEG 是活动图像专家组的缩写,MPEG 组织最初得到的授权是制定用于“活动图像”编码的各种标准,随后扩充为“活动图像及其伴随的音频及其组合”。后来针对不同的应用需要,解除限制,成为现在的标准的组织。

MPEG-1 标准于 1993 年 8 月公布,用于传输 1. 5Mb/s 数据传输率的数字存储媒体运动图像及其伴音的编码。该标准包括 5 个部分:第一部分说明了如何根据第二部分——视频和第三部分——音频的规定,对音频和视频进行复合编码;第四部分说明了检验解码器或编码器的输出比特流复合前三部分规定的过程;第五部分是一个用完整的 C 语言实现的编码和解码器。

MPEG-2 标准是针对标准数字电视和高清电视在各种应用下的压缩方案和系统层的详细规定。MPEG-2 不是 MPEG-1 的简单升级,它在系统和传送方面作了更加详细的规定和进一步的完善,特别适用于广播级的数字电视的编码和传送,被认定为 SDTV 和 HDTV 的编码标准。

MPEG-4 与 MPEG-1 和 MPEG-2 有很大的不同。MPEG-4 不只是一种具体的压缩算法,它还是针对数字电视、交互式绘图应用(影音合成内容)、交互式多媒体(WWW、资料收集与分散)等整合及压缩技术的需求而制定的国际标准。MPEG-4 标准将众多多媒体应用集成于一个完整的框架内,旨在为多媒体通信及应用环境提供标准的算法及工具,从而建立起一种能被多媒体传输、存储、检索等应用领域普遍采用的统一数据格式。

MPEG-7 标准被描述为“多媒体内容描述接口”,它为各类多媒体信息提供一种标准化的描述,这种描述将与内容本身有关,允许快速和有效地查询用户感兴趣的资料。它将扩展现有内容识别专用解决方案的有限的能力,特别是它还包括了更多的数据类型。也就是说,MPEG-7 规定了用于描述各种不同类型多媒体信息的描述符的标准集合。MPEG-7 标准可以支持非常广的应用,如广播媒体的选择(广播、电视节目)、音视数据库的存储和检索、Internet 上的个性化新闻服务、智能多媒体、多媒体剪辑、数字多媒体图书馆和家庭娱乐等。

制定 MPEG-21 标准的目的如下:

(1) 将不同的协议、标准、技术等有机地融合在一起。

(2) 制定新的标准。

(3) 将这些不同标准集成在一起。

MPEG-21 标准其实就是一些关键技术的集成,通过这种集成环境对全球数字媒体资源进行透明和增强管理,实现内容描述、创建、发布、使用、识别、收费管理、产权保护、用户隐私权保护、终端和网络资源抽取和事件报告等功能。

至今某些多媒体应用系统仍然采用 MPEG-2 编码标准,这是因为这种标准的画面质量好,压缩比高。然而 MPEG-2 标准在应用中也暴露出其不足方面:基于宏块和帧的编码方式限制了对内容的交互操作、压缩效率仍不理想、窄带网上的传输质量受到限制和对媒体的兼容能力有待提高等。MPEG-4 标准以其基于对象编码的技术特点和它可实现的功能,在网络多媒体应用中有很大的潜力。将 MPEG-4 用于网络多媒体应用系统,一方面可以发挥它在多媒体应用方面的优势,另一方面也可以提高应用系统的服务质量,拓宽系统的业务范围。可见,MPEG-4 必将逐渐取代 MPEG-2 成为网络多媒体业务的核心编码标准。

MPEG-4 的应用前景是广泛而深远的。它的出现将对以下各方面产生较大的推动作用:数字电视、动态图像、万维网 WWW、实时多媒体监控、低比特率下的移动多媒体通信、内容存储和检索多媒系统、Internet/Intranet 上的视频流与可视游戏、基于面部表情模拟的虚拟会议、DVD 上的交互多媒体应用、基于计算机网络的可视化合作实验室场景应用和演播电视等。

练　习

一、选择题

1. 图像序列中的两幅相邻图像,后一幅图像与前一幅图像之间有较大的相关,这是(　　)。

   A. 空间冗余　　B. 时间冗余　　C. 信息熵冗余　　D. 视觉冗余

2. 国际标准 MPEG-II 采用了分层的编码体系,提供了四种技术,它们是(　　):

   (1)空间可扩展性;信噪比可扩充性;框架技术;等级技术。

   (2)时间可扩充性;空间可扩展性;硬件扩展技术;软件扩展技术。

   (3)数据分块技术;空间可扩展性;信噪比可扩充性;框架技术。

   (4)空间可扩展性;时间可扩充性;信噪比可扩充性;数据分块技术。

   A. (1)　　B. (2)　　C. (3)　　D. (4)

二、思考题

1. 信源符号及其概率如下:

a	a_1	a_2	a_3	a_4	a_5
$p(a)$	0.5	0.25	0.125	0.0625	0.0625

求其霍夫曼编码,信息熵和平均码长。

2. 数据压缩方法可分为几大类?各类别都有哪些主要特点?
3. JPEG 标准的基本系统中压缩过程有哪几步?每步是如何工作的?
4. MPEG 标准系列都有哪些标准?各自的特点是什么?

第7章　多媒体视频处理技术

人眼具有视觉暂留的生理现象,即人观察的物体消失后,物体映像在人眼的视网膜上能保留0.1~0.2s的短暂时间。利用这一现象,将一系列画面中物体连续移动或形状改变很小的图像,以足够短的时间,通常为24或30帧每秒的速度连续播放,人就会感觉画面变成了有现实感活动的场景,这就是我们通常所说的视频或动画。帧的英文名称是Frame,一帧就是一个静止画面,或者说是视频时间轴上的小方格,对于电影来说一帧就是一格胶片,帧是统计图像的数量单位。

视频一词译自英文Video。电影、电视、DVD、VCD等信息都属于视频的范畴。视频信息真实、直观、生动、具体地反映了现实的世界,视频就其本质而言是图像内容随时间变化而自然流畅地连续改变,所以视频又被称为运动图像或活动图像。从数学角度描述,如果图像由空间位置$I(x,y,z)$决定,那么视频则可以表示为$V(x,y,z,t)$,其中(x,y,z)是空间位置变量,t是时间变量。视频技术就是把现实中的动态信息转化为计算机或其他设备能捕捉、模拟或表达的技术,包括视频信号数字化、视频业务或视讯业务制作、流媒体、视频的压缩和解压缩技术、视频点播技术VOD(Video on Demand)等,常见视频信号处理包括三个方面:视觉表现、传输与数字化。对于多媒体中的视频技术而言,原始声音信号与动态图像的有机结合使视频信息更加真实。本章主要从人的感知特性入手介绍视频信号、电视制式、模拟视频技术与视频数字化技术。

7.1　视频基础知识

由于人眼的视觉暂留效应,若每秒播放24帧、25帧或30帧连续动作的图像,人眼就能获得平滑和连续的自然动态画面的感觉,类似于现实动态效果,电影和电视的拍摄和播放就是根据这一现象来实现的。

作为一个完整的视频信息,需要视频信号和音频信号同步,将音频和视频有机地结合起来形成一个整体。录像带就是将磁带分为两个区域,一个区域用来记录视频信息,另一个区域用来记录音频信息,在播放时,将视频信号和音频信号同时播放。

各种视频设备产生不同格式的视频信号,而目前视频设备众多,应用方式和领域也不同,这就造成了视频信号的多样化。从视频信号的组成和存储方式来判断或者根据视频信号在时间上离散与否来区分,视频信号被分为模拟信号和数字信号。

7.1.1　模拟视频信号

模拟视频简单地说就是由时间上连续的模拟信号组成的视频图像,我们看到的电影、电视、录像带上的画面通常都是以模拟视频的方式播放的。

常用的模拟视频信号通常可以分为以下四类：

1. 高频或射频信号

射频信号(Radio Frequency,RF)RF 信号是视频信号(CVBS)和音频信号(Audio)混合编码生成的一种高频调制信号,是拥有一定发射频率的电波,射频信号就是高频信号,电磁波频率低于 100khz 时,电磁波会被地表吸收,不能形成有效的传输,但电磁波频率高于 100kHz 时,电磁波可以在空气中传播,并经大气层外缘的电离层反射,形成远距离传输能力,我们把具有远距离传输能力的高频电磁波称为射频。应用在视频中的射频信号是指包括图像和伴音在内的,对某一电视发射频道的载波进行调制得到的已被调制的高频信号。为了能够在空中传播电视信号,必须把视频全电视信号调制成高频或射频信号,每个信号占用一个频道,这样才能在空中同时传播多路电视节目而不会导致节目信号混乱。

电视机上的 TV 接口又称为 RF 射频输入接口,这是最早在电视机上出现的接口,用于接收从天线接收到的视频信号,目前在有线电视领域也是一个常用的接口。它的成像原理是将视频信号(CVBS)和音频信号(Audio)混合编码后输出,然后在显示设备内部进行一系列分离/解码,最后输出成像。由于音视频信号之间相互干扰较大,它的清晰度是视频信号中最低的,但采用 75Ω 阻抗的线材减少了阻抗不匹配和信号反射对于图像的影响,适合于长距离传输。电视机在接收到某一频道的高频信号后,要把全电视信号从高频信号中解调出来,才能在屏幕上重现视频图像。射频信号接头称为 RF 接头,用同轴电缆传输。RF 连接线与 RF 接口如图 7-1 和图 7-2 所示。

图 7-1 RF 连接线

图 7-2 带有 RF 接口的电视盒

2. 复合视频信号

复合视频信号(Composite Video Signal)被定义为包括亮度和色度的单路模拟信号,也就是从全电视信号中分离出伴音后的视频信号。复合视频信号也称为基带视频信号或 RCA 视频信号,复合视频信号包含色度(色彩和饱和度)和亮度信息,并与声画同步信息、消隐信号脉冲一起组成单信号。在快速扫描 NTSC 电视中,高频(VHF)和超高频(UHF)载波通过复合视频信号进行振幅调制。这会产生一个 6MHz 带宽的信号。在复合视频信号中,色度和亮度之间的信号干扰是不可避免的,信号越弱干扰越严重。较常用的复合视频信号接口(CVBS)和连接线如图 7-3 和图 7-4 所示。复合视频接头称为 RCA 接口(俗称莲花接口),传输介质为同轴电缆三根 RCA 线,黄色接头传送视频信号,白色接头传输左声道音频信号,红色接头传输右声道音频信号。

图7-3　带有RCA接头的电视盒

图7-4　RCA连接线

复合视频格式是折中解决长距离传输的方式，色度和亮度共享4.2MHz(NTSC)或5.0~5.5MHz(PAL)的频率带宽，互相之间有比较大的串扰，所以还是要考虑频率响应和定时问题，应当避免使用多级编解码器。

3. S-Video信号(又称为超级视频或分量视频Y/C Video)

S-video是Super-Video(超级视频信号)或Separate-Video(分离视频信号)的简称。S-Video接口分别用两条75Ω的同轴电缆传输模拟视频信号，一条电缆传送亮度信号，另一条电缆传送色度信号。S-Video视频信号将亮度信号和色度信号分开传输以获得更清晰的图像。现在的电视机基本上都支持S-Video接口，亮度信号(Y)携带定义黑白部分的亮度信息，色度信号(C)携带定义色度和饱和度的色彩信息。并可以分别记录在模拟磁带的两路磁迹上。避免了混合视频信号输出时亮度和色度的相互干扰。传统的视频传输方式将这两者(以及声音等同步信息)当作一个信号传递。

S-Video信号接头是S端子，S端子支持设备最大显示分辨率为1024 * 768，常见的S-Video接口有三种：4针、7针和9针。目前，电视机、影碟机、投影机等设备配接的都是4针插头，而实际上是一种五芯接口，由两路亮度信号(亮度信号和亮度信号接地)、两路色度信号(色度信号和色度信号接地)和一路公共屏蔽地线共五条芯线组成,使用时要注意插入的方向和位置,以免弄弯针头。早先的 AV 接口(又称复合接口、莲花口)原文为 Composite Video Connector,是家用影音电器用来传送视频音频信号的,是 NTSC、PAL、SECAM 等复合端口的常见接口。S-Video 信号接口同 AV 接口相比,由于它没有把 Y/C 信号混合传输,所以播放时无需再进行亮色分离和解码工作,使用各自独立的传输通道在很大程度上避免了因视频设备内信号串扰而造成的图像失真,极大地提高了图像的清晰度。但 S-Video 仍是将两路色差信号(Cr 和 Cb)混合为一路色度信号 C 进行传输的,再在显示设备内解码为 Cr 和 Cb 进行处理,这样在广播级视频设备下进行测试时仍能发现由于信号损失而产生图像失真,而且由于 Cr 和 Cb 混合导致色度信号的带宽受到了限制。图 7－5 所示为显卡 S-Video 端口,视频信号的传输主要取决于传输线的质量,S-Video 信号传输介质是单根多芯结构的传输视频信号,音频信号需要另加线缆传输。长度一般在 3m 之内,最长不能超过 5m,否则有可能出现显示画面黑白或者是无信号输出的状况。

图 7－5　S-Video 端口

图 7－5 所示为四针接口中,两针接地,另外两针分别传输亮度和色度信号。表 7－1 所列为四针引脚说明。

表 7－1　引脚说明

针脚	名称	定义说明
1	GND	Y 亮度地线
2	GND	C 色度地线
3	Y	亮度信号
4	C	色信号

4. 分量视频信号

YCbCr\YPbPr 指分量信号(Component),也称色差信号,实质上是将 S-Video 的色度信号再分解为色差 Cr、Cb,这样就避免了两路色差混合编码和分离的过程。较高级的广播级录像机采用分量视频信号(Component Video)的记录方式,分量视频指的是亮度 Y,色差 U 和 V 三路模拟信号分别通过三路导线传送并记录在模拟磁带的三路磁迹上。分量视频由于具有很宽的频带,可以提供最高质量及最精确的色彩重放。摄像机的光学系统将景像的光束分解为三种基本的彩色:红色、绿色和蓝色。感光器材再把三种单色图像转换成分离的电信号。为了识别图像的左侧和顶部,电信号中附加有同步信息。显示终端与摄像机的同步信息可以附加在绿色通道上,有时也可附加在所有的三个通道上,甚至另作为一个或两个独立的通道进行传输。

为了避免混淆信号线,在三条线的接头处分别用绿、蓝、红色进行区别,这三条线如果相互之间插错了,可能会显示不出画面或显示出奇怪的色彩,其所还原的信号质量比 Video 和 S-Video 好。色差分为逐行和隔行显示,YCbCr 表示的是隔行,YPbPr 则表示逐行,如果电视只有 YCbCr 分量端子的话,则说明电视不支持逐行分量,用 YPbPr 分量端子的话则支持逐行和隔行两种分量。目前档次较高的电视一般拥有 2 组或 3 组分量接口,而稍差一些的电视可能只有一组隔行,色差分量信号在 DVD、PS2、XBOX、NGC 等视频设备上都可以使用。

分量视频接口也称为色差输出/输入接口,又称为 3RCA 接口。分量视频接口/色差端子是在 S 端子的基础上,把色度(C)信号里的蓝色差(b)、红色差(r)分开发送,其分辨率可达到 600 线以上,可以输入多种等级信号,从最基本的 480i 到倍频扫描的 480P,甚至到 720P、1080i 等。如显卡上 YPbPr 接口采用 9 针 S 端子(mini-DIN)然后通过色差输出线将其独立传输。传输介质:绿色线缆(Y),传输亮度信号。蓝色和红色线缆(u 和 v)传输的是颜色差别信号。另外一个白色接头和黄色接头分别传送左右声道音频。图 7 -6 所示为 3RCA 接头。

图 7 -6　3RCA 接头

由于分量视频信号各个通道间的增益不等或直流偏置的误差,会使终端显示的彩色产生细微的变化。同时,可能由于多条传输电缆的长度误差或者采用了不同的传输路径,这将会使彩色信号产生定时偏离,导致图像边缘模糊不清,严重时甚至出现多个分离的图像。

以上讲的四种视频信号分类方式都是指模拟视频信号的分类方式。数字视频信号的分类方式与模拟信号大同小异,只不过是把各个种类的模拟信号通过采样、量化、编码的模/数(A/D)转换,变成数字信号分别传输罢了,但是数字信号传输过程中信号损耗小,画面质量高,所以将来我们远教设备的信号传输方式,必将迎来数字时代。

随着综合技术的不断提高和社会的发展,人们对视频显示质量的要求越来越高。当今显示技术的发展方向是视频流畅、大屏幕、高清晰、平面或短管显示,视频信号从早期的 RF 信号开始,经历了 AV、S-Video、YCbCr\YPbPr、VGA、DVI、HDMI 等各种信号类型。视频清晰度不断提高。

5. AV 信号

AV 信号是没有经过调制的信号,AV 的英文全称是 Audio Video,意为声音和视频,也就是说 AV 信号可以同时传输音频信号和视频信号,AV 信号是对 RF 信号的改进,一般 AV 接口由黄、白、红 3 路 RCA 接头组成,黄色接头传输视频信号,白色接头传输左声道音频信号,红色接头传输右声道音频信号。AV 复合视频接口实现了音频和视频的分离传输,这就避免了因为音/视频混合干扰而导致的图像质量下降,但由于 AV 接口的传输仍然是一种亮度/色度(Y/C)混合的视频信号,仍然需要显示设备对其进行亮/色分离和色度解码才能成像,这种先混合再分离的过程必然会造成色彩信号的损失,色度信号和亮度信号也会产生相互干扰从而影响最终输出的图像质量。目前,AV 接口广泛用于电视与 DVD 连接,也是每台电视必备的接口之一。

6. RGBHV 信号

RGBHV 信号将视频信号分解为"R、G、B、H、V"五种信号,利用三基色原理对图像进行编码,即红、绿、蓝三种视频信号外加行(黑色)、场(黄色)同步信号,分别使用五根 BNC 线进行传输。除此之外,RGsB、RsGsBs、RGBs 均是常见传输模式。

RGsB:同步信号附加在绿色通道,使用三根同轴电缆进行传输;

RsGsBs:同步信号附加在红、绿、蓝三个通道,使用三根同轴电缆进行传输;

RGBs:同步信号作为一个独立通道,使用四根同轴电缆进行传输;

RGBHV:同步信号作为行、场两个独立通道,使用五根同轴电缆进行传输;

7. VGA 信号

VGA 信号的组成分为五种:R、G、B、H、V,分别是红、绿、蓝三原色和行、场同步信号。VGA 传输距离非常短,在实际工程中为了传输更远的距离,人们把 VGA 线拆开,将 RGB-HV 五种信号分离出来,分别用五根同轴电缆传输,这种传输方式叫作 RGB 传输,习惯上这种信号也叫作 RGB 信号,在本质上 RGB 和 VGA 没有太大区别。

VGA(Video Graphics Array)接口,也称为 D-Sub 接口。VGA 接口是一种 D 型接口,上面共有 15 针,分成三排,每排五个,常用于计算机显卡的输出接口,是计算机主机与显示器之间的桥梁,负责向显示器输出相应的图像信号,是一种模拟接口。由于传统的 CRT 模拟显示设备无法直接接收并显示计算机 CPU 处理的数字信号,计算机内部以数字方式生成的显示图像信息,被显卡中的数字/模拟转换器 D/A 转换转变为 R、G、B 三原色信号和行、场同步信号,通过电缆传输并通过显卡的 VGA 接口输出到模拟显示器以获得视频画面,对于模拟显示设备,如模拟 CRT 显示器,信号被直接送到相应的处理电路,驱动控制显像管生成图像。VGA 接口是显卡上应用最为广泛的接口类型,目前大多数计算机与外部显示设备之间都是通过模拟 VGA 接口连接,在不少低端产品中,VGA 接口也常用于连接 LCD、DLP 等数字显示设备,但在显示设备中需配置相应的 A/D(模拟/数字)转换器,将模拟信号转变为数字信号方能接收,这样,在经过 D/A 和 A/D 转换后,图像细节的损失就更大了。VGA 只能传输视频信号而不能传输音频信号,VGA 接口应用于 CRT 显示器无可厚非,但用于连接液晶之类的显示设备,则转换过程的图像失真将更为严重。

VGA 支持在 640×480 的较高分辨率下同时显示 16 种色彩或 256 种灰度,同时在 320×240 分辨率下可以同时显示 256 种颜色。VGA 由于良好的性能迅速开始流行,在

VGA 基础上加以扩充,如将显存提高至 1M 并使其支持更高分辨率如 SVGA(800×600)或 XGA(1024×768),这些扩充的模式就称之为视频电子标准协会(Video Electronics Standards Association,VESA)的 SVGA(Super VGA)模式,现在显卡和显示设备基本上都支持 SVGA 模式。

采集不同的信号需要不一样的采集卡,同三维 T200AE 高清 VGA 采集卡主要是针对视频直播、录播领域设计的用来采集高清 VGA 信号的,其带有的另外两个 BNC 接口,也能采集 AV 视频信号。如果采集无损 AV 信号,应用 1394 采集卡。同三维 T3000 采集卡(7134 二合一)是专门为非线性编辑制作开发的全接口视频捕获卡,带有音频协处理功能,两路立体声输入捕获,能够让视频和音频达到同步采集。

7.1.2　数字视频信号

数字视频就是先用摄像机、录像机之类的视频捕捉设备,将外界影像的颜色和亮度信息转变为电信号,再记录到存储介质如录像带中。通过数字图像采集卡,将模拟视频信号转化为数字视频信号,或通过具有 CMOS 传感器的数字采集设备直接采集数字视频信号,在同步声音信号、像素、颜色和明暗度上,区别于模拟视频信号,数字视频是把图像中的每一个点都用二进制数字组成的编码来表示的,数字视频最大的优点在于可以对图像中的任何地方进行修改。为了存储视觉信息,模拟视频信号的峰和谷必须通过模拟/数字(A/D)转换器来转变为数字的“0”或“1”。这个转变过程就是我们所说的视频捕捉(或采集过程)。如果要在电视机上观看数字视频,则需要一个从数字到模拟的转换器将二进制信息解码成模拟信号,才能进行播放。

在多媒体计算机系统中,视频采集卡将模拟信号转换成数字信号,数字视频采集系统主要由视频信号采集模块、音频信号采集模块和总线接口模块组成。

视频信号采集模块的任务是将模拟视频信号转换成数字视频信号,并将其送入计算机系统。主要步骤如下:视频信号的捕捉;A/D 转换;将得到的数字视频存储到帧存储器;D/A 转换及彩色空间转换;经 D/A 转换及彩色空间变换矩阵得到相应的控制信号,送入数字视频编码器进行编码,最后输出到 VGA 显示器、电视机、录像机等视频输出设备。

音频采集模块在音频采集过程中完成对声音信号的预处理和模数转换,音频采集模块在接收了被放大到一定幅度的音频信号后,经过衰减器、低通滤波器被送到模数转换器,转换成相应的数字音频信号,从而完成对音频信息的采样量化。

总线接口模块使用来实现对视频、音频信息采集的控制,并将采样量化后的数字信息存储到计算机内部。

随着电子器件的进展,尤其是各种图形、图像设备和语音设备的问世,计算机逐渐进入多媒体时代,信息载体扩展到文、图、声等多种类型,使计算机的应用领域进一步扩大。数字视频的发展主要体现在个人计算机上的发展,大致可以分为初级阶段、普及阶段和高级阶段。

第一阶段是初级阶段,多媒体计算机由个人计算机、声卡、音响、光驱和视频解码器组成。其主要特点就是在计算机上增加简单的视频功能,利用计算机来处理活动画面,由于视频采集技术、视频压缩技术和处理设备还未完善,当时的视频处理都是面向制作领域的专业人员的,个人计算机无法完成视频信号的编辑与处理,当时数字视频的处理不仅要求有很高的专业技术,同时需要有很大的存储容量,数字视频的数据量非常大,1min 的满屏真彩色数字视频需要 1.5GB 的存储空间,而在早期一般台式机配备的硬盘容量大约是几百兆,显然无法胜任如此大的数据量。当时人们用计算机捕获单帧视频画面,并以一定的文件格式存储起来,利用图像处理软件进行处理,将它放进准备出版的资料中。

第二个阶段为普及阶段,在这个阶段数字视频在计算机中得到广泛应用,视频信息在个人计算机中逐渐普及的重要原因是计算机有了捕获活动影像的能力,将视频捕获到计算机中,随时可以从硬盘上播放视频文件。能够捕获视频得益于数据压缩方法,压缩方法有两种:纯软件压缩和硬件辅助压缩,纯软件压缩方便易行,用一个小窗口显示视频。硬件压缩花费高,但速度快。在这一过程中,虽然能够捕获到视频,但是缺乏一个统一的标准,不同的计算机捕获的视频文件不能交换。早起的数字视频交互 DVI 在捕获视频时使用硬件辅助压缩,但在播放时却只使用软件,因此在播放时不需要专门的设备。但是 DVI 没有形成市场,没有被广泛的了解和使用。因此需要计算机与视频再做一次结合,建立一个标准,使得每台计算机都能播放统一标准的视频文件。这次结合成功的关键是各种压缩解压缩 Codec 技术的成熟。Codec 来自于两个单词 Compression(压缩)和 Decompression(解压),它是一种软件或者固件(固化于用于视频文件的压缩和解压的程序芯片)。压缩使得将视频数据存储到硬盘上成为可能。如果帧尺寸较小帧切换速度较慢,再使用压缩和解压,存储 1min 的视频数据只需 20MB 的空间而不是先前的 1.5GB,所需存储空间的比例是 1∶75。当然那时在显示窗口只能得分辨率为 160×120 邮票般大小的画面,帧速率也只有 15 帧/s,色彩也只有 256 色,但画面毕竟活动起来了。

Quicktime 和 Video for Windows 通过建立视频文件标准 MOV 和 AVI,使数字视频的应用前景更为广阔,使它不再是一种专用的工具,而成为个人计算机中的常用视频播放工具。

第三阶段是高级阶段,市场上出现了各种各样优秀的视频压缩工具,能将各种常见影片文件进行压缩、转换成符合 VCD、SVCD、DVD 等的视频格式,在这一阶段,普通个人计算机进入了成熟的多媒体计算机时代。各种计算机视频外设产品日益齐备,数字影像设备日新月异,视音频处理硬件与软件技术高度发达,这些都为数字视频的流行起到了推波助澜的作用。

随着智能化手机的普及,Android 支持的视频格式包括:RM、RMVB、AVI、MPEG、WMV、3GP、MP4、DAT、VOB、FLV 等,手机自带 MP3 和 MP4 功能成为了热点,从发展的趋势可以看出,未来手机将向有更多内存的多媒体播放工具、移动通信工具、便携数码相机向个人数码中心的角色转换。多媒体视频技术的发展在很大程度上依赖于视频压缩和解压缩技术的提高,便于视频的携带和网络传播,让虚拟空间变得更加丰富与生动。

7.1.3 视频压缩技术

视频帧间图像数据有极强的相关性,说明帧与帧之间有大量的冗余信息。视频帧间冗余信息可分为空域冗余信息和时域冗余信息。视频压缩技术区别与图像压缩就是去除帧间的冗余信息。

视频压缩的目的是在尽可能保证视觉效果不受影响的前提下减少视频数据的存储量,视频压缩比是指压缩后的数据量与压缩前的数据量之比。由于视频是连续的图像,因此其压缩编码算法与静态图像的压缩编码算法有某些共同之处，但是运动的视频还有其自身的特性，因此在压缩时还应考虑其运动特性才能达到高压缩的目标。在视频压缩中常需用到以下的一些基本概念：有损压缩和无损压缩；帧内压缩和帧间压缩；帧内（Intraframe）压缩也称为空间压缩（Spatial Compression）。当压缩一帧图像时，仅考虑本帧的数据而不考虑相邻帧之间的冗余信息，这实际上与静态图像压缩类似。帧内一般采用有损压缩算法，由于帧内压缩时各个帧之间没有相互关系，所以压缩后的视频数据仍可以以帧为单位进行编辑。帧内压缩一般达不到很高的压缩率。帧间（Interframe）压缩是基于许多视频或动画的连续前后两帧具有很大的相关性，或者说前后两帧信息变化很小的特点。也即连续的视频其相邻帧之间具有冗余信息，根据这一特性，压缩相邻帧之间的冗余量就可以进一步提高压缩量，减小压缩比。帧间压缩也称为时间和空间压缩（Temporal Compression），它通过比较时间轴上不同帧之间的数据进行压缩。帧间压缩一般是无损的。帧差值（Frame Differencing）算法是一种典型的时间压缩法，它通过比较本帧与相邻帧之间的差异，仅记录本帧与其相邻帧的差值，这样可以大大减少数据量。使用帧间编码技术可去除时域冗余信息，它包括以下三部分：

（1）运动补偿：运动补偿是通过先前的局部图像来预测、补偿当前的局部图像，它是减少帧序列冗余信息的有效方法。

（2）运动表示：不同区域的图像需要使用不同的运动矢量来描述运动信息。运动矢量通过熵编码进行压缩。

（3）运动估计：运动估计是从视频序列中抽取运动信息的一整套技术。

使用帧内编码技术和熵编码技术可以去空域冗余信息，主要包含以下三个部分：

（1）变换编码：帧内图像和预测差分信号都有很高的空域冗余信息。变换编码将空域信号变换到另一正交矢量空间，使其相关性下降，数据冗余度减小。

（2）量化编码：经过变换编码后，产生一批变换系数，对这些系数进行量化，使编码器的输出达到一定的位率。这一过程导致精度的降低。

（3）熵编码：熵编码是无损编码。它对变换、量化后得到的系数和运动信息，进行进一步的压缩。

视频压缩中常用的概念还有对称和不对称编码；对称性（Symmetric）是压缩编码的一个关键特征。对称意味着压缩和解压缩占用相同的计算处理能力和时间，对称算法适合于实时压缩和传送视频，如视频会议应用就以采用对称的压缩编码算法为好。而在电子出版和其他多媒体应用中，一般是把视频预先压缩处理好，尔后再播放，因此可以采用不对称（Asymmetric）编码。不对称或非对称意味着压缩时需要花费大量的处理技术和时间，而解压缩时则能较好地实时回放，即以不同的速度进行压缩和解压缩。通常压缩一段视频的时间比回放（解压缩）该视频的时间要多得多。

由 ITU-T 视频编码专家组（Video Coding Experts Group，VCEG）和 ISO/IEC 动态图像专家组（MPEG）联合组成的联合视频组（Joint Video Team，JVT）提出的，同时也是 ISO/IEC 的 MPEG-4 第十部分的高度压缩数字视频编妈解码器标准 H.264 对视频概念进行了革新，它打破了视频概念常规，完全没有 I 帧、P 帧、B 帧的概念，也没有 IDR 帧的概念。对于 H.264 中出现的一些视频概念从大到小排序依次是：序列、图像、片组、片、NALU、宏块、亚宏块、块、像素。H.264 的压缩比是 MPEG-2 的 2 倍以上，是 MPEG-4 的 1.5～2 倍左右。

H.264 是在 MPEG-4 技术的基础之上建立起来的,其编解码流程主要包括 5 个部分:帧间和帧内预测(Estimation)、变换(Transform)和反变换、量化(Quantization)和反量化、环路滤波(Loop Filter)、熵编码(Entropy Coding)。

7.1.4 视频编解码标准与视频文件

目前视频流传输中最为重要的编解码标准有国际电联的 H.261、H.263,运动静止图像专家组的 M-JPEG 和国际标准化组织运动图像专家组的 MPEG 系列标准,此外在互联网上被广泛应用的还有 Real-Networks 的 RealVideo、微软公司的 WMV 以及 Apple 公司的 QuickTime 等。

MPEG 是活动图像专家组(Moving Picture Experts Group)的缩写,于 1988 年成立,是为数字视/音频制定压缩标准的专家组,目前已拥有 300 多名成员,包括 IBM、SUN、BBC、NEC、INTEL、AT&T 等世界知名公司。MPEG 组织最初得到的授权是制定用于"活动图像"编码的各种标准,随后扩充为"及其伴随的音频"及其组合编码。后来针对不同的应用需求,解除了"用于数字存储媒体"的限制,成为现在制定"活动图像和音频编码"标准的组织。MPEG 组织制定的各个标准都有不同的目标和应用,目前已提出 MPEG-1、MPEG-2、MPEG-4、MPEG-7 和 MPEG-21 标准。

MPEG-I 是为要求达到中等分辨率的视频定义的标准,适用于 VCD 节目中,MPEG-1 标准用于数字存储体上活动图像及其伴音的编码,其数码率为 1.5Mb/s。MPEG-1 视频压缩技术的特点:随机存取;快速正向/逆向搜索;逆向重播;视听同步;容错性;编/解码延迟。MPEG-1 视频压缩策略:为了提高压缩比,帧内/帧间图像数据压缩技术必须同时使用。帧内压缩算法与 JPEG 压缩算法大致相同,采用基于 DCT 的变换编码技术,用于减少空域冗余信息。帧间压缩算法,采用预测法和插补法。预测误差可在通过 DCT 变换编码处理,进一步压缩。帧间编码技术可减少时间轴方向的冗余信息。

如图 7-7 所示,MPEG-1 的关键帧 I 帧图像采用帧内编码方式,只考虑单帧图像内的空间相关性,而没有考虑时间相关性。I 帧使用帧内压缩,不使用运动补偿,由于 I 帧不依赖其他帧,所以是随机存取的入点,同时是解码的基准帧。I 帧主要用于接收机的初始化和信道的获取,以及节目的切换和插入,I 帧图像的压缩倍数相对较低。P 帧和 B 帧图像采用帧间编码方式,即同时利用了空间和时间上的相关性。P 帧图像只采用前向时间预测,可以提高压缩效率和图像质量。P 帧图像中可以包含帧内编码的部分,即 P 帧中的每一个宏块可以是前向预测,也可以是帧内编码。B 帧图像采用了未来帧作为参考,采用双向时间预测。

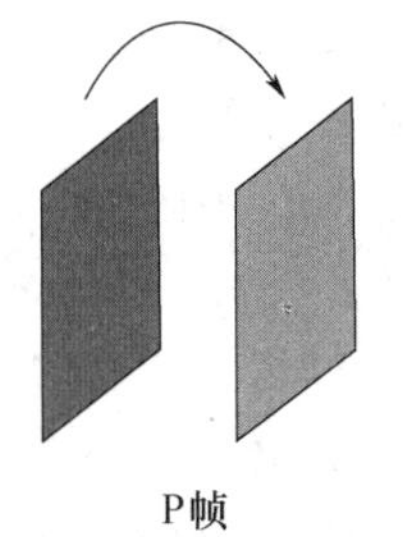

B帧

图 7-7 MPEG-1 帧间编码规则

MPEG-2 标准由 ISO/IEC/JTC/SC29/WG11 组织于 1993 年推出的 ISO/IEC13818 标准，是一种高宽带的视频数据流标准。MPEG-2 标准在 MPEG-1 基础上作了许多重要的扩展和改进，MPEG-2 既可以工作在隔行扫描模式下，也可以工作在逐行扫描模式下，最多支持 5 个音频声道，可以实现立体声环绕。MPEG-2 提供了较为广泛的应用，典型的有 HDTV，MPEG-2 主要适用于 VOD、DVD 节目中。MPEG-3 是为 1920 × 1080 × 30Hz 的 HDTV 制定的。而实际上 MPEG-2 也能很好地支持这种应用，所以 MPEG-3 后来成了 MPEG-2 标准的一部分，称为 MPEG-2 High-1440。表 7 – 2 所列为 MPEG-2 不同级别下的分辨率与传输率。

表 7 – 2　MPEG-2 的分级

级别	最大分辨率	每秒点数/M	传输率/(Mb/s)
low	352 × 240 × 30	3.05	4
Main	720 × 480 × 30	10.40	15
High 1440	1440 × 1152 × 30	43.00	60
High	1920 × 1080 × 30	62.70	80

MPEG-4(ISO/IEC14496)标准第一版本由运动图像专家于 1999 年 2 月正式公布，同年年底 MPEG-4 第二版也正式公布，且于 2000 年年初正式成为国际标准。MPEG-4 是一种低带宽的视频标准，主要用于视频会议，其视频速率只有 64Kb/s，分辨率为 176 × 144 × 10Hz。MPEG-4 与 MPEG-1 和 MPEG-2 有很大的不同。MPEG-4 不只是具体压缩算法，它是针对数字电视、交互式绘图应用(影音合成内容)、交互式多媒体(WWW、资料撷取与分散)等整合及压缩技术的需求而制定的国际标准。MPEG-4 标准将众多多媒体应用集成于一个完整框架内，旨在为多媒体通信及应用环境提供标准算法及工具，从而建立起一种能被多媒体传输、存储、检索等应用领域普遍采用的统一数据格式。

视频格式可以分为适合本地播放的本地影像视频和适合在网络中播放的网络流媒体影像视频两大类。大部分的 VCD 都是用 MPEG1 格式压缩的，刻录软件自动将 MPEG1 转为 .DAT 格式，使用 MPEG-1 的压缩算法，可以把一部 120min 长的电影压缩到 1.2GB 左右大小。MPEG-2 则是应用在 DVD 的制作，同时在一些 HDTV 高清晰电视广播和一些高要求视频编辑、处理上面也有相当多的应用。使用 MPEG-2 的压缩算法压缩一部 120min 长的电影可以压缩到 5 ~ 8GB 的大小，虽然视频存储容量比 MPEG-1 还要多，但 MPEG-2 的图像质量是 MPEG-1 无法比拟的。MPEG-2 视频格式的文件扩展名包括 asf、mov、divx、avi 等。

1. 本地影像视频格式

AVI 格式：AVI，音频视频交错(Audio Video Interleaved)的英文缩写。AVI 这个由微软公司发表的视频格式，在视频领域可以说是最悠久的格式之一。是将语音和影像同步组合在一起的文件格式。它对视频文件采用了一种有损压缩方式，但压缩比较高，因此尽管画面质量不是太好，但其应用范围仍然非常广泛。AVI 支持 256 色和 RLE 压缩。AVI 信息主要应用在多媒体光盘上，用来保存电视、电影等各种影像信息。

nAVI 格式：nAVI 是 newAVI 的缩写，它是由 Microsoft ASF 压缩算法的修改而来的，但是又与下面介绍的网络影像视频中的 ASF 视频格式有所区别，它以牺牲 ASF 视频文件视频“流”特性为代价而通过增加帧率来大幅提高 ASF 视频文件的清晰度。

DV-AVI 格式:DV 的英文全称是 Digital Video Format,是由索尼、松下、JVC 等多家厂商联合提出的一种家用数字视频格式。目前非常流行的数码摄像机就是使用这种格式记录视频数据的。它可以通过计算机的 IEEE 1394 端口传输视频数据到计算机,也可以将计算机中编辑好的的视频数据回录到数码摄像机中。这种视频格式的文件扩展名一般是 .avi,所以也叫作 DV-AVI 格式。

DivX 格式:这是由 MPEG-4 衍生出的一种视频编码(压缩)标准,也即我们通常所说的 DVDrip 格式,它采用了 MPEG-4 的压缩算法同时又综合了 MPEG-4 与 MP3 各方面的技术,说白了就是使用 DivX 压缩技术对 DVD 盘片的视频图像进行高质量压缩,同时用 MP3 或 AC3 对音频进行压缩,然后再将视频与音频合成并加上相应的外挂字幕文件而形成的视频格式。其画质直逼 DVD 并且体积只有 DVD 的数分之一。这种编码对机器的要求也不高,所以 DivX 视频编码技术可以说是一种对 DVD 造成威胁最大的新生视频压缩格式,号称 DVD 杀手或 DVD 终结者。

MOV 格式:QuickTime 原本是 Apple 公司用于 Mac 计算机上的一种图像视频处理软件。Quick-Time 提供了两种标准图像和数字视频格式,即可以支持静态的 *. PIC 和 *. JPG 图像格式,动态的基于 Indeo 压缩法的 *. MOV 和基于 MPEG 压缩法的 *. MPG 视频格式。

2. 网络影像视频格式

ASF 格式:高级流格式(Advanced Streaming format, ASF)。ASF 是 MICROSOFT 为了和现在的 Real player 竞争而发展出来的一种可以直接在网上观看视频节目的文件压缩格式。ASF 使用了 MPEG-4 的压缩算法,压缩率和图像的质量都很不错。因为 ASF 是以一个可以在网上即时观赏的视频“流”格式存在的,所以它的图像质量比 VCD 要逊色一些,但比同是视频“流“格式的 RAM 格式效果要好一些。

WMV 格式:它的英文全称为 Windows Media Video,也是微软推出的一种采用独立编码方式并且可以直接在网上实时观看视频节目的文件压缩格式。WMV 格式的主要优点包括:本地或网络回放、可扩充的媒体类型、部件下载、可伸缩的媒体类型、流的优先级化、多语言支持、环境独立性、丰富的流间关系以及扩展性等。

RM 格式:Real Networks 公司所制定的音频视频压缩规范称为 Real Media,用户可以使用 RealPlayer 或 RealOne Player 对符合 RealMedia 技术规范的网络音频/视频资源进行实况转播并且 RealMedia 可以根据不同的网络传输速率制定出不同的压缩比率,从而实现在低速率的网络上进行影像数据实时传送和播放。这种格式的另一个特点是用户使用 RealPlayer 或 RealOne Player 播放器可以在不下载音频/视频内容的条件下实现在线播放。另外,RM 作为目前主流网络视频格式,它还可以通过其 Real Server 服务器将其他格式的视频转换成 RM 视频并由 Real Server 服务器负责对外发布和播放。RM 和 ASF 格式可以说各有千秋,通常 RM 视频更柔和一些,而 ASF 视频则相对清晰一些。

RMVB 格式:这是一种由 RM 视频格式升级延伸出的新视频格式,它的先进之处在于 RMVB 视频格式打破了原先 RM 格式那种平均压缩采样的方式,在保证平均压缩比的基础上合理利用比特率资源,就是说静止和动作场面少的画面场景采用较低的编码速率,这样可以留出更多的带宽空间,而这些带宽会在出现快速运动的画面场景时被利用。这样在保证了静止画面质量的前提下,大幅地提高了运动图像的画面质量,从而使图像质量和文件大小之间达到了微妙的平衡。另外,相对于 DVDrip 格式,RMVB 视频也是有着较明显的优势,一部大小为 700MB 左右的 DVD 影片,如果将其转录成同样视听品质的 RMVB 格式,其大小最多也就 400MB 左右。不仅如此,这种视频格式还具有内置字幕和无需外挂插件支持等独特优点。要想播放这种视频格式,可以使用 RealOnePlayer 2.0 或 RealPlayer8.0 加 RealVideo 9.0 以上版本的解码器形式进行播放。

在视频播放过程中,需要软件来识别各类视频文件封装(即通常所说的"格式"),将数据"拆封"后,交由解码芯片去做解码处理,然后将解码后的数据实现播放。这个"拆封"和播放的任务,要由播放软件俗称播放器完成的。一般播放器都能识别多种视频封装(即文件格式),例如,Coreplayer 能播放 AVI,WMV,MP4 等多种格式,RUN 播放器能播放 rm,rmvb 格式的视频。大家所看到的文件名后缀,如 MP4,3GP,WMV,AVI,RM,RMVB,等等。实际上,这些都是封装类型,真正的视频格式不是文件名而是文件内的视频编码方案和音频编码放案。能够播放哪些文件,实际取决于使用了哪个播放器,以及硬件解码芯片能否识别该文件内的编码方案。

7.2　彩色数字电视技术基础

随着数字电视在人们生活中的普及和视频点播系统的完善,人与电视节目之间的交互越来越便捷,电视和计算机技术的融合也越来越紧密。通过 IPTV 技术可以把通信与家电终端紧密地融合在一起,可以为用户提供多方面的互动多媒体宽带增值服务,使电视成为具有通信、互联网、互动电视功能的综合信息化终端,使得通信技术与多媒体技术、沟通与娱乐紧密地融合起来,为人们提供便捷多彩的娱乐文化活动。

7.2.1　IPTV 技术

在 ITU-TFGIPTV 第一次会议上,给出了 IPTV 的初步定义,IPTV 是在 IP 网络上传送的能够提供 QoS/QoE(服务质量)、安全、交互性和可靠性要求的多媒体业务,例如电视、视频、文本、图形和数据等。根据定义, IPTV 包含 4 个方面的内容:

(1) 一种多媒体的业务,电视、视频、语音、文本、图像、数据等业务都是 IPTV 的表现形式;

(2) 承载在 IP 网络上,此 IP 网络是一个可管理的网络,能够提供所需要的服务质量、质量体验、安全性、可交互性和可靠性等级;

(3) IPTV 能够利用 NGN(下一代网络)提供,即 IPTV 业务可以利用现有的系统提供,也可以利用 NGN 网络来提供;

(4) IPTV 是一个双向的网络,能够提供实时和非实时的业务。

IPTV 技术三网融合的产物,通信网、互联网和广播电视网的三网融合并不是要将三网简单地合成一个物理网络,或者淘汰某一个网络,而是在业务和管理层面的融合与渗透。IPTV 是通信与广电行业三网融合的产物,但 IPTV 不是"IP + TV"的简单组合,只有将具体的服务内容和业务主体加载进去它才会有明确的内涵。无论是电信运营商、广播电视部门还是其他的信息服务提供商都可以利用 IPTV 的强大技术平台,开发出丰富多彩的应用和服务,例如视频点播、看电视、读书、玩游戏、查询资料、接受培训、参与活动、发表评论等,这些应用和服务才能真正吸引用户并创造价值。IPTV 的重要业务应用可以归结为至少 5 类,分别是视频类业务、高速上网、VoIP 业务、互动游戏等媒体游戏类应用和信息服务类应用。

IPTV 作为一种由技术进步驱动的新型业务,为广电部门提供了一条新的传播节目的通道,同时又与广电部门力推的数字电视整体转换工作存在一定的冲突,但 IPTV 在互动电视、增值业务等方面具有独特优势。

对于用户而言,IPTV 丰富独特的应用会为用户带来全新的体验和便利。如时移和点播功能是当前 IPTV 的最大卖点。IPTV 时移特征是能够在观看正常节目的播出时暂停、退回,VOD 点播节目能够提供除了电视台顺序播出以外的选择。

AT&T 推出了一项新业务——U-verse。该业务能在同一条高速宽带线路上传播视频、数据以及电话信号。用户还能够一次观看多个电视频道,即时获取有关节目的资料,甚至能通过电视机访问一些互联网内容。AT&T 表示,如果一切顺利,公司将有约 570 万客户使用 U-verse 服务,占其客户总数的 30%。目前,AT&T 和 Verizon 通信公司已经开始在美国部分地区提供电视服务。他们还在频频游说各州州政府和美国国会,希望修改法律,让他们尽快获得进入电视市场的特许协议。而得克萨斯州、弗吉尼亚州和堪萨斯州都已经通过了相关的法律,允许电信运营商在当地提供电视服务。

2006 年 5 月底,德国电信与德国领先的付费电视节目提供商 Premiere 结成战略合作伙伴协议,双方将共同合作在德国提供 IPTV 服务。通过德国电信子公司 T-Com 的 VDSL 网络,用户将收看到 Premiere 所提供的节目。2006 年 8 月,德国电信的另一家子公司 T-Online 现场转播了德国足球甲级联赛,并按照用户需求提供定制服务,进行个性化的比赛实况报道,实时更新比赛信息。这意味着,德国的足球爱好者能够按照自己的喜好通过宽带网络观看德国足球甲级联赛的精彩赛事。

国内 IPTV 的试点工作受政策所限,步履维艰,电信运营商只能采取与拥有牌照的广电部门合作的方式。国内的 IPTV 技术主要存在以下几个问题:

1. 内容匮乏

从国内的 IPTV 试点情况来看,IPTV 业务在内容方面与有线电视同质化的现象非常严重,再加上我国政府严格的政策管制使得 IPTV 运营商无法引入大量的国内外节目,相对于现有的广播电视节目无法体现节目的丰富性和新颖性。由于目前广电拥有绝对的内容主导权,电信运营商经常会处于被动的局面。江苏电信联手新华社失败的案例就是证明。

2. 重叠业务的冲击

主要是数字电视和免费网络视频的冲击。目前,广电部门正在努力推进有线电视的数字化改造,现在对数字电视积极性比 IPTV 要高。据有关部门统计,2005 年已经有数字电视用户 400 余万户,而且 2006 年广电部门还要加大许多城市的数字化整体改造。有线电视将对 IPTV 的发展产生正面冲击,在开展直播等业务和节目内容方面具有先天优势。另外,在已开展的有线电视试点中,广电部门将电缆调制解调器和机顶盒结合起来成功开展了三重服务业务,增加频道数目和节目内容,除付费电视外还增加了信息服务和网上购物等互动业务。这些业务都是和 IPTV 业务重叠的,将对 IPTV 业务的发展产生不利影响。

3. 标准缺乏

IPTV 在视频编解码、安全、承载网、业务网、网络管理、中间件和互联互通等方面缺乏统一标准,影响业务的开展。其中,视频编码方面有 3 个标准,MPEG-4、H. 264 和 AVS, MPEG-4 商用时间长一些,产业成熟度高一些;H. 264 标准化程度高兼容性好;AVS 自主知识产权,近期成为国家标准,专利费低,产业成熟度低一些。

IPTV 在世界范围内统一标准不容易做到,因为 IPTV 涉及到内容管制的问题,而各个国家对电视内容以及增值服务的理解和管制程度都不统一,在此层面上达成共识比较难。以当前的情况看,标准的形成还需要一个相当长的时间。

其他还有收费、信息内容安全等问题,新兴事物的发展大多会经历一个曲折的过程,国家相关监管机构只能在 IPTV 涉及的种种安全问题得到解决后才允许大规模发展 IPTV 业务。

彩色数字电视是从模拟电视和模拟彩色电视中发展而来的,很多模拟电视技术基础在数字电视和视频采集设备中依然保留,在多媒体技术中经常会碰到这些术语,下面介绍模拟电视的一些基本常识。

7. 2. 2　电视制式

电视技术早已得到了广泛的普及,为了保证电视的通用性,世界上早已对其可以使用的模拟视频信号做出了统一的规定。目前世界上流行的彩色电视制式有三种:1952 年由美国国家电视标准委员会制定的正交平衡调幅制(National Television Systems Committee, NTSC)、1962 年德国制定的逐行倒相正交平衡调幅制(Phase Alternating Line,PAL)和法国制定的顺序传送彩色与存储制(法文:Sequential Coleur Avec Memoire,SECAM)。

美国、加拿大等大部分西半球国家,以及日本、韩国、菲律宾等国和中国的台湾地区采用了 NTSC 制式;德国、英国等一些西欧国家以及中国、朝鲜等国家采用了 PAL 制式;法国、苏联及东欧国家,约 65 个地区和国家采用了 SECAM 彩色电视广播标准。

显示扫描有隔行扫描和非隔行扫描之分,非隔行扫描(interlaced scaning)也称逐行扫描,黑白电视和彩色电视都用隔行扫描,而计算机显示图像时一般都采用非隔行扫描。在非隔行扫描中,电子束从显示屏的左上角一行接一行地扫到右下角,在显示屏上扫一遍就显示一幅完整的图像。在隔行扫描中,电子束扫完第 1 行后回到第 3 行开始的位置接着扫,然后是 5,7,9……行。奇数行扫完后再用同样的方式扫偶数行,最后才完成一帧的扫描。由此可见,隔行扫描的一帧图像由两部分组成,一部分是由奇数行组成,称奇数场,另一部分由偶数行组成,称为偶数场,两场合起来就组成一帧。并且在隔行扫描中,扫描的行数必须是奇数,因为隔行扫描第 1 场结束于最后一行的一半,不管电子束如何折回,它必须回到显示屏顶部的中央,这样就可以保证相邻的第 2 场扫描恰好嵌在第 1 场各扫描的中间,正是这个原因,才要求总的行数必须为奇数。

每秒扫描多少行称为行频 f_H,每秒扫描多少场称为场频 f_f;每秒扫描多少帧称为帧频 f_F。场频和帧频是两个不同的概念。

PAL 制式电视的扫描特性是:625 行扫描线每帧,25 帧每秒(40ms/帧);高宽比:4∶3;隔行扫描,2 场/帧,312. 5 行/场;颜色模式:YUV。一帧图像的总行数为 625,分两场扫描。行扫描频率是 15625Hz,周期为 64μs;场扫描频率是 50Hz,周期为 20ms;帧频是 25Hz,是场频的一半,周期为40ms。在发送电视信号时,每一行中传送图像的时间是52.2μs,其余的11.8μs不传送图像,是行扫描的逆程时间,同时用作行同步及消隐用。每一场的扫描行数为625/2=312.5行,其中25行作场回扫,不传送图像,传送图像的行数每场只有287.5行,因此每帧只有575行有图像显示。

NTSC彩色电视制的主要特性是:525行/帧,30帧/s(29.97帧/s,33.37 ms/frame);高宽比:电视画面的长宽比(电视为4:3;电影为3:2;高清晰度电视为16:9);隔行扫描,一帧分成2场(field),262.5线/场;在每场的开始部分保留20扫描线作为控制信息,因此只有485条线的可视数据。Laser disc约420线,S-VHS约~320线;每行63.5μs,水平回扫时间10μs(包含5μs的水平同步脉冲),所以显示时间是53.5μs。;颜色模型:YIQ;一帧图像的总行数为525行,分两场扫描。行扫描频率为15 750 Hz,周期为63.5μs;场扫描频率是60 Hz,周期为16.67 ms;帧频是30 Hz,周期33.33 ms。每一场的扫描行数为525/2=262.5行。除了两场的场回扫外,实际传送图像的行数为480行。

SECAM制式与PAL制类似,其差别是SECAM中的色度信号是频率调制(FM),而且它的两个色差信号:红色差(R′-Y′)和蓝色差(B′-Y′)信号是按行的顺序传输的。图像格式为4:3,625线,50Hz,6MHz电视信号带宽,总带宽8MHz。

NTSC和PAL属于全球两大主要的电视广播制式,但是由于系统投射颜色影像的频率而有所不同。这两种制式是不能互相兼容的,如果在PAL制式的电视上播放NTSC的影像,画面将变成黑白,反之也一样。NTSC和PAL其主要差别在于NTSC每秒是60场而PAL每秒是50场,由于现在的电视都采取隔行模式,所以NTSC每秒可以得到30个完整的视频帧,而PAL每秒可以得到25个完整的视频帧。这每秒一帧的细微差别在DVD的表现上会有什么区别呢?众所周知,电影胶片的速度是每秒24帧,而PAL制的DVD每秒就会比胶片多放一帧,也就是说同一部电影,PAL的放映速度会比胶片提高1/24;那NTSC每秒可以得到30个视频帧,是不是会比PAL来得更快呢?其实不然,NTSC采取了3-2PULLDOWN技术把电影转成每秒30帧。相同长度的电影,NTSC和PAL的放映时间换算是:

NTSC时间×24/25=PAL时间。

7.3 视频编辑技术

编辑视频的方式随着相关技术的发展而不断更新,电视节目是影像和声音要素合一的载体,作用于视觉的影像主要包括画面形象、文字、表格、图像等要素,画面形象基本上是前期录制的,而文字、图表、图像的处理则大多数要在后期制作中完成。对电视影像的编辑处理,如果其素材信号来自摄录像机,通过录像编辑系统对不同编辑模式的选择,能对影像要素和声音要素进行同步处理;如果画面素材是来自电影摄影机,可以将电影胶片上的影像转换成电子信号,用磁带编辑的方式或数码处理的方式在先进的电子编辑系统中完成。由于电视的画面质量在清晰度、色彩、影调和明暗对比等方面与电影摄影有较大的差距,因此在一些对画面质量要求较高的节目中,就常常采用胶带转到磁带后的影像处理方式,实现优势互补。

胶转磁方式就是在前期采用电影胶片的拍摄方式,取其鲜明、层次丰富、画质优良的部分,后期编辑时将影像转录到磁带上,运用高效先进的电子编辑设备进行编辑,采用简便的制作手段,并将单一的影像处理转换为可以同时对声画要素处理并加入多种特技效果。电视画面上的字幕和图表大部分是在后期制作过程中叠加进去的。利用计算机制作字幕图表插图已成为电视制作的主要手段,是电视的一大优势,各式各样极具吸引力的文字、标题、图画传递着更为丰富的画面信息,增强了视觉要素的表现力。在运用中,应注意各类视觉信息必须为表达同一主题服务,不应各自抢夺和分散观众的注意力。

目前在市场上视频编辑软件种类繁多,Adobe 公司出品的 Adobe Premiere 是基于非线性编辑设备的视音频编辑软件,Premiere 在影视制作领域取得了巨大的成功,被广泛的应用于电视台、广告制作、电影剪辑等领域,成为 PC 和 MAC 平台上应用最为广泛的视频编辑软件。Premiere 算是比较专业人士普遍运用的软件,但对于一般网页上或教学、娱乐方面的应用,Premiere 的功能就显得太过繁琐与强大,Media Studio Pro 在这方面是最好的选择。Media Studio Pro 主要的编辑应用程序有 Video Editor(类似 Premiere 的视频编辑软件)、Audio Editor(音效编辑)、CG Infinity、Video Paint,内容涵盖了视频编辑、影片特效、2D 动画制作,是一套整合性完备、面面俱到的视频编辑套餐式软件。它在 Video Editor 和 Audio Editor 的功能和概念上与 Premiere 的相差并不大,最主要的不同在于 CG Infinity 与 Video Paint 这两个在动画制作与特效绘图方面的程序。虽然 Media Studio Pro 的亲和力高、学习容易,但对一般家用娱乐的领域来说,它还是显的太过专业、功能繁多,并不是非常容易上手。所以在视频编辑器的选择上关键是找到一款适合的编辑工具,会声会影是一套操作简单的 DV、HDV 影片剪辑软件,非常适合家庭视频采集和编辑。

7.3.1　会声会影视频编辑软件

会声会影是中国台湾友立公司推出的一款专业化数字视频处理软件。会声会影融视音频处理于一身,功能强大。其核心技术是将视频文件逐帧展开,以帧为精度进行编辑,并与音频文件精确同步。它可以配合多种硬件进行视频捕捉和输出,能产生广播级质量的视频文件。支持的输入视频格式包括:AVI、MPEG-1、MPEG-2、AVCHD、MPEG-4、H. 264、BDMV、DV、HDVTM、DivX® 格式、QuickTime® 格式、RealVideo® 格式、Windows Media® 格式、MOD(JVC® MOD 档案格式)、M2TS、M2T、TOD、3GPP、3GPP2 支持的音频格式包括:Dolby®、Digital Stereo、Dolby®、Digital 5. 1、MP3、MPA、WAV、QuickTime、Windows Media Audio;支持的图像格式包括:BMP、CLP、CUR、EPS、FAX、FPX、GIF、ICO、IFF、IMG、J2K、JP2、JPC、JPG、PCD、PCT、PCX、PIC、PNG、PSD、PSPImage、PXR、RAS、RAW、SCT、SHG、TGA、TIF、UFO、UFP、WMF。支持的光碟:DVD、Video CD (VCD)、Super Video CD (SVCD)。支持的输出视频格式包括:AVI,MPEG-1,MPEG-2,HDV,AVCHD,MPEG-4,H. 264,QuickTime 格式,Real Media 格式,Windows Media Format 格式,BDMV 格式,支持的音频格式包括:Dolby Digital Stereo,Dolby Digital 5. 1,MPA,WAV,Windows Media Format 格式,支持的输出图像格式包括:BMP,JPG。支持的光盘包括:DVD,Video CD (VCD),Super Video CD (SVCD),Blu-ray (BDMV)。支持的存储介质包括:CD-R/RW,DVD-R/RW,DVD + R/RW,DVD-R Dual Layer,DVD + R Double Layer,BD-R/RE。

会声会影运行环境:

(1) Intel Pentium 或 100% 的兼容处理器(CPU);

(2) 1GB 内存(建议使用 2GB 或以上);

(3) 3GB 以上的可用硬盘空间;

(4) 128 MB VGA VRAM 或以上(建议使用 256MB 或以上);

(5) 256 色或更高的显示适配器最低显示器解析度:1024 ×768;

(6) 与 Windows 兼容的音频卡;

(7) CD-ROM 驱动器;

(8) 与 Microsoft Video for Windows 或 Apple QuickTime 兼容的视频采集卡(可选);

(9) 可烧录的 DVD(用于制作 DVD)。

会声会影编辑器提供了分步工作流程,使影片的制作变得简单轻松。图 7 - 8 所示为会声会影 11 用户界面。

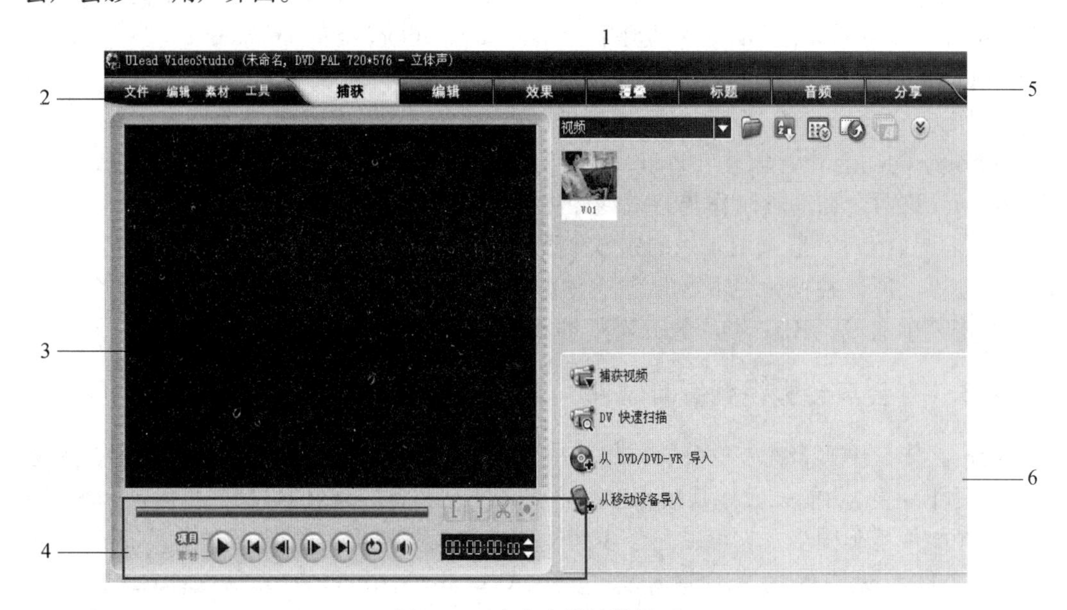

图 7 - 8　会声会影编辑界面

1 - 标题栏;2 - 菜单栏;3 - 预览窗口;4 - 导栏窗口;5 - 工具栏;6 - 选项面板。

7.3.2　视频素材采集

会声会影视频素材的收集途径很多,可以在 DV 拍摄视频中获得素材,通过数码相机导入数字图像,通过扫描仪把系列照片扫描以后获得素材,通过光盘和网络获得素材,以及通过摄像头捕获视频。在会声会影安装过程中会出现图 7 - 9 所示为制式或地域的单选按钮。地域与制式会自动匹配,所以我们可以选择地域来获得相应的制式。

会声会影要求显示器的分辨率不低于 1024 ×768,否则就无法使用会声会影编辑器。图 7 - 10 所示为会声会影 11 版运行后进入系统时的操作框。

单击图 7 - 10 所示会声会影编辑器选项进入会声会影编辑界面。打开会声会影编辑器以后,单击捕获选卡,假如没有安装任何视频采集设备,系统会弹出如图 7 - 11 所示的警告框。

在计算机已安装好摄像头和摄像驱动的情况下,单击捕获选卡,选择进入摄像视频捕获界面,如图 7 - 12 所示。

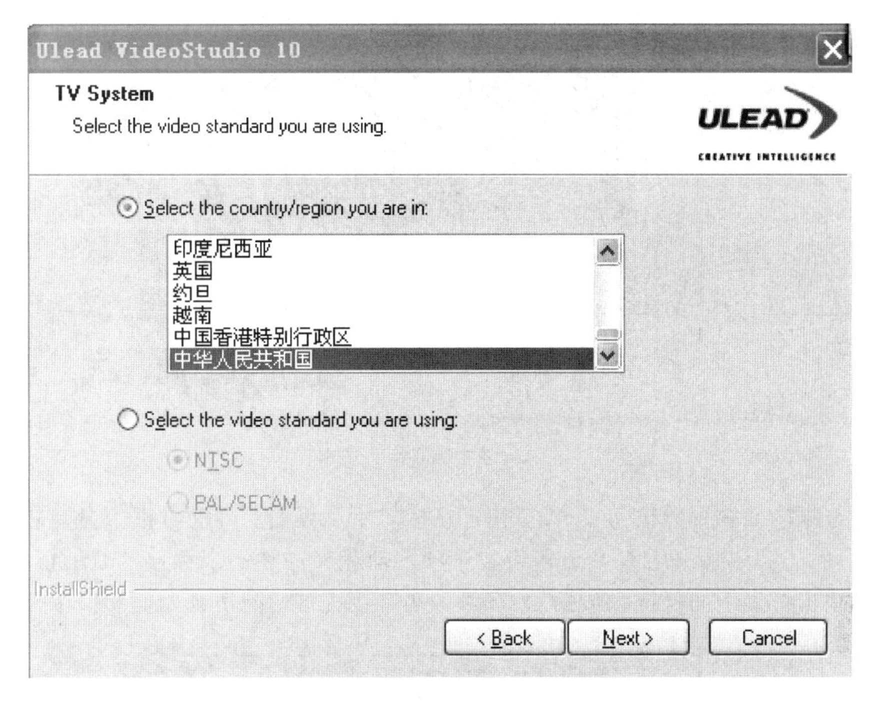

图 7－9　会声会影制式选择

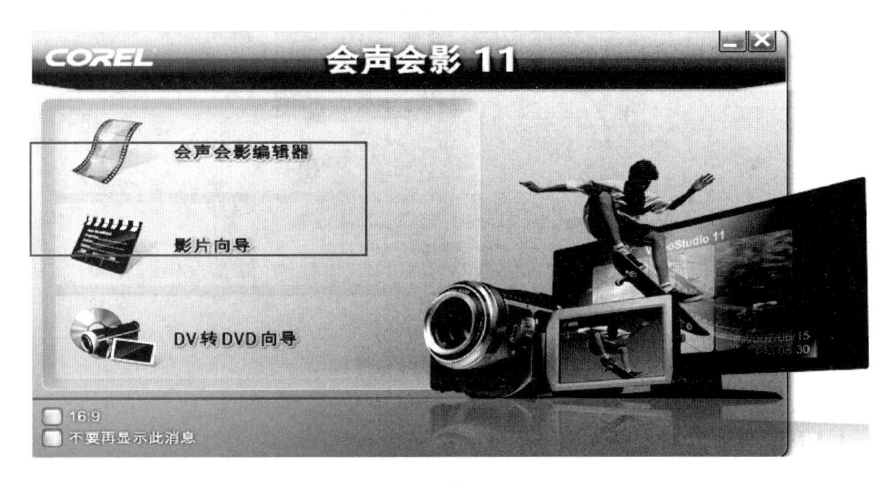

图 7－10　会声会影启动界面

图 7－11　视频捕获警告框

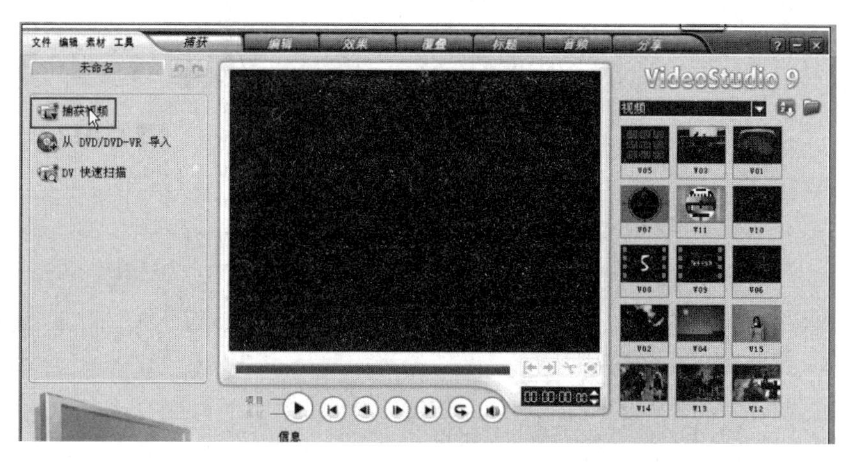

图 7－12　捕获视频选卡

单击红框内捕获视频按钮,可以获得图 7－13 所示界面。界面红框部分有较大变化,出现了区间,来源,格式,电视频道等设置选项。捕获文件夹用来存放捕获的视频所在的位置。当单击红框下捕获视频按钮后,在摄像头链接正常情况下开始捕获摄像头视频。

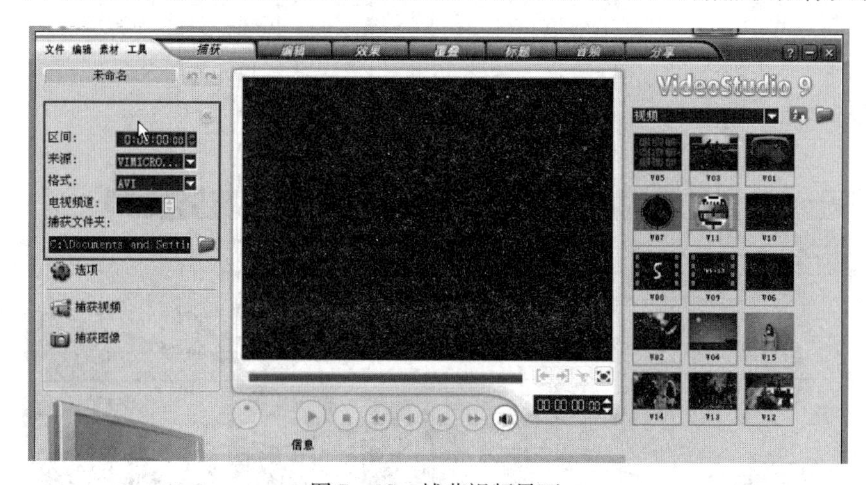

图 7－13　捕获视频界面

7.3.3　数字视频处理

处理视频第一个步骤是把视频导入到会声会影中,图 7－14 所示为导入界面,会声会影打开视频对话框时单击右上角红框中的打开按钮获得的效果。其次,左边黑框中的按钮,可以选择打开 DVD/DVD-VR 以及 DV 中导入视频。

会声会影与一般视频编辑软件不同,增加了动态电子贺卡、发送视频 Email 等功能。会声会影采用“在线操作指南”的步骤引导方式来处理各项视频、图像素材,它一共分为开始→捕获→故事板→效果→覆叠→标题→音频→完成等 8 大步骤,并将操作方法与相关的配合注意事项,以帮助文件显示出来称为“会声会影指南”,引导初学者快速的学习每一个流程的操作方法。会声会影提供了 12 类 114 个转场效果,可以用拖曳的方式应用,每个效果都可以做进一步的控制,另外还可让我们在影片中加入字幕、旁白或动态标题的文字功能。最新版本为会声会影 X2。

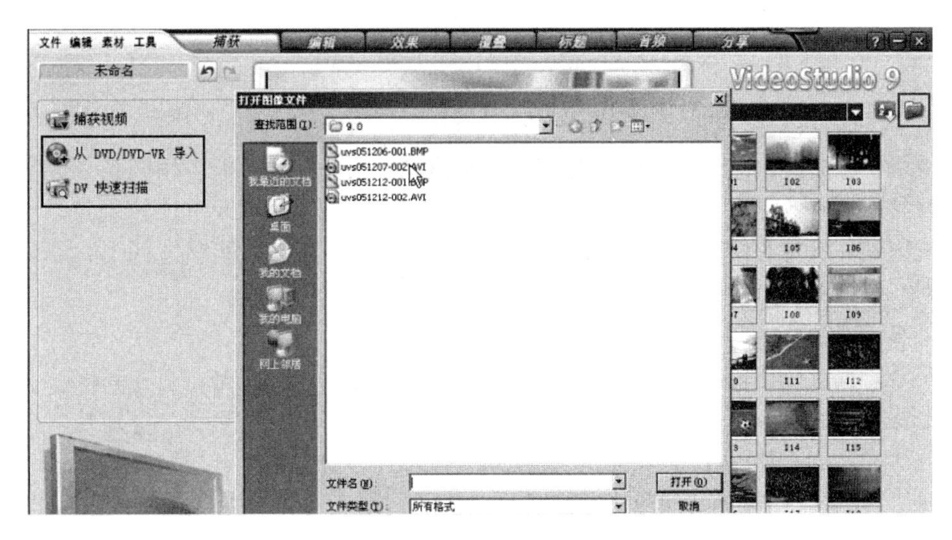

图 7－14　视频导入界面

7.4　网络视频流技术

网络视频流是指由网络视频服务商提供的、以流媒体为播放格式的、可以在线直播或点播的声像文件。网络视频一般需要独立的播放器，文件格式主要是基于 P2P 技术占用客户端资源较少的 FLV 流媒体格式。随着互联网的发展，多媒体信息在网上的传输越来越重要，流媒体以其边下载边播放的特性深受教育界、娱乐界等的喜爱。流媒体技术的发展离不开网络技术的发展，也离不开各行各业对互联网的投入，世界各地的传统影视媒体、教育学习机构、广播媒体纷纷加入到互联网领域中，使互联网的传播对象得到了扩充。

流媒体是从英语 Streaming Media 中翻译过来，它是一种可以使音频、视频和其他多媒体能在互联网及局域网上以实时的、无需下载等待的方式进行播放的技术。流媒体文件格式是支持采用流式传输及播放的媒体格式。流式传输方式是将动画、视音频等多媒体文件经过特殊的压缩方式分成一个个压缩包，由视频服务器向用户计算机连续、实时传送。在采用流式传输方式的系统中，用户不必像非流式播放那样等到整个文件全部下载完毕后才能看到当中的内容，而是只需经过几秒或几十秒的启动延时即可在用户的计算机上利用相应的播放器或其他的硬件、软件对压缩的动画、视音频等流式多媒体文件进行解压播放，当多媒体信息在客户机上播放时，多媒体文件的剩余部分将在后台从服务器内继续下载。如果网络连接速度小于播放的多媒体信息需要的速度时，播放程序就会取用先前建立的一小段缓冲区内的资料，避免播放的中断，使得多媒体视频得以流畅播放。与单纯的下载方式相比，这种对多媒体文件边下载边播放的流式传输方式具有以下优点：启动延时大幅度的缩短，对系统缓存容量的需求大大降低。

流式传输的实现有特定的实时传输协议，采用 RTSP 等实时传输协议，更加适合动画、视音频在网上的流式实时传输。流媒体系统包括以下 5 个方面的内容：编码工具，用于创建、捕捉和编辑多媒体数据，形成流媒体格式；流媒体数据，也就是传输对象和视频信息载体；服务器，存放和控制流媒体的数据；传输网络，适合多媒体传输的协议包括拥有实时传输协议的网络;播放器,供客户端浏览流媒体文件。

7.4.1 网络视频流技术的应用

网络视频所具备的高级功能特性使它非常适用于安全监视类的应用场景。数字化技术的的灵活性有效提高了工作者的安全监护,以及保护人员、房屋及财产的能力。使用户能够收集到其所关心的所有关键地点的相关视频和音频信息,并能够进行实时观看与干预。网络视频流典型的应用在于以下几个方面:

1. 安全监视

安全监视应用比较广泛的有校园,通信平台,银行等领域。安全监视在新兴行业中的应用主要有高铁视频监控系统,高速铁路不同于一般的铁路系统,高铁本身即是一个系统化、集成化的大型工程,仅通信部门就涉及到10多个子系统,包括有线、数据、传输、调度、应急通信、视频监控等。高铁与普通铁路或地铁区别很大,例如地铁通常时速在60km左右,列车间隔约在3min,而高铁时速可能达到300km,但时间间隔可能与地铁差不多,这就对高铁的通信指挥系统提出了很高的要求。

2. 远程监控

远程监控主要应用在自动化领域,人们总是希望用机器来代替人做某些事情,尤其是大量简单的重复性的操作,或是危险的工作。但是机器无论多先进,能帮人们多大的忙,它还是有可能会失控的,因此还是需要有相应的设备来监视这些机器的工作情况,这就是所谓的监控。远程监控理论上没有距离的限制,只要有互联网达到的地方就可以实现监控,远程监控目前主要分两类:一种是IE远程监控,另一种是客户端远程监控;很多压缩卡和硬盘录像机同时支持IE和客户端远程监控。远程监控技术目前主要应用于石油、化工、水处理、工业锅炉等众多的工业场所。远程监控技术主要包括两部分:一是主控制中心计算机与监测站计算机的通信过程;二是各监测站和其监测点的通信。

3. 视频会议

视频会议主要是以语音和影像的方式实现远程的面对面的交流,在很多场合下人们希望能够传递更多的信息,如开会时用到的图表、数据或文档等信息,因此视频会议需要建立起与数据的协同工作,以增强会议临场的感觉和提高视频会议的效率。

4. 视频点播

应用于互联网的视频点播技术发展很快,视频点播系统是基于IP网络的高性能数字视音频直播服务平台,能为各种行业用户提供基于各种网络环境下的音视频直播服务。视频点播采用分布式架构体系,具有高度的灵活性。视频点播主要应用于以下行业:规模较大的视频点播业务运营商;中等规模的电影、电视剧点播运营商、网站;企业、事业单位的门户网站;专业的产品展示网站,如健康咨询网站,美食网站,教育网站,交友网站,其他的网站有拍卖、租赁、商品交易等功能性网站,互联网内容提供商的网站、新闻网站等都可以把产品或个人介绍以视频点播的方式把生动的视频内容传播给网络访问者。

网络视频流的其他应用还有:视频电话,视频聊天,安保系统,远程部署、远程技术支持、交互式游戏等。

网络视频流需要解决的关键问题主要有:音视频编解码技术,冗余技术,视频网络传输技术,多点处理技术,嵌入式技术,视频存储归档技术。

7.4.2　流媒体技术

流媒体数据具有连续性(Continuous)、实时性(Real-time)、时序性等特点,时序性是指其数据流具有严格的前后时序关系。流媒体文件格式在流媒体系统中占有重要地位,设计合理的文件格式是提高流媒体服务器工作效率最直接和最有效的办法。表 7-3 所列为流媒体文件格式扩展(Video/Audio)媒体类型与名称

表 7-3　流媒体文件格式与媒体类型

文件格式	媒体类型
ASF	Advanced Streaming Format
RM	RealVideo/Audio 文件
RA	RealAudio 文件
RP	RealPix 文件
RT	RealText 文件
SWF	Shockwave Flash
MOV	QuickTime
VIV	Vivo Movie 文件
WMV	Windows MediaVideo

wmv 和 asf 格式不同,wmv 视频一般采用 Window Media Video/Audio 格式,asf 视频部分一般采用 Microsoft MPG4 V(3/2/1),音频部分是 Windows Media Audio v2/1,不过现在很多制作软件都没有把它们分开,而是直接更改后缀名就能够互相转换为对方格式。

目前实现流媒体传输主要有两种方法:顺序流(Progressive Streaming)传输和实时流(Realtime Streaming)传输,它们分别适合于不同的应用场合。

1. 顺序流传输

顺序流传输采用顺序下载的方式进行传输,在下载的同时用户可以在线回放多媒体数据,但给定时刻只能观看已经下载的部分,不能跳到尚未下载的部分,也不能在传输期间根据网络状况对下载速度进行调整。由于标准的 HTTP 服务器就可以发送这种形式的流媒体,而不需要其他特殊协议的支持,因此也常常被称作 HTTP 流式传输。顺序流式传输比较适合于高质量的多媒体片段,如片头、片尾或者广告等。

2. 实时流式传输

实时流式传输保证媒体信号带宽能够与当前网络状况相匹配,从而使得流媒体数据总是被实时地传送,因此特别适合于现场事件。实时流传输支持随机访问,用户可以通过快进或后退操作来观看前面或者后面的内容。从理论上讲,实时流媒体一经播放就不会停顿,但事实上仍有可能发生周期性的暂停现象,尤其是在网络状况不良时更是如此。与顺序流传输不同的是,实时流传输需要用到特定的流媒体服务器,而且还需要特定网络协议的支持。

实时传输协议(Real-time Transport Protocol,RTP)是在互联网上处理多媒体数据流的一种网络协议,利用它能够在一对一(Unicast,单播)或者一对多(Multicast,多播)的网络环境中实现传流媒体数据的实时传输。但 RTP 并不保证服务质量,也没有提供资源预留。传输

的数据通过控制协议 RTCP 的补充来实现大规模多播传输方式下的监视功能。并通过 RTCP 提供一些控制和识别流的功能。RTP 和 RTCP 被设计成独立于传输层和网络层。这份协议支持使用 RTP 层的混流服务器(Mixer)和译流服务器(Translator)。RTP 通常使用 UDP 来进行多媒体数据的传输,但如果需要的话可以使用 TCP 或者 ATM 等其他协议来实现传输实时多媒体数据,整个 RTP 协议由两个密切相关的部分组成:RTP 数据协议和 RTP 控制协议。实时流协议(Real Time Streaming Protocol,RTSP)最早由 Real Networks 和 Netscape 公司共同提出,它位于 RTP 和 RTCP 之上,其目的是希望通过 IP 网络有效地传输多媒体数据。RTP 数据协议负责对流媒体数据进行封包并实现媒体流的实时传输,每一个 RTP 数据报都由头部(Header)和负载(Payload)两个部分组成,其中头部前 12 个字节的含义是固定的,而负载则可以是音频或者视频数据。RTP 数据报头部格式如表 7-4 所列。

表 7-4 RTP 数据报头部格式

VER(0)	P(2)	X(3)	CC	M(8)	PTYPE	序列号(SEQUENCENUMBER)(31bit)
时间戳						
同步源(SSRC)						
第一个参与源标识 ID(CSRC)						
……						
(最后一个)参与源标识 ID						

开始 12 个八进制出现在每个 RTP 包中,而 CSRC 标识列表仅出现在混合器插入时。SSRC 标识符在 RTP 头中占有四个字节,位于 RTP 头部的 9 到 12 个字节。SSRC 字段用来识别同步源。标识符随机选择,它的计划是,在同样的 RTP 会话中,不会出现两个同步源有相同的 SSRC 标识符。表 7-5 所列为 RTP 数据报头部格式中的名称与说明。

表 7-5 RTP 数据报头部格式名称与说明

名称	说明
版本(v)	2 位,标识 RTP 版本
填充标识(P)	1 位,如设置填充位,在包尾将包含附加填充字,它不属于有效载荷
扩展(X)	1 位,如设置扩展位,固定头后跟一个扩展头
CSRC 计数(CC)	4 位,CSRC 计数包括紧接在固定头后 CSRC 标识符个数
标识(M)	1 位,标识解释由设置定义,目的在于允许重要事件在包流中标识出来
载荷类型(PT)	7 位,记录后面资料使用哪种 Codec,接收端找出相应的 Decoder 解码出来
系列号	16 位,系列号随每个 RTP 数据包而增加 1,由接收者用来探测包损失,系列号初值是随机的,使对加密的文本攻击更难
时标	32 位,时标反映 RTP 数据包中第一个八进制数的采样时刻,采样时刻必须从单调、线性增加的时钟导出,以允许同步与抖动计算
SSRC	32 位,标识同步源,此标识不是随机选择的,目的在于使同一 RTP 包连接中没有两个同步源有相同的 SSRC 标识
CSRC 列表	0 到 15 项,每项 32 位。CSRC 列表表示包内的对载荷起作用的源。标识数量由 CC 段给出。如超出 15 个作用源,也仅标识 15 个

其中比较重要的几个域及其意义如下：

CSRC 记数(CC)：表示 CSRC 标识的数目。CSRC 标识紧跟在 RTP 固定头部之后，用来表示 RTP 数据报的来源，RTP 协议允许在同一个会话中存在多个数据源，它们可以通过 RTP 混合器合并为一个数据源。例如，可以产生一个 CSRC 列表来表示一个电话会议，该会议通过一个 RTP 混合器将所有讲话者的语音数据组合为一个 RTP 数据源。

负载类型(PT)：标明 RTP 负载的格式，包括所采用的编码算法、采样频率、承载通道等。例如，类型 2 表明该 RTP 数据包中承载的是用 ITU G.721 算法编码的语音数据，采样频率为 8000Hz，并且采用单声道。

序列号：用来为接收方提供探测数据丢失的方法，但如何处理丢失的数据则是应用程序自己的事情，RTP 协议本身并不负责数据的重传。

时间戳：记录了负载中第一个字节的采样时间，接收方能够用时间戳确定数据的到达是否受到了延迟抖动的影响，但具体如何来补偿延迟抖动则是应用程序自己的事情。

从 RTP 数据报的格式不难看出，它包含了传输媒体的类型、格式、序列号、时间戳以及是否有附加数据等信息。RTP 协议的目的是提供实时数据(如交互式的音频和视频)的端到端传输服务，因此在 RTP 中没有连接的概念，它可以建立在底层的面向连接或面向非连接的传输协议之上；RTP 也不依赖于特别的网络地址格式，而仅仅只需要底层传输协议支持组帧(Framing)和分段(Segmentation)就足够了；另外 RTP 本身不提供任何可靠性机制，这些都要由传输协议或者应用程序自己来保证。在典型的应用场合下，RTP 一般是在传输协议之上作为应用程序的一部分加以实现的，如表 7-6 所列。

表 7-6　RTP 与其他网络协议层的关系

<table>
<tr><td colspan="2">应用层</td></tr>
<tr><td colspan="2">RTP/RTCP</td></tr>
<tr><td>UDP</td><td>TCP</td></tr>
<tr><td colspan="2">IPV4/IPV6</td></tr>
<tr><td colspan="2">局域网/关于网</td></tr>
</table>

RTCP 控制协议需要与 RTP 数据协议一起配合使用，当应用程序启动一个 RTP 会话时将同时占用两个端口，分别供 RTP 和 RTCP 使用。RTP 本身并不能为按序传输数据包提供可靠的保证，也不提供流量控制和拥塞控制，这些都由 RTCP 来负责完成。通常 RTCP 会采用与 RTP 相同的分发机制，向会话中的所有成员周期性地发送控制信息，应用程序通过接收这些数据，从中获取会话参与者的相关资料，以及网络状况、分组丢失概率等反馈信息，从而能够对服务质量进行控制或者对网络状况进行诊断。

RTCP 协议的功能是通过不同的 RTCP 数据报来实现的，主要有如下几种类型：

(1) SR 发送端报告，所谓发送端是指发出 RTP 数据报的应用程序或者终端，发送端同时也可以是接收端。

(2) RR 接收端报告，所谓接收端是指仅接收但不发送 RTP 数据报的应用程序或者终端。

(3) SDES 源描述，主要功能是作为会话成员有关标识信息的载体，如用户名、邮件地址、电话号码等，此外还具有向会话成员传达会话控制信息的功能。

（4）BYE 通知离开，主要功能是指示某一个或者几个源不再有效，即通知会话中的其他成员自己将退出会话。

APP 由应用程序自己定义，解决了 RTCP 的扩展性问题，并且为协议的实现者提供了很大的灵活性。

RTCP 数据报携带有服务质量监控的必要信息，能够对服务质量进行动态的调整，并能够对网络拥塞进行有效的控制。由于 RTCP 数据报采用的是多播方式，因此会话中的所有成员都可以通过 RTCP 数据报返回的控制信息，来了解其他参与者的当前情况。

在一个典型的应用场合下，发送媒体流的应用程序将周期性地产生发送端报告 SR，该 RTCP 数据报含有不同媒体流间的同步信息，以及已经发送的数据报和字节的计数，接收端根据这些信息可以估计出实际的数据传输速率。另一方面，接收端会向所有已知的发送端发送接收端报告 RR，该 RTCP 数据报含有已接收数据报的最大序列号、丢失的数据报数目、延时抖动和时间戳等重要信息，发送端应用根据这些信息可以估计出往返时延，并且可以根据数据报丢失概率和时延抖动情况动态调整发送速率，以改善网络拥塞状况，或者根据网络状况平滑地调整应用程序的服务质量。

RTSP 实时流协议：

作为一个应用层协议，RTSP 提供了一个可供扩展的框架，它的意义在于使得实时流媒体数据的受控和点播变得可能。总的说来，RTSP 是一个流媒体表示协议，主要用来控制具有实时特性的数据发送，但它本身并不传输数据，而必须依赖于下层传输协议所提供的某些服务。RTSP 可以对流媒体提供诸如播放、暂停、快进等操作，它负责定义具体的控制消息、操作方法、状态码等，此外还描述了与 RTP 间的交互操作。

RTSP 在制定时较多地参考了 HTTP/1.1 协议，甚至许多描述与 HTTP/1.1 完全相同。RTSP 之所以特意使用与 HTTP/1.1 类似的语法和操作，在很大程度上是为了兼容现有的 Web 基础结构，正因如此，HTTP/1.1 的扩展机制大都可以直接引入到 RTSP 中。

由 RTSP 控制的媒体流集合可以用表示描述（Presentation Description）来定义，所谓表示是指流媒体服务器提供给客户机的一个或者多个媒体流的集合，而表示描述则包含了一个表示中各个媒体流的相关信息，如数据编码/解码算法、网络地址、媒体流的内容等。

虽然 RTSP 服务器同样也使用标识符来区别每一流连接会话（Session），但 RTSP 连接并没有被绑定到传输层连接（如 TCP 等），也就是说在整个 RTSP 连接期间，RTSP 用户可打开或者关闭多个对 RTSP 服务器的可靠传输连接以发出 RTSP 请求。此外，RTSP 连接也可以基于面向无连接的传输协议（如 UDP 等）。

RTSP 协议目前支持以下操作：

检索媒体允许用户通过 HTTP 或者其他方法向媒体服务器提交一个表示描述。如表示是组播的，则表示描述就包含用于该媒体流的组播地址和端口号；如果表示是单播的，为了安全在表示描述中应该只提供目的地址。

邀请加入媒体服务器可以被邀请参加正在进行的会议，或者在表示中回放媒体，或者在表示中录制全部媒体或其子集，非常适合于分布式教学。

添加媒体通知用户新加入的可利用媒体流，对现场讲座来讲非常有必要。与 HTTP/1.1 类似，RTSP 请求也可以交由代理、通道或者缓存来进行处理。

对于数字音视频编解码技术，我国于 2002 年 6 月由国家信息产业部科学技术司批准成立数字音视频编解码技术标准工作组。工作组的任务是面向我国的信息产业需求,联合国内企业和科研机构,制(修)订数字音视频的压缩、解压缩、处理和表示等共性技术标准,为数字音视频设备与系统提供高效经济的编解码技术,服务于高分辨率数字广播、高密度激光数字存储媒体、无线宽带多媒体通信、互联网宽带流媒体等重大信息产业应用。近年来,我国努力促进制定数字音视频编解码技术的标准,在上百家企业和科研单位共同参与下,其中最重要的视频编码标准于2006年3月1日起实施。其后,音频、移动视频、系统、数字版权管理等部分将相继审批、发布。数字音视频编解码技术标准AVS目前已经取得重要进展,编码效率比目前音视频产业可以选择的信源编码标准MPEG-2高2~3倍,与MPEG-4AVC相比技术方案简洁,芯片实现复杂度低,达到了“第二代”的最高水平。AVS标准是《信息技术先进音视频编码》系列标准的简称,包括系统、视频、音频、数字版权管理等四个主要技术标准和一致性测试等支撑标准。目前音视频产业可以选择的信源编码标准有四个:MPEG-2、MPEG-4、MPEG-4AVC、AVS。从制定者分,前三个标准是由MPEG专家组完成的,第四个是我国自主制定的。从发展阶段分,MPEG-2是“第一代”信源标准,其余三个为“第二代”标准。从主要技术指标——编码效率比较:MPEG-4是MPEG-2的1.4倍,AVS和AVC相当,都在MPEG-2两倍以上。

7.5　医学视频流技术

目前医院信息化技术虽然发展较快,但医学视频信息化却没有获得太多的发展,流媒体技术在医学领域的应用能极大地推动医学视频信息化的进程。流媒体技术能让产生视频流影像的各个科室中采集的视频信息和相应的文字信息实时快速地到达目的地,并送入图像视频流服务器保存和管理。其他部门如门诊可通过医院的局域网查询图像视频流服务器,浏览病人的视频流信息,或者是被记录的手术过程,实现全方位的视频信息共享。医学视频流采集系统的主功能包括连接模块,可以通过前台控制和选择连接的流媒体;静态图像捕捉模块;视频流图像录制模块;视频流播放模块等。通过视频采集卡,把各种医学视频流图像的模拟信号转换成数字图像。医院各科室每天都要产生大量的视频流图像文件,对视频流文件的有效管理是设计医学视频流系统的另一个重要技术,也就是医学视频案例的制作和归档的问题。

7.5.1　医学视频

由于视频采集条件的限制,比如目前各大医院并没有设置可视化手术平台,除非手术器械本身自带图像采集设备并能实时传播,而目前市场上并没有这样的手术器械,医生手术治疗过程的数字化视频影像采集过程具有很大的局限性。但手术过程视频化具有极高的经验价值,以及视频证据的保留有利于解决医患矛盾和让手术过程透明化。手术本身带有很多不可预料的状况,很多医患纠纷就是因为手术过程不明朗,病人家属产生误解而造成的。而手术状况变化的不可预见性同时也可以为相似案例积累宝贵的临床经验,但如果无视频资料流传,经验的获得只能限制在极小范围内。目前市场上可购买的视频案例教程价格都非常昂贵。

所有案例都是事件,但并非所有事件都是案例,医学视频案例制作除了受视频采集环境限制之外，还要考虑到案例制作的价值，也就是视频流数据采集和格式的选择问题。医学视频可以通过录像机、摄像仪等设备采集，视频案例制作、视频文字添加、视频声音文件添加等可以采用简单灵活的会声会影来完成。医学动画案例制作可以借助于 Flash，SWiSHmax 等动画制作软件来完成。

视频素材采集最好能实现广播级摄像机和镜头的远程控制，要能完成镜头的全方位操作、摄像机的远程开关机、摄像机参数远程设置等功能，远程控制单元(WJ-EX201N)比较适合于手术室示教、远程医疗、远程会诊并采集相关视频素材。

7.5.2 医学视频与远程诊断

远程会诊(Teleconsultation)和诊断(Telediagnosis)是远程医疗研究中应用得最广泛的技术，在提高边远地区医疗水平，对灾难中的受伤者等特殊病人实施紧急救助方面都具有重要作用。现阶段，无论发达国家还是发展中国家，其医疗资源分布都存在地域性或不平衡发展，这不仅表现在医院规模和医疗设施的配置上，更主要体现在医疗专业人员资源分布的非均衡性上，远程医疗无疑为解决这一问题提供了出路。医学视频流是远程医疗信息强有力的载体。

远程诊断是医生通过对远地病人的图像和其他的信息进行分析作出诊断结果，即最后的诊断结论是由与病人处于不同地方的远地医生作出的。远程会诊与诊断的显著区别在于远程诊断对医学图像的要求较高，即要求经过远程医疗系统经图像识别、图像压缩、处理和显示的医学图像不能有明显的失真。远程诊断系统有同步(交互式)和异步之分。同步系统具有与远程会诊系统类似的视频会议和文件共享的设备，但是要求更高的通信带宽以支持传送交互式图像和实时的高质量诊断图像。异步的远程诊断系统基于存储转发机制，各种信息，如图像、视频、音频和文字组成一种多媒体电子邮件，并在方便的时候发送给专家；专家将诊断结论发给相关的医护人员。在远程诊断使用不多的场合，异步远程诊断系统可降低对带宽的要求，可采用比同步远程诊断和远程会诊低的通信网络。欧美等国家都将远程医疗作为医疗改革，解决边远地区医疗资源缺乏的方案。在政府资助的各种研究计划中常常需要将远程会诊和诊断集成在一起使用。如英国的 SAVIOUR 项目，是从 1993 年 11 月开始实施的，其目的是通过建立远程医疗试点来证明通过实施远程医疗能提高广大偏远农村的医疗水平。其具体做法是，在中心地区设立一个中心医院，在偏远农村设立四个当地中心，中心医院与四个当地中心之间的通信采用窄带 ISDN (128kb/s)完成远距离通信，中心医院内部采用较高的局域网。在某些偏远地区也采用便携卫星接受器。

随着 IP 网络性能的提高，网络传输的带宽有了很大的提高，这为音视频流的传输提供了技术基础，同时这也使视频会诊在远程医疗中的应用成为可能。现场观摩对学生及医生进行新的手术程序的培训和指导是远远不够的，远程医疗教学不仅能永久记载手术和示教过程，而且能回放和交互，所以医学视频流在远程医疗示教中的应用需求越来越大。对于医学专业人员来说，为了获得近乎现场培训的经验，对于远程教学的视频质量要求非常高，而且对于不同类型的手术，为了更加清晰地了解手术的细节，展示外科医生在手术中的每个细节，甚至精细到毫米，消除复杂手术过程中的模糊的画面，同时对视频设备的要求也很高。

远程医疗(Telemedicine)是网络科技与医疗技术结合的产物,它通常包括:远程诊断、专家会诊、信息服务、在线检查和远程交流等几个部分,它以计算机和网络通信为基础,实现对医学资料和远程视频、音频信息的传输、存储及共享。

远程医疗系统特点以及对视频通信需求:

(1) 与其他数字医疗系统有机的整合在一起,协同工作,实现互连,进行会诊或培训。

(2) 注重实用性,医疗卫生系统的视频会议系统可以有多种不同的应用,例如:远程手术、远程专家会诊、远程诊断、远程医疗培训以及远程会议等。

(3) 对音、视频通信的实时性、可靠性、稳定性的要求较高,尤其是用于远程会诊时,对视频图像的质量要求更高。

(4) 网络环境相对复杂:在国家级、省级、医学院或研究机构往往有自己的专网和丰富的带宽资源,在地市级或县级医疗机构则没有自己的网络,需要租用电信部门如 ADSL、ISDN 等通信速率较低网络。

远程会诊离不开医学视频流技术的支持,远程会诊实现了医院之间的资源互补、各取所长、综合利用,从而充分发挥不同医院之间的专科优势,最有效的利用资源,用最便捷的方法为患者提供诊断服务。运用当前迅速发展的虚拟现实技术开展远程出席和手术等新的研究。远程出席(Telepresent)系统使在中心医院的专家能够从远端医生或护理人员的"肩膀上"看到他对当地病人的检查。远地护理人员要佩戴一个特殊头盔,头盔上有一个微型视频摄像头、麦克风、耳机和一个微型屏幕。视频和音频信号通过头盔传送到中心医院,专家能与远地护理人员交谈并指导远地正在进行的检查。远程手术(Telesurgery)系统运用遥感和机器人等技术使专家能看到手术现场,并根据专家的手术动作控制远地的机器人或机器手的动作对远地病人做手术。

练　习

一、选择题

1. 视频信息的最小单位是(　　)。

   A. 比率　　B. 帧　　C. 赫兹　　D. 位(bit)

2. 影响视频质量的主要因素是(　　)。

   (1)数据速率 (2)信噪比 (3)压缩比 (4)显示分辨率

   A. 仅(1)　　B. (1)(2)　　C. (1)(3)　　D. 全部

3. 数字视频的重要性体现在(　　)。

   (1)可以用新的与众不同的方法对视频进行创造性编辑

   (2)可以不失真地进行无限次复制

   (3)可以用计算机播放电影节目

   (4)易于存储

   A. 仅(1)　　B. (1)(2)　　C. (1)(2)(3)　　D. 全部

4. 要播放音频或视频光盘,(　　)不是需要安装的。

   A. 网卡　　B. 声卡

   C. 影视卡　　D. 解压卡

5. 下面哪一种说法是不正确的(　　)?

A. 视频会议系统是一种分布式多媒体信息管理系统

B. 视频会议系统是一种集中式多媒体信息管理系统

C. 视频会议系统的需求是多样化的

D. 视频会议系统是一个复杂的计算机网络系统

二、思考题

1. 简述模拟视频转换为数字视频的过程。

2. 简述 NTSC 制式和 PAL 制式的区别。

3. 简述“会声会影”软件基本配置环境的要求。

三、实训题

1. 用视频处理软件“会声会影”链接两段视频;去除视频信息中的音频信号;为视频配音;

2. 按照如下要求制作一个成品,把视频与音频进行合成,并进一步完成多个音频素材的合成。

(1) 表现主题:夏天由晴转雨,过程:乌云密布,狂风大作,倾盆大雨并伴有雷声,雨声中夹杂雷声

(2) 文件格式:AVI

(3) 画面尺寸:240×320

第 8 章　医学动画技术

医学多媒体除了强调生动形象外，还要保证内容详细和精确，医学视频可以展示医学事件产生的动态过程，动画则可以把无法通过解剖获得的生理现象以动态模拟的方式展示给观众。计算机断层扫描（CT）、磁共振（MRI）、超声成像、血管造影、核医学显像、内窥镜技术等用于临床，使许多疾病的诊断更加直观，同时也为医学案例制作提供了大量的素材。

介入治疗、内窥镜治疗、放射治疗的发展，微创外科的兴起使许多借助于显微视频影像的疾病治疗水平有了显著的提高；器官、组织和细胞移植，人工器官、人工组织的研究以及组织器官虚拟三维重建技术的发展，使器官功能衰竭、组织严重损伤的治疗有了新的转机；分子生物学、细胞生物学、组织化学、基因工程等技术的发展在阐明病因、发病机理以及诊断和治疗方面显示了重要的前景。而所有这些领域在示教过程中都可以借助于医学动画案例设计来形象地展示。

目前由多媒体技术参与的动画医学案例在基础医学、临床医学、口腔医学、公共卫生与预防医学、中医学、中西医结合、药学等示教宣传方面都有突出的表现。医学动画案例制作工具主要有平面设计软件 Adobe Photoshop、Gif Construction 动画制作软件，矢量动画制作软件 Adobe Flash 和三维动画制作软件 3ds MAX，其他 3D 应用软件还包括 Maya、Lightwave 3D、Cinema 4D、Softimage 3D、和 Shade 等。本章主要介绍经典医学动画案例制作过程。

8.1　心脏动画案例

人体很多生理特征都与心脏收缩、血液循环产生的现象有关，但无论是解剖还是多排螺旋 CT 扫描，都无法把心脏收缩、舒张时瓣膜的开闭情况以及体循环、肺循环的血流路径动态地展示出来，通过动画设计软件把 CT 和 MRI 数据进行三维重建，则可以完整地展现这一生理过程中关于心脏搏动的课程，“心脏的结构”以及“心脏射血过程”等内容的表现是一个难点，如何化静为动、化抽象为形象，直观展示心房、心室的舒缩，瓣膜开闭的过程等是提高整个动画案例技术水平的关键。

8.1.1　需求分析

在动画制作之前首先需要设计正常心脏的解剖结构，工作流程和状态，心室（心房）收缩（舒张）后血液流动，瓣膜如何开关，血液如何流动，静脉血、动脉血如何标注。心脏不断作收缩和舒张交替的活动，舒张时容纳静脉血返回心脏，收缩时把血液射入动脉，为血液流动提供能量。通过心脏的这种节律性活动以及由此而引起的瓣膜的规律性开启和关闭，推动血液沿单一方向循环流动。血液循环路线：左心室→（此时为动脉血）→主动脉→各级动脉→毛细血管(物质交换)→(物质交换后变成静脉血)→各级静脉→上下腔静脉→右心房→右心室→肺动脉→肺部毛细血管(物质交换)→(物质交换后变成动脉血)→肺静脉→左心房→最后回到左心室,开始新一轮循环,通过动画案例制作可以把血液循环周期完美地展现出来。

医学案例相关素材很容易通过高分辨率 MRI、CT 数据在网络素材库中获得,也可以通过 Adobe Photoshop 软件临摹或通过彩图扫描后获得。一般的心脏血液循环模型及心脏功能动画演示过程只要在图 8-2 所示素材稍作修改后即可完成,通过 Adobe Photoshop 图章工具来改变心房心室的大小,获得心房心室等的收缩与扩展动态效果素材,通过 flash 软件中的任意变现工具来改变心脏壁及心脏隔膜的厚度,计算动画帧与心脏运动的时间关系,加上血液细胞的流动效果来模拟心脏动态功能,导入声音文件为心脏动画配上心音和解说文件,同时添加文字信息,即可完成心脏动态功能图,图 8-1 所示为带有播放、暂停、声音大小调整及文字提示交互按钮的心脏动画演示案例。

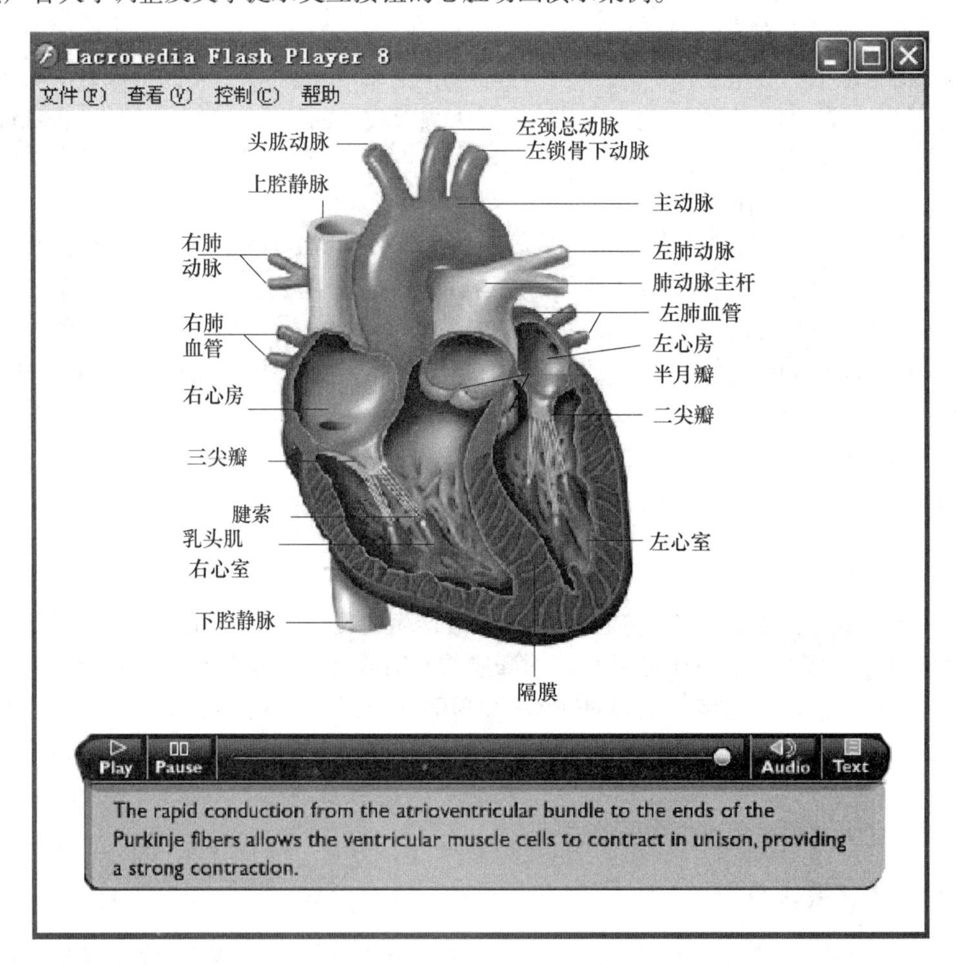

图 8-1　心脏血液循环动画

图 8-2 所示为绘图工具临摹描绘的心脏解剖图。从外形观察,心脏似倒置的圆锥,略大于本人拳头,可分一尖、一底、两面、三缘和三沟。可见左冠状动脉前室间支,其主要分支有:动脉圆锥支、左室前支、右室前支和室间隔支。右冠状动脉起于主动脉右窦,在右

心耳与肺动脉干根之间入冠状沟,向右行绕过心右缘,至房室交点处分为后室间支和左室后支。右冠状动脉的其他分支有动脉圆锥支、右缘支、窦房结支、房室结支。

心脏的泵血依靠心脏收缩和舒张交替活动得以完成。心脏收缩时将血液射入动脉,通过动脉系统将血液分配到全身各组织;心脏舒张时通过静脉系统使血液回流到心脏,为下次射血做准备。心动周期持续的时间与心跳频率有关,成年人心率平均75次/min,每个心动周期持续0.8s。一个心动周期中,两心房首先收缩,持续0.1s,继而心房舒张,持续0.1s,继而心房舒张,持续0.7s。当心房收缩时,心室处于舒张期,心房进入舒张期后不久,心室开始收缩,持续0.3s,随后进入舒张期,占时0.5s。心室舒张的前0.4s期间,心房也处于舒张期,这一时期称为全心舒张期。可见,一次心动周期中,心房和心室各自按一定的时程进行舒张与收缩相交替的活动,而心房和心室两者的活动又依一定的次序先后进行,左右两侧心房或两侧心室的活动则几乎是同步的。另一方面,无论心房或心室,收缩期均短于舒张期。如果心率增快,心动周期持续时间缩短,收缩期和舒张期均相应缩短,但舒张期缩短的比例较大;在动画设计过程中,可以完美地展示心脏的泵血功能:血液在心脏内的单方向流动是怎样实现的。动脉内压力比较高,心脏怎样将血液射入动脉的。压力很低的静脉血液是怎样返回心脏的。

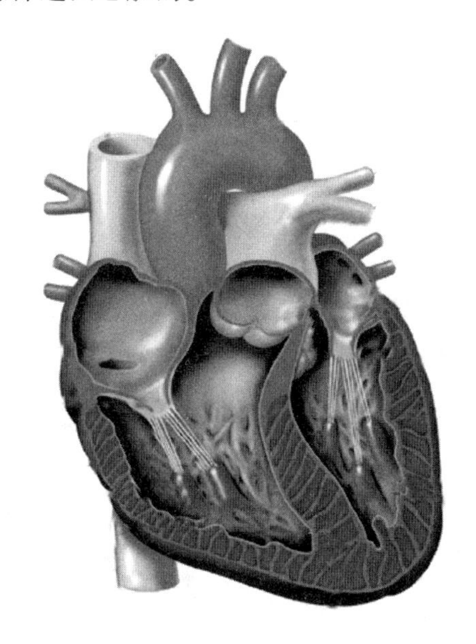

图8-2 心脏解剖图

8.1.2 血液循环动画设计

1) 心脏动态收缩与时间轴之间的关系

心脏的一次收缩和舒张,构成一个机械活动周期成为心动周期(Cardiac Cycle),通常指心室的活动周期。心动周期是心率的倒数,假如心率为75次/min,则每个心动周期持续时间为0.8s。在一个心动周期中,心房和心室的机械活动可分为收缩期和舒张期。图8-3所示为心动周期心房心室舒展、收缩与时间轴的关系,心音与心房心室舒展收缩的相关性。

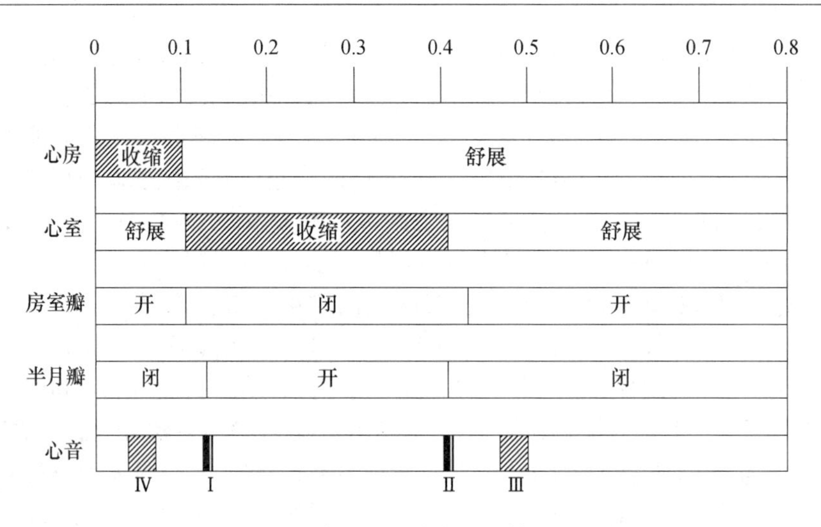

图 8－3　心脏舒缩和心音与时间轴的相互关系

如图 8－3 所示，假如以默认的 12 帧/s 作为 Flash 播放速度，心脏完成一个心动周期需要 9.6 帧，如果按照实际心动周期演示心脏的搏动，我们需要重新计算 Flash 动画播放速度，以每 0.1s 播放一帧，因此需要把 Flash 播放速度设置为 10 帧/s。如果在心脏泵血的同时加上心音信号，那么就要对心音信号进行相应的处理以及在心音信号导入时对时间轴进行相应的设置。

2）心音信号处理

正常的第一心音是由于两个高频成分构成的。第一个高频成分（M1）是二尖瓣关闭产生的，而第二个高频成分（T1）是和三尖瓣关闭产生的两部分组成的，它们几乎同时发生和略微分裂。Gold Wave 处理第一心音 S1 信号，图 8－4 所示为含有噪声未见处理过的信号。图 8－5 所示为经过降噪后的第一波形心音信号。

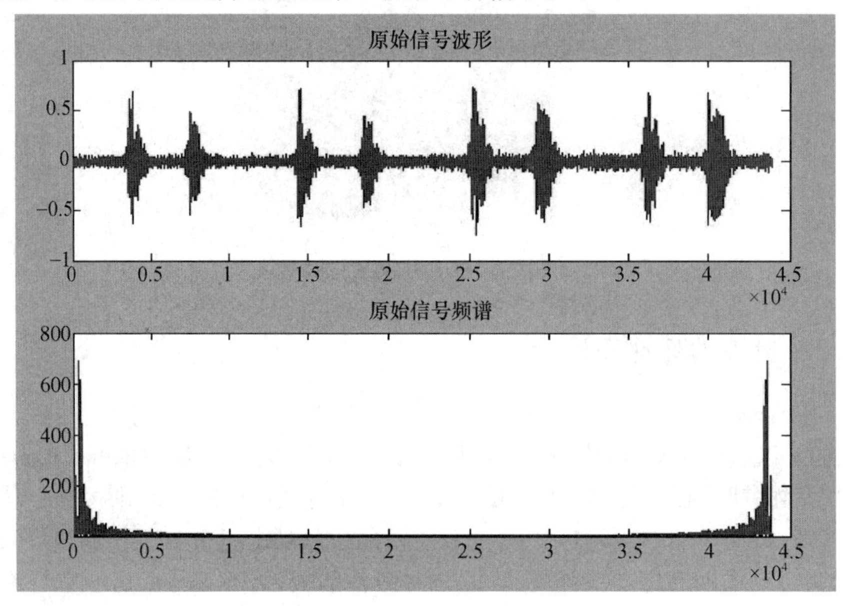

图 8－4　未经滤波的 S1 心音信号和频率图

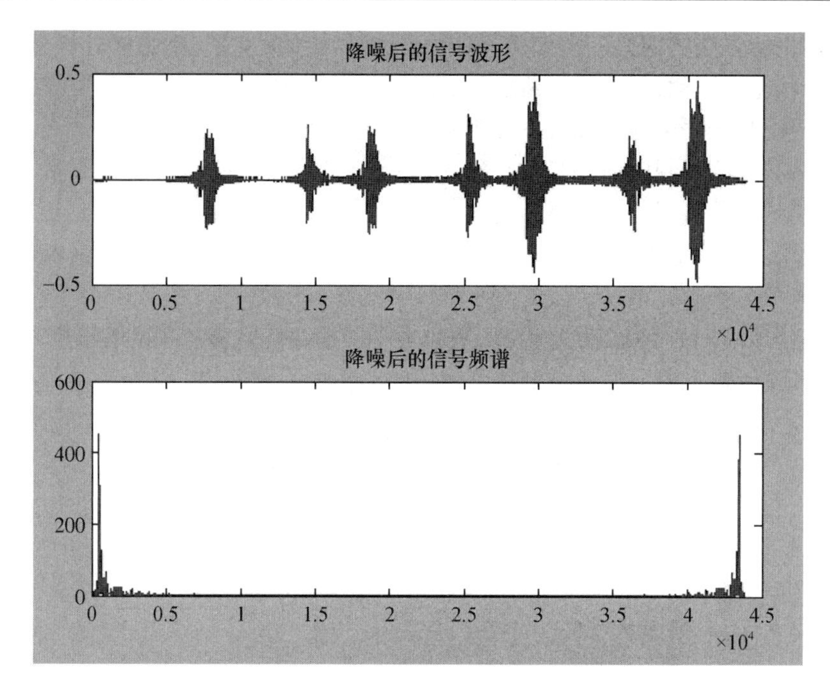

图 8－5　经 GoldWAVE 软件降噪后的心音信号和频率图

从图 8－4 和图 8－5 可以看出，传统的心音信号消噪方法在消除噪声的同时，也滤除了心音的有用信息。由于 *S/N* 信噪比低，因此心音信号处理过程一般通过以下步骤实现，信号滤波及信号放大，放大之后转换成数字信号进一步处理，最终目标是从采集的信号中提取到心音信号。因此对心音信号的滤波用单纯的软件降噪往往是不成功的。

8.1.3　动画制作要点

为了制作出心脏血液流动效果，在动画制作过程中必须注意以下几点：

(1) 用作血液流动背景的心脏图片分辨率不要过高，因为人的视觉分辨有限，在图片分辨率超过 150dpi 后，所制作的动画清晰度提升效果不明显，但是所形成的动画文件将大很多，如果作为网络课程的素材将影响网络的传输。

(2) 在制作引导动画时在心房收缩和心室收缩的周期中分别制作引导线，模拟血液流动的过程，这样便于动画运动的节奏控制。

(3) 对于有瓣膜开闭的地方，最好对每一个瓣膜开关设置一个引导图层，使多通路传导的动画同时进行。

(4) 如果加人同步讲解，声音文件最好采用 MP3 格式，在同步参数选项内设置成“数据流”格式，以便作为网络素材时能顺利播放。

8.1.4　心脏动画制作的关键步骤

按心脏模型画出心脏四个心腔剖面图，通过 Photoshop 图像处理软件中的橡皮擦，仿制图章，图像变形、绘图等工具获得心脏素材图像，此时四心腔均处于扩张状态，动脉瓣处于关闭状态，房室瓣为开放状态，左、右心房间有一缺口。然后用仿制图章工具以及 Flash

中的局部调整的方法将四心腔剖面图将四心腔修改为收缩状态,动脉瓣处于开放状态,房室瓣为闭合状态。注意仅仅修改要活动的部分,不要增加或删除节点,不要移动不活动部分的节点,否则将无法生成所需要的变形。

通过 Photoshop 仿制图章工具及手绘等获得心房心室收缩和扩展效果素材图。采用 flash 软件逐帧导入素材,在适当的地方插入形状补间动画,添加新图层,在新图层中绘制瓣膜闭合效果。导入心音、旁白等声音素材,添加文字,完成动态心脏血液流动效果动画案例的制作。

为了最佳地演示心脏搏动的状况,根据心脏实际搏动的动态效果将整个动画定为 P24 帧,各部位动作的开始帧和结束帧所描述的动作如下:

(1) 右心房。

P24-P3:右心房由收缩转为扩张;

P4-P19:右心房处于扩张最大位置不动;

P20-P23:右心房由扩张转为收缩;

(2) 左右心室。

P23-P8:左、右心室由扩张转为收缩;

P9:左、右心室处于收缩最大位置不变;

P10-P19:左、右心室由收缩转为扩张;

P20-P22:左、右心室处于扩张最大位置不动;

(3) 左心房。

P1-P3:左心房由收缩转为扩张;

P4-P19:左心房处于扩张最大位置不动;

P20-P22:左心房由扩张转为收缩;

P23-P24:左心房处于收缩最大位置不动;

(4) 动脉瓣。

P1-P9:肺动脉瓣、主动脉瓣开、关一次;

P10-P19:肺动脉瓣、主动脉瓣关闭;

(5) 房室瓣。

P10-P19:房室瓣开、关一次;

P20-P9:房室瓣关闭;

用 Photoshop 的画笔工具颜料画出主动脉、肺动脉,上、下腔静脉,以及四个心腔内的泵血过程。

上、下腔静脉流入的血液用天蓝色颜料,来自肺静脉的血液用红色颜料 6 缺口处的血液为蓝色与红色的混合状。

P1-P10:血液从上、下腔静脉流入右心房;

右心室的血液注入肺动脉;

肺静脉的血液流入左心房;

左心室的血液流入主动脉;

P11-P24:左、右心房的血液流入左、右心室。

8.1.5　动画文件的创建

启动 Flash 动画制作软件后单击 File 菜单中的 New 菜单,创建一个新文件。然后按 Ctrl + M 或者单击鼠标右键在弹出的窗口中选择影片属性,在弹出的影片属性对话框中设置舞台窗口的尺寸与属性后按确定键即完成新动画文件的创建。动画文件创建后单击 file 菜单中的导入,导入到舞台,将心脏素材图片按顺序逐帧导入。增加一个图层 2 和引导层,再选中工具窗中的"铅笔"工具,然后选中引导层中的第一帧,用"铅笔"工具沿血液流动传导的路径画一条弯曲平滑的线。选中图层 2 的第一帧,在场景中画一个圆作为血液流动的标志物。然后选中这个圆,按 F8,将其定义成一个图形元件,并将此圆拖到引导线的起始端,拖动时圆的圆心始终要对齐引导线,若对齐了,引导线周围会出现一个小圆圈。由于 Flash 动画每秒播放 10 帧,根据动画所需播放时间分别选中这三层的对应帧,按 F6,分别插入一个关键帧。选中图层 2 的对应帧,将此帧中的圆,用鼠标拖住,沿画好的引导线,拖到引导线的末尾。动画就制作完成,按 Ctrl + Enter 查看效果。如果动画效果良好即可单击 File 菜单中的导出菜单,将制作好的动画按照需求发布成需要的文件格式。

如果想在动画中插入同步讲解,可先将讲解内容通过声卡采集并保存后,再增加一个图层,然后单击 File 菜单中的导入键,将声音文件导入动画内,然后选中新增加的图层,在声音信息窗内选中所要的声音文件,并将其导入新增加的图层就可以将声音添加到动画内,导出带讲解的 flash 动画文件。

8.2　人体穴位动画

《黄帝内经》记载了 160 个穴位名称。《针灸甲乙经》,对人体 340 个穴位的名称、别名、位置和主治有一一论述。宋代王惟重新厘定穴位,订正讹谬,撰著《铜人腧穴针灸图位》,并且首创研铸专供针灸教学与考试用的两座针灸铜人,其造型之逼真,雕刻之精确,令人叹服。可见,很早以前,我国古代医学家就知道依据腧穴治病,并在长期实践过程中形成了腧穴学的完整理论体系。而越是看不见摸不着的东西越需要形象的方式给予描述。到目前为止,已发现人体总计穴位有 720 个,医用 402 个,有活穴和死穴之分,其中不致命的穴为 72 个,致命为 36 个,总计 108 个要害穴位。动画在穴位推拿教学案例中无疑是不错的选择。

据粗略统计,人体重要的穴位就有 365 个,无论多么专业的人也无法全部熟记这么多穴位的名称。人体穴位医学动画可以直观的向人们显示人体各个部分的穴位位置,设计人体穴位动画可以为医务人员对穴位的学习提供方便。

8.2.1　穴位动画素材

相比较于心脏动画素材,人体穴位动画素材相对容易收集,可以采用二维人体平面图来展示。各个部位可以分割开来,穴位动画演示可分头正面,头侧面,头背面,腹胸部,腰背部,上肢,下肢,足部,素材采集可以采用真人图片,二维矢量图绘制或 3ds MAX 三维人体模型绘制,推拿或针灸手法可以直接到针灸推拿科用视频摄像仪拍摄。

由于人体穴位种类很多，因此不可能在全部穴位所在的部位都用明显的点标注出来，否则有的地方会成为黑乎乎一片，看不清穴位所在位置，理想状态是在穴位对应的位置添加按钮元件，当鼠标移动到穴位所在位置并按下鼠标时，即出现红色的点来提示穴位。同时在边上出现穴位的解说或显示相应穴位的针灸方法或推拿穴位手法的视频。另一种方式是穴位名称和对应的人体图案在同一页面不同位置显示，当使用者点击穴位名称时，人体结构图上穴位所在部位显示闪烁点，并用文字或语音提示取穴方法，位置，疗效等信息。完成后的足部针灸穴位动画如图 8－6 所示，用鼠标单击图例丘戌穴位所在位置，出现红点提示，同时出现关于丘墟穴的提示：比如位置、针灸治疗方法记载、取穴方法、推拿按摩手法视频显示等，同时播放声音解说。

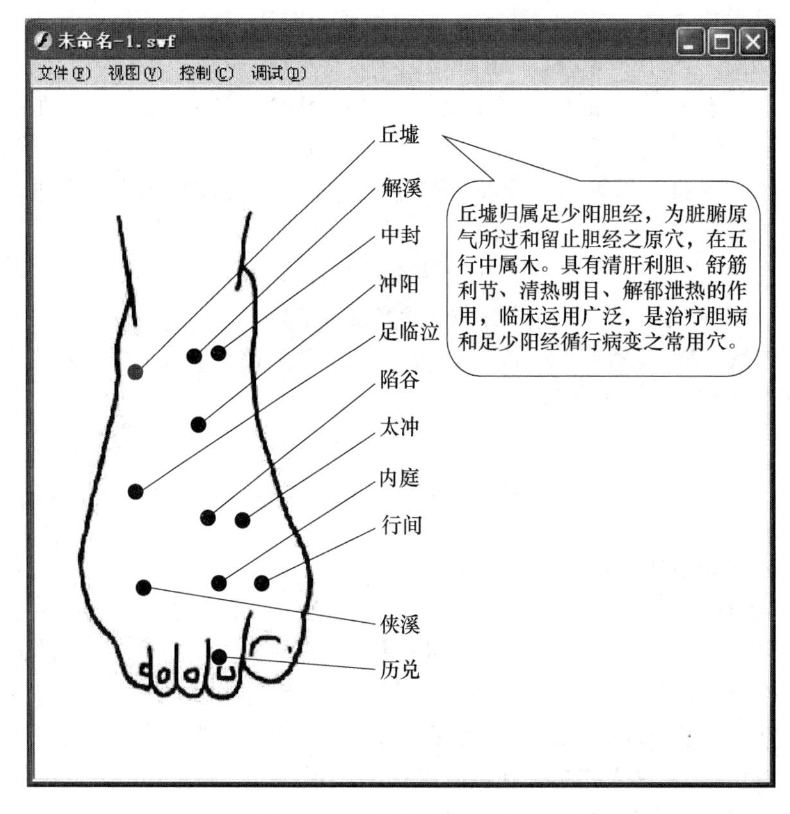

图 8－6　足部穴位指示动画

对于为学习案例而制作的 flash 动画，实现播放，暂停，继续播放的交互按钮制作是最基本的要求。一幅 flash 作品在开始播放前，往往一切都是静止的，当单击播放按钮时声音和图片才开始播放。学习者想要在某个片段停止动画播放时，单击暂停按钮，声音和画面即暂停播放。直到单击继续播放为止。虽然现在安装专门的 flash 播放器也可以做到动画的播放、暂停和继续播放，但毕竟这样就需要安置专门的插件，因此还不如让作品本身带有以上功能的按钮会更方便一些，在下一节中将专门介绍简易按钮及脚本的制作。

另一种动画制作效果如图 8－7 所示，来之于 www. tcmer. com 网站的针灸穴位动画截图，穴位名称与图片分开显示，当鼠标点击穴位名称时，图片模型与穴位对应的地方出现粗点标记，并现实取穴方式，穴位位置，医治功效等信息。如图8-7所示，红点为鼠标单击flash动画中的文字“印堂穴”后才出现的体现穴位动画的截图效果，图中红点所在的位置标示为印堂穴所在的位置。同时人体模特颈部出现穴位位置等的提示文字。

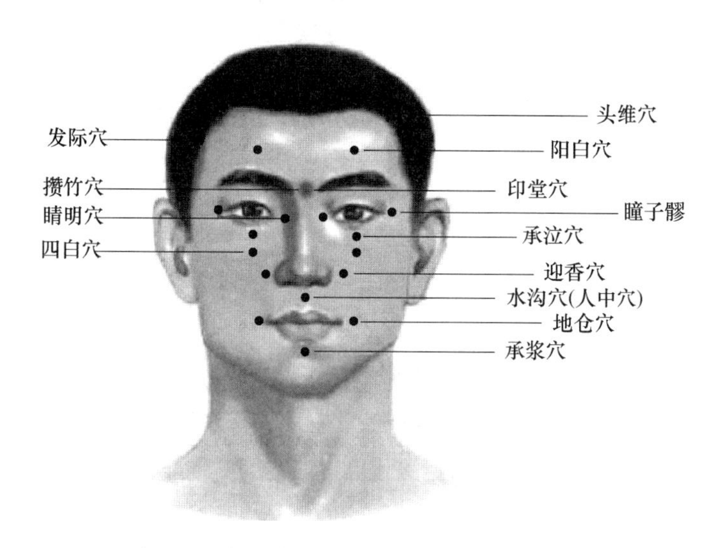

图8-7　与文字按钮相对应的穴位显示效果图

8.2.2　交互按钮的制作要点

穴位交互按钮的制作如图8-8和图8-9所示，在指针经过所在的位置插入空白关键帧，并在编辑区绘制红色小圆，以便鼠标点击动画中的穴位时出现红点提示。为按钮取名为a_1，a_2……等，单击a_1按钮元件时，触发对应的文字解说、按摩手法视频信息、针灸穴位动画等影片剪辑元件播放，要完成这一功能，需要把解说等素材做成影片剪辑元件，并取名为b_1、b_2……等。在元件拖入场景中时，属性面板中的实例名称输入框如图8-9所示，在输入框填入相应的实例名称。只有名称对应了，脚本的功能才能被实现。触发解说影片剪辑播放的脚本关键语句如下：

按钮a_1，a_2……，分别对应影片剪辑b_1、b_2……；将不同名称的按钮分别叠加于对应的穴位，动画播放时，单击a_1按钮播放b_1，单击a_2播放b_2，单击a_3播放b_3……

这里得用到flash脚本ActionScript的命令gotoAndStop意思是：转到并停止

```
on (release) {
            gotoAndStop(帧);
}
```

给按钮加动作时一定要包含在on命令的大括号中，on后跟的事件包括：press、Release、releaseOutside、rollOver、rollOut、dragOver。

这些跟在花括号后面的事件分别表示：

press(单击)：鼠标指针在按钮上时按下鼠标键所触发的事件；

release(释放)：鼠标指针在按钮上时，释放鼠标按键所触发的事件；

rollOver(指针经过)：鼠标指针移到按钮上面所触发的事件；

rollOut(指针离开):鼠标指针从按钮上移出所触发的事件;

releaseOutside(释放离开):鼠标指针在按钮上时按下鼠标按键,移出按钮外后才释放按键所触发的事件;

dragOut(拖放离开):鼠标指针在按钮上时按下鼠标键,然后拖出按钮外所触发的事件;

dragOver(拖放经过):鼠标指针在按钮上时按下鼠标键,然后拖出按钮外,接着又拖回按钮上所触发的事件;

keyPress(按键):按下指定的键盘键所触发的事件;

释放鼠标,播放第30帧的脚本代码为:

```
On(realse)
{
            gotoAndPlay(30);
}
```

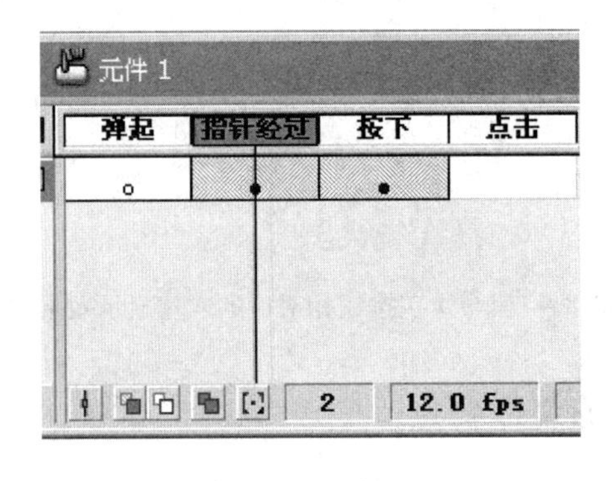

图8-8　穴位指示按钮的制作

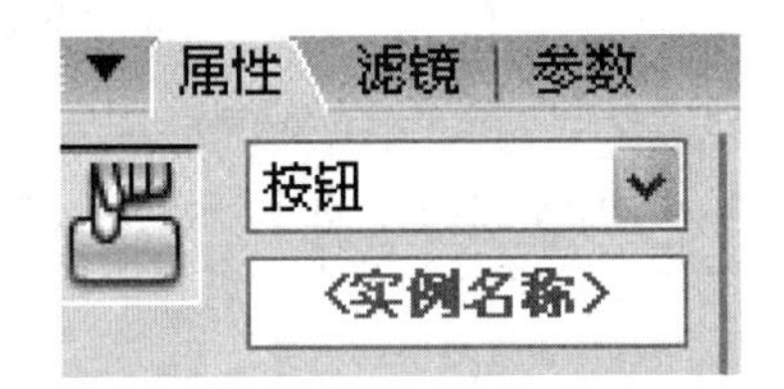

图8-9　元件实例名称输入框

8.2.3　库按钮及脚本编写

Flash窗口菜单的公用库的接联菜单按钮中有许多已经绘制好的按钮如图8-10所示,根据动画播放要求把选中的库按钮拖入到舞台相应位置,按照按钮交互功能添加相应的脚本。

图 8-10　库按钮

在 Flash 动画中导入所有图片、按钮、影片剪辑、声音文件以后，可以再添加一个 AS 图层，在新添加的 AS 图层第一帧加入动作脚本：stop( )；StopAllSound( )；目的是为了在打开医学案例之后，让声音和图片都处于起始页的静止状态。在新增图层输入脚本以后，新增图层的第一帧发生了变化，上面显示一个“a”标志，如图 8-11 所示。

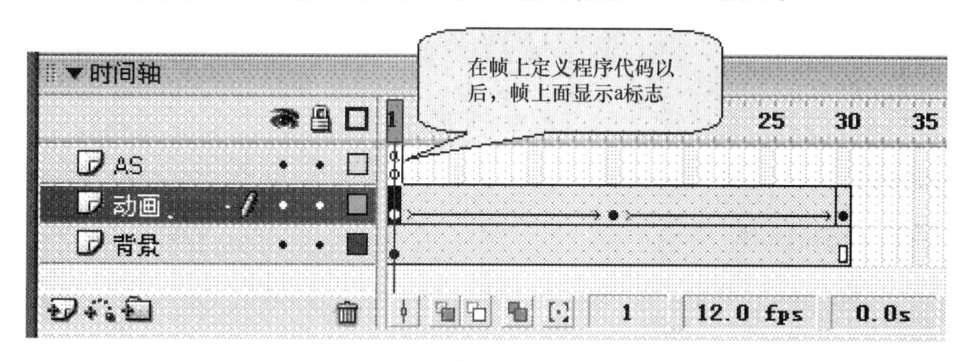

图 8-11　帧动作标志

然后再一次添加新的图层，在新的图层第一帧上从按钮库中拖入如图 8-12 所示的按钮，从左到右第一个按钮可以作为播放按钮使用，第二个按钮为暂停功能按钮，第三个按钮为停止并跳跃到最后一帧的按钮，第四个按钮为从暂停位置继续播放的按钮。

图 8-12　常用库按钮

用鼠标右击最左边的按钮,出现如图 8-13 所示的快捷菜单,用鼠标单击动作菜单,弹出如图 8-14 所示的动作脚本的编辑区,在编辑区中,可以设置如下代码:

```
on(release)
{
    GotoAndPlay(1);
}
```

依此类推,分别在后面的三个按钮添加如下 flash 脚本语言。

1)暂停按钮的脚本

```
on(release)
{
    stop();
    k=(sound.position)/1000   //用K来记录暂停帧所在的位置
}
```

2)重新播放按钮的脚本

```
on(release)
{
    gotoAndStop(1);
}
```

3)继续播放按钮的脚本

```
on(release)
{
    sound.start(k,0);//从K帧开始继续播放。
    play();
}
```

4)后退按钮的脚本

```
on(release)
{
    GotoAndPlay(1);
}
```

5)退出按钮的脚本

```
on(release)
{
    fscommand("quit");
}
```

//当鼠标按下再释放时,运行命令集中的"退出"命令。

6)前进按钮的制作

功能:向前走一步,动画向下一个步骤运行,或是快进。按钮上的脚本语言:

```
on(release)
{
    nextFrame();
}
```

//当鼠标按下再释放时,往下走一帧(前进一帧)。

7)后退按钮的制作

功能:后退一帧,或是返回,按钮上的脚本语言:

```
on(release)
{
prevFrame();
}
//当鼠标按下再释放时,往上走一帧(后退一帧)。
```

8)帧跳转按钮

功能:从某一帧跳转到任意的某一帧。按钮上的脚本语言:

```
on(release)
{
      stopAllSounds();
      gotoAndStop(某帧);
}
//当鼠标按下再释放时,停止所有的声音,跳转并且停在第某帧处。
```

9)控制对象的显示

作用:多用于填空,让对象可见与不可见的控制。按钮上的脚本语言:

```
on(release)
{
      stopAllSounds();
      t1._visible=! t1._visible;
}
```

同时,对应的帧上的脚本语言为:

```
stop();
t1._visible=0
t2._visible=0
t3._visible=0
t4._visible=0
t5._visible=0
```

//当鼠标按下再释放时,停止所有的声音,按钮的对象——影片剪辑实例 t1 为可见时,则变为不可见;如果不可见,则变为可见。

//帧上的脚本初始化——设置影片剪辑实例 t1,t2,t3,t4,t5 等不可见。

有时需要对动画进行全屏、放大、缩小、退出、调用外部可执行程序等的播放控制,fscommand 语句可以实现以上功能。Fscommand 格式如下:

fscommand(命令,参数);//可以向 Flash 播放器传递两个字符串参数。在 Web 页面中的 Flash 可以将 fscommand 传递来的参数交给 JavaScript 进行处理,完成一些和 Web 页面内容相关的互动工作。

全频播放动画的设置,设置全屏尺寸使画面布满整个屏幕,将如下脚本语言写在主场景的第一帧上,帧上的脚本语言:

```
fscommand("fullscreen","true");
//调用 Flash 命令集中的命令,满屏,且当条件为真时。
```

fscommand 命令的其他参数功能如下:

("showmenu", "true/false"):右键菜单设置,TRUE 显示,FALSE 不显示

("allowscale", "true/false"):缩放设置,TRUE 自由缩放,FALSE 调整画面不影响影片本身的尺寸。

("exec","exe 程序名称"):调用 EXE 外部程序。

("quit"):退出关闭播放器窗口。

输入以上脚本需要单击图 8-13 所示快捷菜单中的“动作”菜单,选择“动作”菜单以后,出现如图 8-14 所示的脚本编辑区,所有脚本都输入在编辑区中。

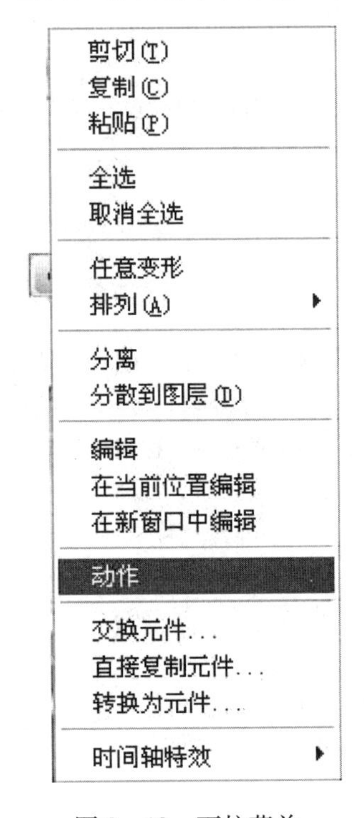

图 8-13　下拉菜单

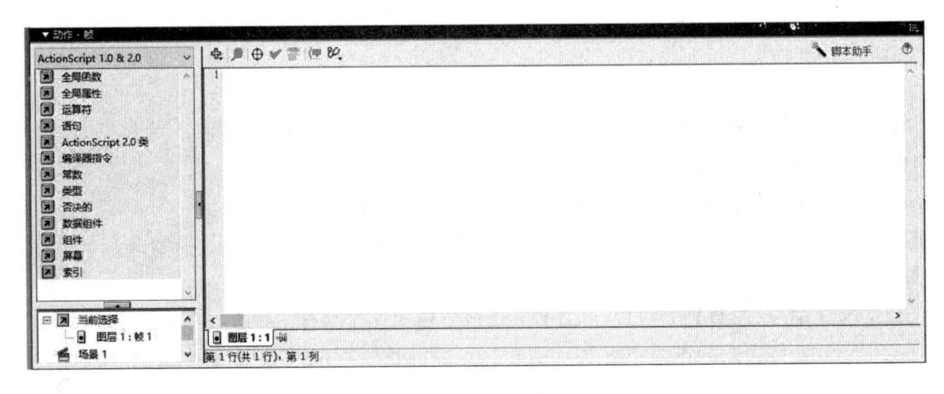

图 8-14　AS 编辑区

8.2.4　穴位动画实现步骤

第一步:首先建立按钮元件分别为:a1,a2,a3 ……;第二步:新建影片剪辑分别为:b1,b2,b3……;第三步:新建图层 1,在第一帧上按 F6 键并导入人体模型;第四步:新建图

层2,把按钮a1拖入按F5加上几个帧,按F9打开动作面板,在动作面板中输入以下代码:

```
on (release)
{
     gotoAndStop(2);
}
```

新建图层3把按钮a2拖入按F5加上几个帧,按F9打开动作面板,在动作面板中输入这段代码:

```
on (release)
{
     gotoAndStop(3);
}
```

新建图层4把按钮a3拖入按F5加上几个帧,按F9打开动作面板,在动作面板中输入这段代码:

```
on (release)
{
gotoAndStop(4);
}
```

依此类推,直到所有穴位被按钮覆盖,再新建下一个图层,第一帧不要管它,直接在第二帧上按F6键插入关键,把影片剪辑b1拖上,在图层第三帧上按F6键插入关键把影片剪辑b2拖上,在第四帧上按F6键插入关键把影片剪辑b3拖入……依此类推直到对应于相关穴位的所有影片剪辑都被放入对应图层的关键帧中,这样,第一种类型的穴位动画即告完成。

8.3 Flash动画与常用教学平台的集成

目前,越来越多的教学案例采用了Adobe Flash来制作。而PowerPoint依然是多数人首选的教学课件制作软件,在PowerPoint中结合多媒体素材整合成一个系统的教学课件,在网页教学平台中插入flash教学案例,已经在多媒体教学中越来越频繁地被采用。本节主要介绍Flash教学案例与PowerPoint软件的集成。以及在网页中插入Flash教学案例。

8.3.1 swf文件与PPT的集成

Flash作品的可编辑文档后缀名为fla,当Flash文档编辑完成后可以把fla文件导出为可播放的swf文件,swf文件可以通过IE打开,也可以通过专门的Flash播放器来播放。但在PPT文档中插入Flash影片是课件制作者经常使用的一种教学手段。由于这两款软件分属于两个不同的大公司,它们的兼容性并不好,这给很多教师尤其是初学课件制作的教师带来困扰。一般情况是将Flash影片和PPT文档分别同时保存,并且不能改变其相对路径和名称才能保证Flash影片在PPT文档中的正确播放。这给课件操作带来了诸多不便,使用者经常因为复制时漏掉复制Flash影片或复制后存储路径发生改变而导致Flash影片无法播放。而且这种集成方法对Flash插件的依赖也很强,如果Flash插件的版本不一样,属性框的设置项也不一样,这也无形中给初学者带来了设置上的难度。那么,如何能像在PPT文档中插入图片那样,让Flash影片和PPT文档融为一体,成为一个文件呢?图8-15所示给出一种利用PowerPoint控件插入Flash影片的方法。具体操作步骤如下：

（1）运行 PowerPoint 2003，切换到要插入 Flash 动画的幻灯片。

（2）单击“视图”菜单，在弹出的下拉菜单中单击“工具栏”，再在弹出的子菜单中单击“控件工具箱”，出现如图 8－15 所示“控件工具箱”。

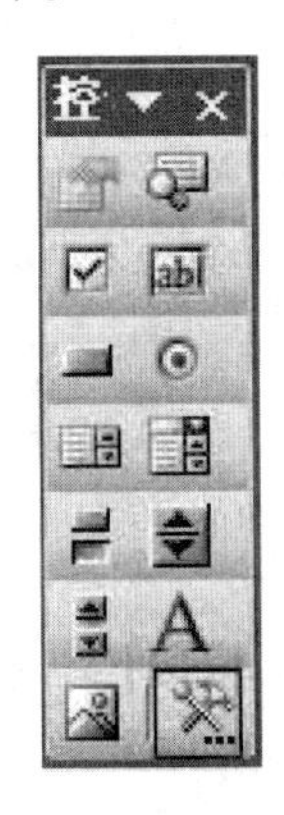

图 8－15 PowerPoint 控件工具箱

（3）单击“控件工具箱”中的右下角“其他控件”如图 8－15 所示中方框标注的按钮，弹出 ActiveX 控件列表窗口，窗口中列出了系统已经安装的所有 ActiveX 控件。通过滚动条，在控件列表中找到“Shockwave Flash Object”并单击，此时系统会自动关闭控件窗口。

（4）将光标移动到 PowerPoint 的编辑区域中，光标变成“十”字形，按下鼠标并拖动，画出适当大小的矩形框，这个矩形区域就是播放动画的区域。

（5）用鼠标右击矩形框，在出现的快捷菜单中单击“属性”，出现“属性”窗口。

（6）在设置控件属性时，如机器中安装的是 Flashplayer9 以前的版本，控件属性窗口中会有一个“自定义”选项，单击“自定义中的……”会出现属性页。在这一步，影片 URL（M）中输入要插入的 Flash 影片的绝对路径、名称及扩展名。并将“嵌入影片”选中，即可实现将 Flash 影片嵌入 PPT 文档中的效果。

必须说明的是，如果机器中安装的是新版的 Flash 控件，就不会出现“自定义”选项，而是直接出现如图 8－16 所示的控件属性窗口。直接使用控件属性窗口设置也可完成同样效果，只是属性都是英文，不像属性页中的中文易懂。属性页中影片 URL（M）对应的是控件属性窗口中的 Movie（影片）属性。“嵌入影片”选项对应的是属性窗口中的 EmbedMovie（嵌入）属性。只需在控件属性窗口，Movie 属性后输入绝对路径、文件名及扩展名，将“EmbedMovie（嵌入）”属性设置成“True”即可，这两个输入框分别在图 8－16 所示中用红框标注。

图 8－16 ShockwaveFlash 控件属性对话框

等设置好这些内容后,将设置好的文档保存并关闭,这时 Flash 文档就被包含到 PPT 文档中,成为一个文件了。在放映该幻灯片时,Flash 动画就开始播放了。我们只需复制 PPT 一个文件,再也不用担心 PPT 中的 Flash 文件会丢失。

Flash 文件与 PPT 集成以后,如果插入的 Flash 动画本身没有播放控制按钮,那么如何在 PPT 中实现对 Flash 的播放控制,比如控制动画暂停或继续播放? 下面介绍 PPT 文档播放按钮的制作。

1)制作(播放)按钮

在"控件工具箱"中选择"命令按钮",在幻灯片中拖动,即可拖出一个命令按钮。调整好大小,在"属性"面板中作如下设置:"名称"中输入"cmd_play","Caption"中输入"播放"。双击该按钮,进入 VBA 编辑窗口,输入如下内容:

```
Private Sub cmd_play_Click()
ShockwaveFlash1.Playing = True
End Sub
```

2)制作(暂停)、(前进)、(后退)、(返回)、(结束)按钮

按钮制作的方法同上。"属性"面板中分别作如下设置:暂停按钮的"名称"为"cmd_pause","Caption"为"暂停";前进按钮的"名称"为"cmd_forward","Caption"为"前进";后退按钮的"名称"为"cmd_back","Caption"为"后退";返回按钮的"名称"为"cmd_start","Caption"为"返回";结束按钮的"名称"为"cmd_end","Caption"为"结束"。

分别为各个按钮加上 VBA,命令依次如下:

```
//
Private Sub cmd_pause_Click()
ShockwaveFlash1.Playing = False
End Sub
//
Private Sub cmd_forward_Click()
ShockwaveFlash1.FrameNum = ShockwaveFlash1.FrameNum + 30
ShockwaveFlash1.Playing = True
End Sub
//
Private Sub cmd_back_Click()
ShockwaveFlash1.FrameNum = ShockwaveFlash1.FrameNum - 30
ShockwaveFlash1.Playing = True
End Sub
//
Private Sub cmd_start_Click()
ShockwaveFlash1.FrameNum = 1
ShockwaveFlash1.Playing = True
End Sub
//
Private Sub cmd_end_Click()
ShockwaveFlash1.FrameNum = ShockwaveFlash1.TotalFrames
```

```
End Sub
```

说明:"//"双斜杠在书页中的作用主要是为了区分各个按钮的代码。在(前进)、(后退)、(返回)按钮中,后面均加上一条播放命令,是因为在实际应用时,发现后面如果没有播放命令的话,Flash 影片会停止播放,所以这句万万不可缺少。

3)播放幻灯片

要使按钮能成功控制 Flash 动画的播放,需要把工具菜单里的宏的安全级别设置为低。设置方法:单击"工具/宏/安全性",将"安全级"设为"低"。重新打开 PowerPoint 就可以了。

8.3.2 在网页中插入 Flash 动画

Flash 可以实现网页中动态的交互式多媒体技术,由于它制作的动画丰富多采,体积小,可边下载边播放,还可在网页中加入声音等众多优点,因此,Flash 已逐步成为了交互式网络多媒体技术的主流。我们在许多站点都能见到 Flash 动画,但是早期的 Frontpage 等网页制作工具并没有提供对 Flash 动画的支持,如何把 Flash 动画发布到网页中呢? 下面就为大家提供一些方法。

要浏览 Flash 动画,必须在浏览器中安装 Flash 插件,在 4.0 以上版本的 IE 和 Netscape 浏览器中都自动整合了 Flash 功能,对于使用低版本浏览器的用户可到 www.macromedia.com 下载免费的 Flash 插件。

1)用 Dreamweaver 网页编辑软件实现 Flash 与网页的集成

Dreamweaver 是 Macromedia 公司出品的一个专门的网页制作和网站管理工具。它所见即所得,功能强大,已经逐渐成为网页制作者的首选工具。由于和 Flash 同是一个公司的产品,因此 Dreamweaver 很好地提供了对 Flash 动画的支持,使用者可以很简单地在网页中插入 Flash 动画,就像插入一个 GIF 动画一样简单。具体方法是:启动 Dreamweaver,选择 Insert 菜单下的 Flash 选项,或按"Ctrl + Alt + F"键,即可将一个 Flash 动画插入到网页中去,然后保存,就可在浏览器中观看了。使用这种方法是最简单也是效率最高地插入 Flash 动画的方法,它不仅仅是插入了动画,而且可以根据设计的网页布局随意改变,优于下面介绍的两种方法。

2)利用 Flash 软件自带工具实现 Flash 与网页的集成

Aftershock 是 Flash 自带的一个用来把 Flash 动画插入到网页中去的附加程序,在安装 Flash 软件时通过自定义可以把 Aftershock 组件安装到计算机中。Aftershock 可为 Flash 动画创造出 HTML 储存位置,并根据使用者的选择输入合适的参数。当使用者还在学习那些参数,能运用在一个嵌入的 Flash 动画上时,Aftershock 可以大幅度地加速制作,甚至写入需要的程式码内容,以协助处理那些没有 Flash 的浏览器,并帮助克服网页布局与微软浏览器之间的不相容问题。也就是 Aftershock 可以帮助使用者自动生成 object 和 embed 标签,并能自动生成相应的 JavaScript 代码用于检查用户的浏览器是否安装了 Flash 插件,如果没有安装,它可以生成一幅 gif 图像代替 Flash 动画显示。具体操作是:启动 Aftershock,选择 File 菜单下的 Add Shockwave 选项,在弹出的对话框中选中一个制作好的 Flash 动画文件,然后再选择 File 菜单下的 Save 命令,即可将这个 Flash 动画保存到一个单独的网页中去。如果你想将这个 Flash 动画插入到一个已经制作好的网页中去,先选中该 Flash 动画文件，然后单击工具栏中的“Change html file”按钮即可。

而高版本的 Flash 软件在把 Flash 动画集成到网页中去时，只要采用文件菜单下的发布设置命令即可，设置完成后可以通过发布预览来观察设置后的动画在网页中的效果。等完成以后可以通过发布导出 HTML 文件。

3）直接插入 Html 代码实现 Flash 与网页的集成

网页创建者只要直接把下面代码插入到网页中去，假设在 D 盘目录下有一个 1. swf 动画文件，其代码描述为：

```
<object classid ="clsid: D27CDB6E-AE6D-11cf-96B8-444553540000"codebase ="http://download.macromedia.com/pub/shockwave/cabs/flash/swflash.cab#version =7,0,19,0" width ="722" height ="111" >
<param name ="movie" value ="d: \1.swf" />
<param name ="quality" value ="high"/>
<embed src ="d: \1.swf" quality ="high" pluginspage ="http://www. macromedia.com/go/getflashplayer" type ="application/x-shockwave-flash" width ="722" height ="111" > </embed >
</object >
```

在源代码中，“OBJECT”标签是用于 windows IE3. 0 及以后浏览器或者其他支持 Activex 控件的浏览器的页面中插入对象。“classid”和“codebase”属性必须要精确地按上例所示的写法写，它们告诉浏览器自动下载 flash player 的地址。如果没有安装过 flash player 那么 IE3. 0 以后的浏览器会跳出一个提示框访问是否要自动安装 flash player。当然，如果不想让那些没有安装 flash player 的用户自动下载播放器，就可以省略掉这些代码。EMBED 标签是用于 Netscape Navigator2. 0 及以后的浏览器或其他支持 Netscape 插件的浏览器允许插入任何对象。“pluginspage”属性告诉浏览器下载 flash player 的地址，如果还没有安装 flash player 的话，用户安装完后需要重启浏览器才能正常使用。为了确保大多数浏览器能正常显示 flash，需要把 EMBED 标签嵌套放在 OBJECT 标签内，就如上面代码例子一样。支持 Activex 控件的浏览器将会忽略 OBJECT 标签内的 EMBED 标签。

8.4　医学动画应用领域

传统医学案例通常是利用扫描仪或照相机来获取所需的医学素材，然后通过图像处理软件进行加工，再插入到 PPT 等教学课件中的，而声音和视频的采集，一般借助于摄像机或视音频采集软件来完成的，在 20 世纪 90 年代解剖学授课中甚至直接通过挂图来讲解人体解剖结构，需要有专门的人员来保管彩图。医学动画的发展是随着动画制作软件的发展而发展的。最早流行的动画是网上矢量动画，绘制软件是 Future Wave 公司的 Future Splash，比较流行的二维制作软件 Flash 就是从 Future Splash 发展起来的，Macromedia 公司收购了 Future Splash 以后便将其改名为 Flash2，直到发展为 Flash8。再后来 Adobe 公司收购了 Flash 软件发展成了 Flash CS 系列。与 Java 语言的格式更加融合。虚拟现实技术以及三维动画制作的软件发展让医学动画有了质的飞跃，使医学动画从教学案例走向了临床与手术避规等实战领域。医学动画的应用非常广泛，在演绎和宣讲药品药理、病理、生理功能等方面有着非常独到和直观的效果。

在医学教育中，计算机动画大多应用于组织胚胎学、细胞和分子生物学、人体解剖学、皮肤病学和生理学等课程教学；在临床教学中主要应用于体格检查、外科技术、麻醉和心肺复苏等；在流行病学和生物统计学领域，动画用来促进理解抽象的概念和复杂的数学应用。

1. 医学动画在病理学中的应用

动画可以用动态的方法形象直观地演绎疾病的发生、发展及相应变化过程。比如用语言很难描述炎症时白细胞游出的连续又复杂的过程，即使是显微镜下观察组织切片也难以全面正确地理解这一过程，而应用动画则可形象展示在致炎因子作用下，血管内壁流的血浆渗出，白细胞由轴流到达血管边缘，随后在血管内皮表面滚动，通过黏附分子与血管内皮细胞黏附，伸出伪足，做阿米巴样变形运动游出血管壁，之后在炎症介质的趋化作用下作定向移动，达到炎症部位，伸出伪足吞噬异物，或呈递抗原协助清除异物等，动画可以实时展现这个神奇的体内炎症消除过程，把组织切片中静止的图片与体内动态的过程连接起来，音、像、图并茂地展示，能让学生留下深刻的印象。

2. 医学动画在虚拟手术中的应用

借助于虚拟现实技术，在虚拟实验室中，进行"尸体"解剖和各种手术练习。一些仿真程度非常高的医学虚拟现实系统可用于医学培训、实习和研究。例如，导管插入动脉的模拟器，可以让学生反复实践导管插入动脉时的操作；眼睛手术模拟器，根据人眼的前眼结构创造出三维立体图像，并带有实时的触觉反馈，学生利用它可以观察模拟移去晶状体的全过程，并观察到眼睛前部结构的血管、虹膜和巩膜组织及角膜的透明度等。

外科医生在真正动手术之前，通过三维重建和虚拟现实技术的帮助，能在显示器上重复地模拟手术，移动人体内的器官，寻找最佳手术方案并提高熟练度。另外，在远距离遥控外科手术，复杂手术的计划安排，手术过程的信息指导，手术后果预测及改善残疾人生活状况，乃至新药研制等方面，VR 在医学方面的应用具有十分重要的意义，在虚拟环境中，可以建立虚拟的人体模型，借助跟踪球、HMD 等专业设备完成虚拟手术。

3. 辅助病情判断

可以在虚拟人体模型上开展各种无法在真人身上进行的诊断与治疗研究，使诊断和治疗个性化，最终能够预测人体对新的治疗方法的响应。虚拟技术还能变定性为定量，使医院诊断治疗达到直观化、可视化、精确化的效果。例如传统医学诊断主要靠医生的学识和经验，但医生也有诊断不确定的时候，这就会导致误诊。虚拟手术系统将所有人体信息收集存储在计算机里，诊断前医生先将药物影响数据输入计算机，系统协助医生作出判断。

4. 协助建立手术方案

能够利用图像技术，帮助医生合理、定量的定制手术方案，能够辅助选择最佳手术途径、减少手术损伤、减少对组织损害、提高病灶定位精度，以便执行复杂外科手术和提高手术成功率等。虚拟手术系统可以预演手术的整个过程以便事先发现手术中可能出现的问题，使医生能够依靠术前获得的医学影像信息，建立三维模型，在计算机建立的虚拟环境中设计手术过程、切口部位、角度，提高手术的成功率。

5. 手术训练教学

临床上，80% 的手术失误是人为因素引起的，所以手术训练极其重要。医生可在虚拟手术系统上观察专家手术过程，也可重复练习。虚拟手术使得手术培训的时间大为缩短，同时减少了对昂贵的实验对象的需求。由于虚拟手术系统可为操作者提供一个极具真实感和沉浸感的训练环境，力反馈绘制算法能够制造很好的临场感，所以训练过程与真实情况几乎一致，尤其是能够获得在实际手术中的手感。计算机还能够给出一次手术练习的评价。在虚拟环境中进行手术，不会发生严重的意外，能够提高医生的协作能力。

6. 降低培训费用

由于手术教学的过程采用的三维动画模拟操作，减少了实际操作中的预算，因此为实习医生降低了学习的负担。

医学动画在医学其他领域中的开发应用有广告业中的药理肌理展示，医疗器械动画展示，药品宣传展示，医学报告医学宣传等。

练　习

一、选择题

1. 下列哪些位图文件格式可以导入到 Flash 文件内(　　)。

A. BMP　　B. JPG　　C. PSD　　D. GIF

2. Flash 导入声音文件有哪几种方式(　　)?

A. 打开窗口菜单的 Library 级联菜单中的 Sound 资料库，拖拽音效到页面上。

B. 打开文件菜单的 Export 命令，在 Export 对话框中挑选要置入的声音文件。

C. 打开文件菜单的 Import 命令，在 Import 对话框中挑选要置入的声音文件。

D. 打开插入菜单的 Import 命令，在 Import 对话框中挑选要置入的声音文件。

3. Flash 影片默认频率是多少(　　)帧?

A. 12　　B. 24　　C. 36　　D. 35

二、填空题

1. 动画由多幅画面组成，当画面________、________播放时，由于人类眼睛存在“________”而产生动感。

2. 半自动动画是________帧，全自动动画是________帧。

3. 计算机动画分为________动画、________动画和________动画。

三、思考题

1. 简述动画在医学教学案例设计中的应用。

2. 制作动画的常用软件有哪些?

3. 记录动画的文件格式有哪些?

4. 什么是帧动画? 什么是造型动画?

第 9 章　医学多媒体案例

现阶段医学数字化领域正在进入文字、图像、声音影像和视频等多种信息综合处理的新阶段，多媒体技术的兴起使得数字化医学进入了一个崭新的多媒体计算时代。多媒体技术正在成为医学领域信息化的新热点。本章主要介绍医学多媒体案例的处理过程。

9.1　医学媒体处理

从信号学角度分析医学领域的媒体信息与普通媒体并没有太大区别，两者都包含文本、图像、声音、视频、实时信号以及多媒体集成信息，但不同领域对信息的关注点不同，医学领域更多关注的是由人体产生的多媒体信号。人体音频信号处理在第 4 章已有详细介绍，本章节主要介绍人体医学影像信息及其处理。

CT 是 X 射线对人体进行横断面扫描，通过电子探测器将扫描层面的光子转化为数字信息，并将转化的数字信息经电子计算机处理成像，其工作原理为：χ 射线对人体某一部位采用一定厚度层面进行扫描，穿透人体时，信号衰减后的射线经由电子探测器接收，经光电管转化器转化为电流，再经模/数（A/D）转换器转化成数字信号，输入电子计算机进行处理，并把这些数据排列成数字矩阵，保存于存储介质中。然后，再经过数/模（D/A）转换器将数字矩阵转换成不同灰度值的像素矩阵，通过显示屏显示及照相机摄制成 CT 图像，用于相关疾病诊断。

CT 图像以不同的灰度来反映器官和组织对 χ 射线的吸收程度。与 χ 射线图像所示的灰度图像一样，黑影表示低吸收区，即低密度区，如肺部；白影表示高吸收区，即高密度区，如骨骼。但是 CT 与 χ 射线图像相比，基于 X 射线的计算机断层成像（Computed Tomography，CT）具有分辨率高和不同组织对比度强的特点，可以较好地显示由软组织构成的器官，如脑、脊髓、肺、肝、胆、胰腺以及盆部器官等，对骨骼等高密度区的显示效果更好，并在良好的解剖图像背景上显示出病变的影像。增强 CT 扫描检查，除能分辨血管解剖结构，还能观察血管与病灶之间的状况，CT 影像能反映出病灶部位血供的情况和血液动力学的变化，对软组织的显示优于常规 χ 射线检查。但局部区域存在软组织会导致局部区域的对比度降低，病人轻微活动就会造成伪影，从而使感兴趣区域分割和病灶识别变得困难。CT 影像处理涉及图像增强、去噪声、边缘提取、图像分割及感兴趣区域量化处理等操作。

9.1.1　脑部 CT 图像分析

脑部 CT 图像是典型的非平稳信号，具有很强的背景噪声，处理起来较困难，脑部 CT 图像处理主要包括脑部 CT 图像去噪、边缘检测和分割。经典的脑部 CT 图像去噪主要采用空域法和频域法两大类。空域法是直接对图像中的像素进行处理,基本上是以灰度映射变换为基础的。如邻域平均法、多幅图像平均法和中值滤波等。

1)邻域平均法处理脑部 CT 图像

邻域平均法是将原图中一个像素的灰度值和它周围邻近 8 个像素的灰度值相加,然后将求得的平均值作为新图中原像素的灰度值。它采用模板计算的思想,模板操作实现了一种邻域运算,即某个像素点的结果不仅与本像素灰度有关,而且与其邻域点的像素值有关,模板运算在数学中的描述就是卷积运算。假设图像 S 的像素表达 $f(x,y)$ 为 $M \times N$ 的阵列,处理后生成的图像为 $g(i,j)$,它的每个像素的灰度值由像素 (x,y) 相连区域像素的平均灰度值所决定。新的像素表达式描述为

$$g(i,j) = \frac{1}{M}\sum_{x,y \in S} f(x,y) \tag{9-1}$$

式中,$x,y = 0,1,2,\cdots,N-1$,S 是以 (x,y) 点为中心的邻域的集合,M 是 S 内坐标点的总数。这种方法算法简单,计算速度很快,但是在降低噪声的同时使图像产生模糊,特别在边沿和细节处,邻域越大,模糊越厉害,为此可采用阈值法处理图像。邻域平均法中常用的模板公式为

$$T_{\mathrm{Box}} = \frac{1}{9}\begin{bmatrix} 1 & 1 & 1 \\ 1 & 1* & 1 \\ 1 & 1 & 1 \end{bmatrix} \tag{9-2}$$

为了解决邻域平均法造成的图像模糊问题,采用阈值法,又被称为超限邻域平均法,如果某个像素的灰度值大于其邻域像素的平均值,且达到一定程度,则判断该像素为噪声,继而用邻域像素的均值取代这一像素值;否则,认为该像素不是噪声点,不予取代,假如给定阈值 T_0,像素表达可描述为

$$h(x,y) = \begin{cases} f(x,y) & |f(x,y) - g(x,y)| < T_0 \\ g(x,y) & |f(x,y) - g(x,y)| \geq T_0 \end{cases} \tag{9-3}$$

在式(9-3)中,$f(x,y)$ 是原始含噪声图像,$g(x,y)$ 是由式(9-1)计算的平均值,$h(x,y)$ 为滤波后的像素值。

2)MATLAB 实现领域平均法脑部 CT 图像噪声污染处理(假设要处理的图像 brain. dcm 存储于 D 盘)

```
I = dicomread('d:\brain.dcm');
B = rgb2gray(I);
figure;  imshow(B);  title('原始图象');
H = imnoise(B,'gaussian');
figure;  imshow(H); title('高斯噪声');
Q = imnoise(B,'salt & pepper');
figure;   imshow(Q); title('椒盐噪声');
G = fspecial('average',3 * 3);
D = imfilter(H,G);
figure;  imshow(D); title('高斯噪声图片平均模板');
L = fspecial('average',5 * 5);
S = imfilter(H,L);
```

```
figure;  imshow(S); title('高斯噪声图片平均模板 1');
W = fspecial('average',7 * 7);
O = imfilter(H,W);
figure;  imshow(O); title('高斯噪声图片平均模板 2');
M = fspecial('gaussian',3 * 3);
E = imfilter(Q,M);
figure;  imshow(E); title('椒盐噪声图片高斯模板');
N = fspecial('gaussian',5 * 5);
K = imfilter(Q,N);
figure;  imshow(K); title('椒盐噪声图片高斯模板 1');
Z = fspecial('gaussian',7 * 7);
J = imfilter(Q,Z);
figure;  imshow(J); title('椒盐噪声图片高斯模板 2');
R = fspecial('gaussian',3 * 3);
T = imfilter(H,R);
figure;  imshow(T); title('高斯噪声图片高斯模板');
X = fspecial('gaussian',5 * 5);
V = imfilter(H,X);
figure;  imshow(V); title('高斯噪声图片高斯模板 1');
U = fspecial('gaussian',7 * 7);
P = imfilter(H,U);
figure;  imshow(P); title('高斯噪声图片高斯模板 2');
M = fspecial('average',3 * 3);
E = imfilter(Q,M);
figure;  imshow(E); title('3 * 3 平均模板');
N = fspecial('average',5 * 5);
K = imfilter(Q,N);
figure;  imshow(K); title('5 * 5 平均模板');
Z = fspecial('average',7 * 7);
J = imfilter(Q,Z);
figure;  imshow(J); title('7 * 7 平均模板');
C = medfilt2(Q);
figure;  imshow(C); title('椒盐噪声图片中值滤波处理');
M = medfilt2(H);
figure;  imshow(M); title('高斯噪声图片中值滤波处理');
```

图 9-1 所示为脑部 CT 图像降噪处理后的结果比较。

3)多幅图像平均法

多幅图像平均法是利用对物体拍摄的多幅图像取平均来消除噪声。设原图像为 $f(x,y)$，图像噪声为加性噪声 $n(x,y)$，则有噪声的图像 $g(x,y)$ 可表示为

$$g(x,y)=f(x,y)+n(x,y) \tag{9-4}$$

若图像噪声是互不相关的加性噪声，且均值为 0，则可表示为

$$f(x,y)=E[g(x,y)] \tag{9-5}$$

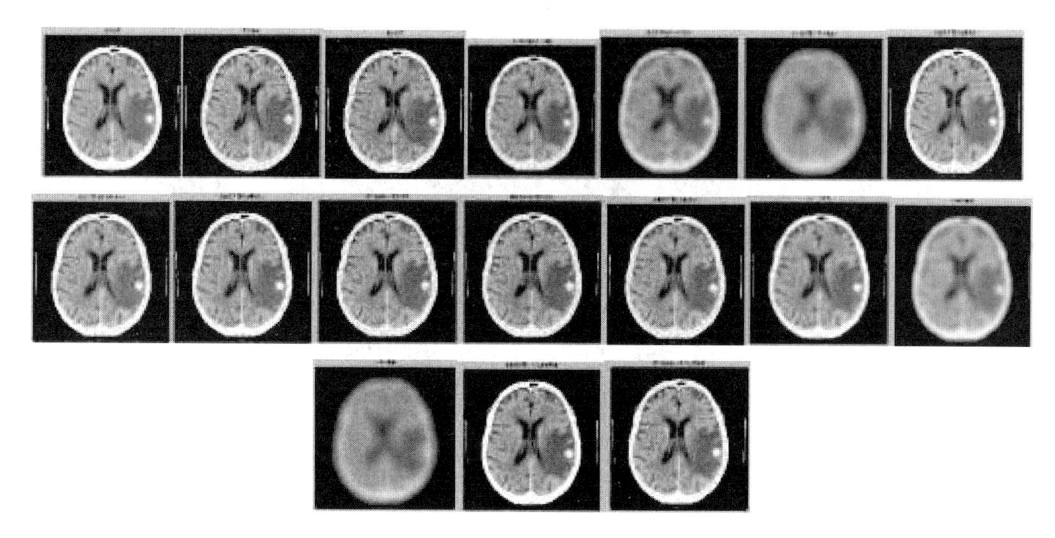

图9－1　脑部CT图像降噪处理效果

其中$E[g(x,y)]$为$g(x,y)$的期望值，对M幅有噪声的图像经平均后转化为表达式(9－6)和式(9－7)：

$$f(x,y) = E[g(x,y)] \sim \bar{g}(x,y) = \frac{1}{M}\sum_{i=1}^{M} g_i(x,y) \tag{9-6}$$

和

$$\delta^2_{\bar{g}(x,y)} = \frac{1}{M}\delta^2_{n(x,y)} \tag{9-7}$$

式中，$\delta^2_{\bar{g}(x,y)}$和$\delta^2_{n(x,y)}$为$\bar{g}$和n在点(x,y)处的方差。

4）脑部CT图像的边缘检测方法

边缘检测是感兴趣区域识别必不可少的步骤，也是图像处理中较为困难的环节，图像分割的任务是把图像分离成区域，以便于进一步的分析。分割后的区域互不交叠，区域要有意义，分开的区域是图像中我们感兴趣的目标，其他分析过程经常依赖于分割的结果，准确地分割医学影像决定其他步骤分析的准确程度，图像分割问题的困难在于实际问题的复杂多变。对于某个具体的问题是图像数据的模糊和噪声的干扰。至今，还没有一个判断分割是否完全正确的准则，也没有一种标准的方法能够解决所有的分割问题。只有一些针对具体问题或要求满足一定条件的方法。分割得好坏必须从分割的效果来判断。实际图像中情况各异，具体问题具体分析，根据实际情况选择适合的方法。

脑科医生常把DICOM图像转换成JPEG格式以后，使用Photoshop人工选择感兴趣区域，Photoshop常用图像选择工具有快速选择工具，魔棒工具，配合像素颜色值 羽化：0 px 羽化属性可以获得种子点周围连续区域。其次为自由分割工具套索工具、多边形套索工具、磁性套索工具，配合各种工具的属性设置，可以用人工方式获得病灶边界，在获得病变区域边界以后，在Photoshop分析菜单中选择记录测量菜单，便可获得测量日期和时间、以像素为单位的病灶面积、周长、圆度、高度、宽度、灰度最大值、灰度最小值、灰度平均值、累计密度等量化指标，这也是目前病变区域量化分析较为常用的方法。图9－2所示为脑部伴随右侧低密度类圆性病变，并有规则环形的高密度环，周围存在水肿区的CT脑部图像。

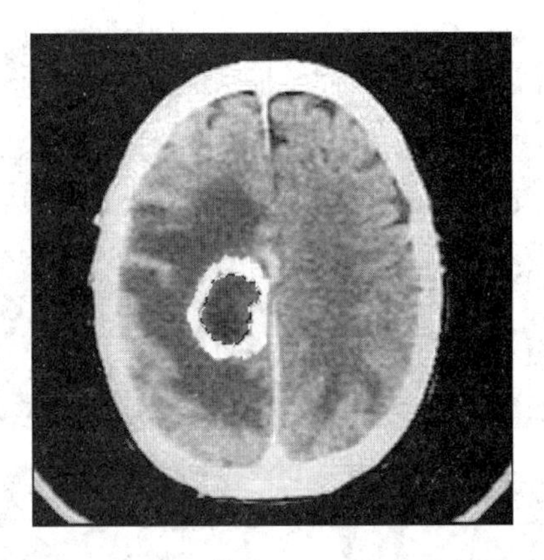

图 9 - 2　PS 魔棒工具选择病灶效果

表 9 - 1 所列为上图脑部 CT 图像通过 Photoshop 魔棒工具对病灶进行选择后,用 Photoshop 自带的记录测量获得的病灶量化指标。

表 9 - 1　人工分割病变区域量化指标

记录测量

	子	计数	面积	周长	圆度	高度	宽度	灰度值(最小值)	灰度值(最大值)	灰度值(平均值)	灰度值(中间值)
0001	000	1	879.000000	127.346717	0.681119	38.000000	33.000000	57.000000	150.000000	94.919226	90.000000

5)脑部 CT 图像分割

在计算机感兴趣区域分割方面,研究人员已做了大量的工作,统计学理论、模糊集理论、神经网络、形态学、小波变换、遗传算法、尺度空间、多模板匹配、非线性扩散、多特征融合、马尔可夫链和主动轮廓模型等在图像分割中的应用日渐广泛。但是尚无类似于人类视觉那样通过灰度值梯度、明暗、边界、几何形状、甚至先验知识等多种特征并行和串行自适应地对目标区域普适性的识别方法。

动态规划(Dynamic Programming)是为解决多阶段决策问题最优化而提出的。它是将边缘检测问题看作一个优化问题,求其全局最优解。根据最优性原理,可以把多阶段决策问题的求解过程看作一个连续的递推过程,从终点分段地向初始点寻找最优的策略,直到确定这个问题的最优解为止。基于动态规划的分割算法就是将起始点到终止点之间的累积代价作为目标函数,将起始代价阵的元素作为变量进行运算的,首先对原始图像进行一定的变换得到初始代价阵,并人为给定起始点和终止点,由初始代价阵和给定的初始点迭代得到最小累积代价阵,之后由终止点依照最小代价路径反向回溯到起始点就可以获得所需的边缘轮廓线。动态规划对图像进行分割不仅能够获得全局最优解,而且具有一定的抗干扰能力,但存在如下问题:运算量较大,主要是累积代价阵的计算需要较多的时间,是运算的“瓶颈”,容易误入“歧途”,CT 图像由于本身固有的物理特性,噪声较大,所以存在着较多的伪边缘,在代阶阵中表现为条纹状的低代价槽。这就会对边缘检测造成干扰,从而难以得到正确的结果;另外初始点和终止点的选择对分割结果有着不可忽视的影响,选择不同的初始点和终止点其分割结果有明显差异。

9.1.2 胸部CT图像分析

胸部CT图像由软组织、骨骼、空气等影像组成,胸部的骨骼、空气、液体及脂肪在CT图像上有良好的视觉对比度,利用组织的自然密度差可以对胸部的生理、病理改变进行诊断。高分辨率CT图像已成为慢性阻塞性肺病诊断最重要的依据,但患者肺中的病理多样性改变,在CT图像的表现特征与范围上较为复杂,即使有经验的放射科医生,也很难做客观准确的分析,更谈不上对病变区域的定量分析。胸部CT图像后处理技术主要包括:多平面重建技术,在断面扫描基础上,对某些标线指定的组织进行不同方位的重组,以得到包括冠状、矢状、斜位、曲线等任意解剖方位的二维图像。CT三维重建技术是在X、Y轴的二维图像上对Z轴投影转换和负影显示处理,在兴趣区内标记所要成像的器官及层面,然后通过计算机进行立体重建。CT血管造影CT扫描结束后划定兴趣区,删除骨骼等高密度组织,留下靶血管的高密度影像,然后进行单支或多支血管重建。

临床诊断中,医生往往需要对指定的组织器官和特定区域进行分析,而利用计算机提取指定组织、器官属于图像分割问题。对于胸部CT图像而言,肺区的提取是实现自动量化诊断的前提。二值图像阈值分割法适合于前景与背景灰度或色彩差别大的情况,阈值方法又分全局阈值和局部阈值两种,阈值分割法中的关键是阈值的选择,针对阈值的选择方法又有直方图分析法,基于模式分类的方法:包括类别方差准则分类法、最小错误概率分类法,已知某些约束条件的最优阈值,P-tile-thresholding(P片法)、聚类的方法、局部自适应阈值选取等。

1)大类间方差阈值获取和胸部CT图像二值化效果

最大类间方差法阈值的程序实现:(假设要处理的图像lung.dcm存储于D盘)

```
clc;clear all;close all;
I_gray =dicomread('D:\lung.dcm');
figure;
imshow(I_gray);
title('原始图象');
I_double=double(I_gray);% 转化为双精度
[wid,len]=size(I_gray);
colorlevel=256; % 灰度级
hist=zeros(colorlevel,1);% 直方图
threshold=128; % 初始阈值
% 计算直方图
for i =1:wid
    for j =1:len
        m=I_gray(i,j) +1;
        hist(m) =hist(m) +1;
    end
end
hist=hist/(wid*len);% 直方图归一化
miuT=0;
```

```
for m =1:colorlevel
    miuT =miuT +(m -1) *hist(m);
end
xigmaB2 =0;
for mindex =1:colorlevel
    threshold =mindex -1;
    omega1 =0;
    omega2 =0;
    for m =1:threshold -1
          omega1 =omega1 +hist(m);
    end
    omega2 =1 -omega1;
    miu1 =0;
    miu2 =0;
    for m =1:colorlevel
        if m<threshold
          miu1 =miu1 +(m -1) *hist(m);
        else
          miu2 =miu2 +(m -1) *hist(m);
        end
    end
    miu1 =miu1 /omega1;
    miu2 =miu2 /omega2;
xigmaB21 =omega1 *(miu1 -miuT)^2 +omega2 *(miu2 -miuT)^2;
    xigma(mindex) =xigmaB21;
    if xigmaB21 >xigmaB2
        finalT =threshold;
        xigmaB2 =xigmaB21;
    end
end
fT =finalT/255 % 阈值归一化
T =graythresh(I_gray)% matlab 函数求阈值
for i =1:wid
    for j =1:len
        if I_double(i,j) >finalT
            bin(i,j) =1;
        else
            bin(i,j) =0;
        end
    end
end
figure,imshow(bin);
title('二值化图像');
```

```
figure;
plot(1:colorlevel,xigma);
title('直方图');
```

通过以上程序获得的分割效果如下：

比较图9-3所示胸部CT原始图像和图9-4所示大类间方差阈值二值化图像,发现肺部毛细血管被归类到黑色组织中,分割效果并不理想。因此有必要选择更合适的二值化分割来改进毛细血管与肺部组织的区分。

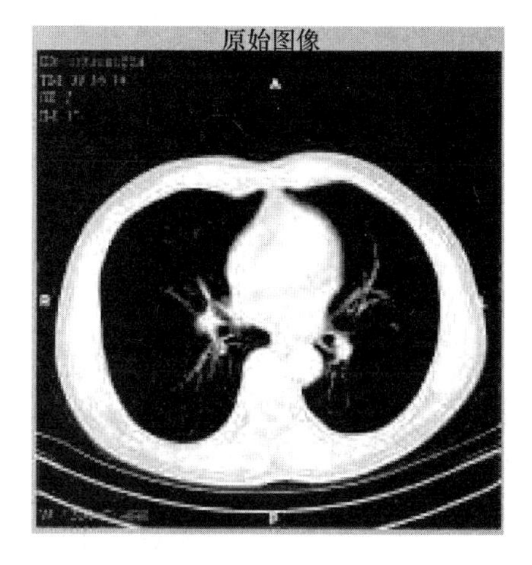

图9-3 原始图像

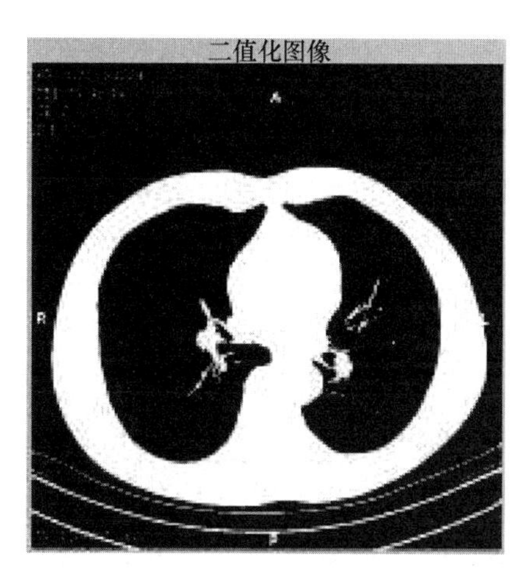

图9-4 二值化图像

2)基于区域划分的欧氏距离获取阈值图像分割

肺区分割方法有阈值法、区域生长法与基于模式分类的方法。这些肺区分割方法的优势是能自动或半自动地提取肺实质,其缺点是缺乏灵活性,医生不能指定任意区域,并进行分析与诊断。而在临床诊断中,由医生根据情况指定的任意区域,称为感兴趣区域,它一般是分析的重点或病变疑似区,因此,感兴趣区域的提取与分析对计算机辅助诊断具有重要的意义。

图像分割往往需要多种方法结合以后才能达到更好效果,并且处理顺序不拘泥于一格,因图而异。以下为肺部CT图像血管分割MATLAB程序实现：

```
clc;clear all;close all;
I =dicomread ('D:\lung.dcm');
figure;
imshow(I);
title('原始图像');
B=im2bw(I,0.328);% 0.328 为相对合适的二值化阈值
figure;
imshow(B);
title('二值化图像');
se1=strel('square',2);
B1=imdilate(B,se1);% 膨胀
B2=imerode(B,se1);% 腐蚀
```

```
figure;
imshow(B1);
figure;
imshow(B2);
[m,n] = size(B);
c = ones(m,n) - B;% 图像二值化互换
figure;
title('血管分割')
imshow(c);
```

图9－5所示为原始CT胸部图像，首先是阈值求取，并二值化图像，获得图9－6所示二值化图像，发现噪声较明显，通过膨胀获得图9－7所示图像，通过腐蚀获得图9－8所示图像，虽然膨胀和腐蚀对降低噪声有一定作用，但同时对血管细节也有较大影响。通过颜色反向显示获得图9－9所示图像，大致获得肺部毛细血管。

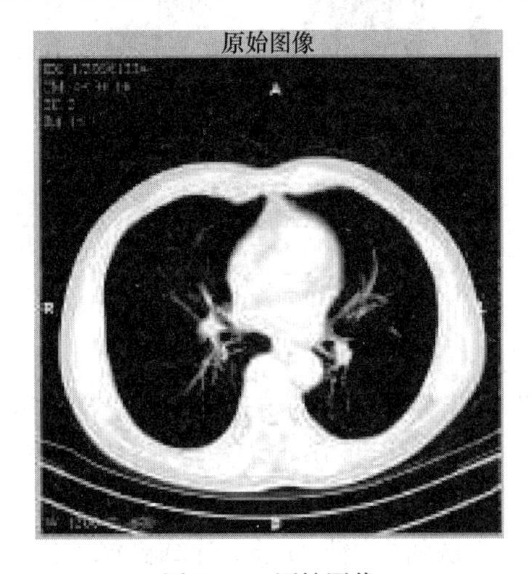

图9－5　原始图像

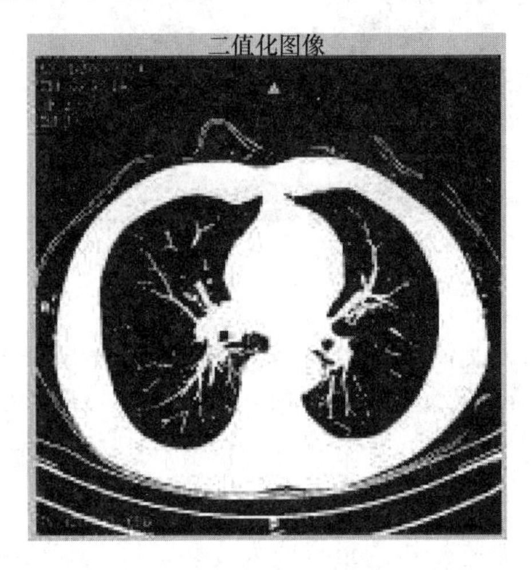

图9－6　二值化分割

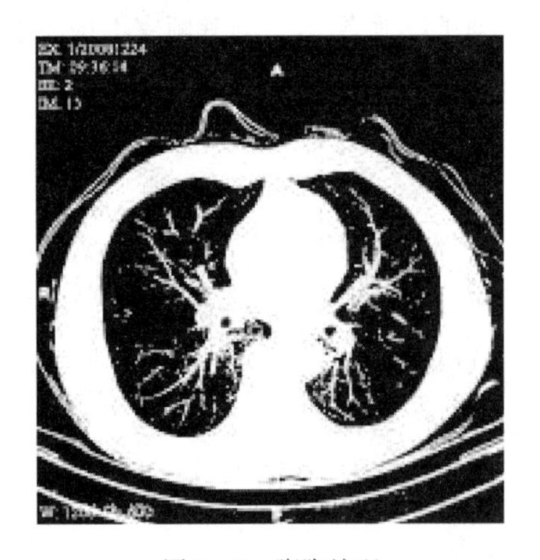

图9－7　膨胀处理

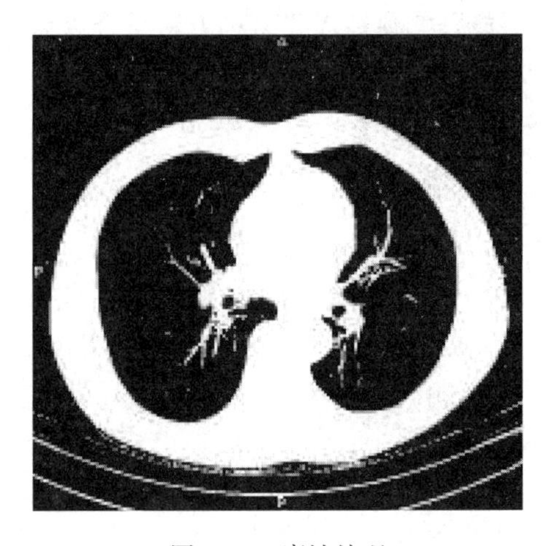

图9－8　腐蚀处理

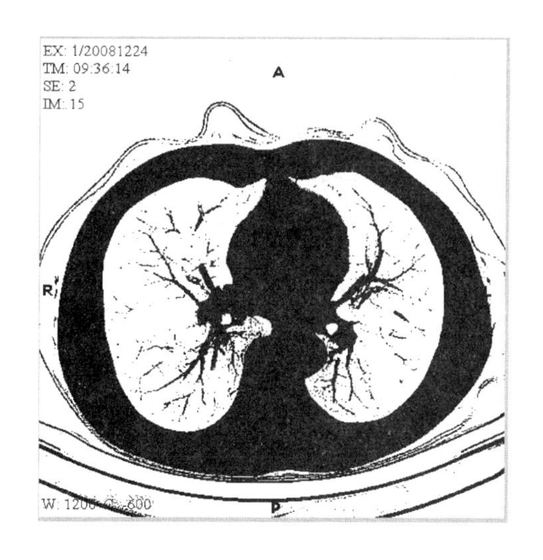

图9-9　肺部毛细血管分割

9.1.3　肝部CT图像分析

肝脏、胆系和胰腺是重要的消化器官，解剖和生理学都存在着相互协同和制约的关系，疾病的发生和发展也往往互为因果。现代影像学检查对这些病变大都能够做出明确的定位和定性诊断，是临床重要的检查手段。肝脏疾病是日常CT检查的重要组成部分，肝脏CT检查主要适用于以下病症的获取：

(1) 肝脏良、恶性肿瘤：肝癌、转移瘤、海绵状血管瘤。

(2) 肝脏囊性占位病变：肝囊肿、多囊肝、包虫病。

(3) 肝脏炎性占位病变：肝脓肿、肝结核。

(4) 肝外伤。

(5) 肝硬化。

(6) 肝脂肪变性。

(7) 色素沉着症。

在肝CT医学影像诊断中，一般是根据图像特征感兴趣区域ROI的提取来完成的。CT图像的感兴趣区域一般是指医学图像所表现的病理、解剖学信息的影像学表现。也因此在CT图像感兴趣区域的特征提取之前，需要通过适合的图像分割方法分割出感兴趣区域。目前图像分割算法主要有手动勾画方式、人机交互方式、全自动方式。由于医学图像内容的复杂性和多样性，很难用全自动的方式进行图像分割。目前为止，几乎没有一种完全有效的方法可以自动分割不同部位或者分割同一部位不同层面的多幅图像。因此医生在探讨或定量定性分析病灶区域的时候，一般是通过手动勾画的方式实现的，肝脏CT图像特征提取是肝病诊断的常用图像处理步骤。

1)肝脏CT肿瘤图像分割的实现过程

肝脏CT原图像中往往伴有噪声，所以首先需要对图像进行预处理。分割方法可结合阈值分割、边界跟踪、区域生长和数学形态学等算法，能自动提取感兴趣诊断区域，并去除背景、皮肤和皮下组织、空气等信息。图像分割的丰要步骤可以设置如下：

(1) 对原 CT 图像进行中值滤波处理,得到的结果;

(2) 对滤波之后的图像进行二值化,感兴趣区域等前景部分设为白色,背景设为黑色,二值化的 CT 图像;

(3) 边界跟踪算法跟踪 CT 二值化后最外层边界,即皮肤组织,利用数学形态学中的膨胀操作把多像素宽的白色边界变为黑色,也就是背景色,最终合成处理后的图像。

从目前的 CT 肝脏图像疾病诊断情况来看,单纯采用某种分割算法很难实现序列肝脏 CT 病灶自动准确的分割。因此有必要针对不同图像特点,采用多种分割手段可选设计,通过串行和并行方法对肝脏 CT 图像进行多种操作选择的处理。

2) MATLAB 肝脏 CT 图像分割实例

```
Prewitt 算子程序:
clc;clear all;close all;
A = dicomread ('liver.dcm');  % 读入图像
imshow(A);title('原图');
y_mask = [ -1  -1  -1;0 0 0;1 1 1];  % 建立 Y 方向的模板
x_mask = y_mask';  % 建立 X 方向的模板
I = im2double(A);  % 将图像数据转化为双精度
dx = imfilter(I, x_mask);  % 计算 X 方向的梯度分量
dy = imfilter(I, y_mask);  % 计算 Y 方向的梯度分量
grad = sqrt(dx. * dx + dy. * dy);  % 计算梯度
grad = mat2gray(grad);  % 将梯度矩阵转换为灰度图像
level = graythresh(grad);  % 计算灰度阈值
BW = im2bw(grad,level);  % 用阈值分割梯度图像
figure, imshow(BW);  % 显示分割后的图像即边缘图像
title('Prewitt');
```

图 9 - 10 所示为原图,图 9 - 11 所示为 Prewitt 算子处理后的效果图。

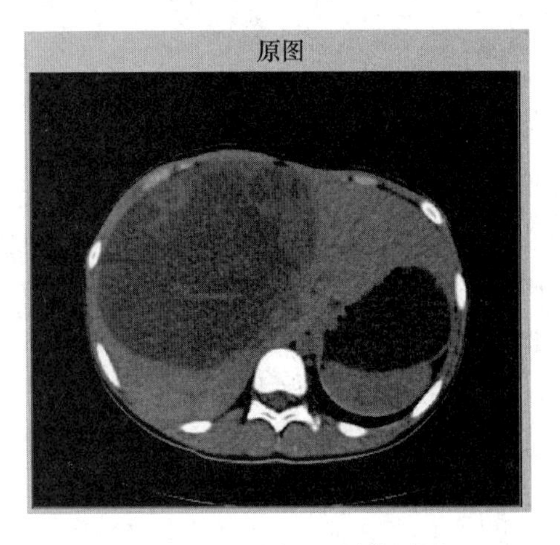

图 9 - 10　肝脏 CT 图像原图

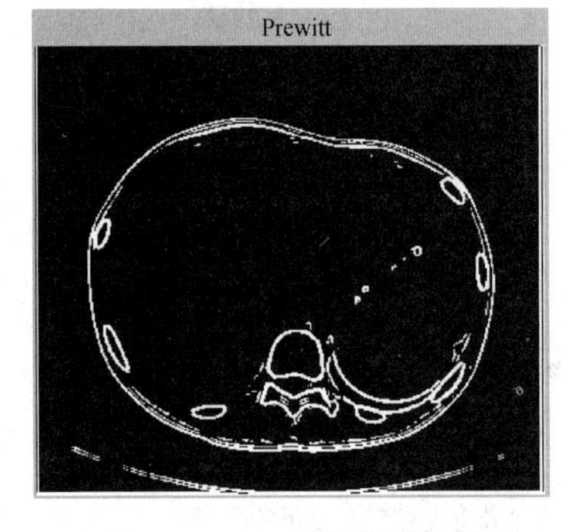

图 9 - 11　Prewitt 算子边缘检测

MATLAB 综合图像分割实例:

```
clc;clear all;close all;
I = dicomread ('D:\liver.dcm');% 读取图像
```

```
figure; imshow(I);% 显示原图像
E = entropyfilt(I);% 创建纹理图像
figure; subplot(121)
BW1 = im2bw(E, .8);% 转化为二值图像
subplot(122); imshow(BW1);% 显示二值图像
BWao = bwareaopen(BW1,2000);% 提取底部纹理
figure; subplot(121)
imshow(BWao);% 显示底部纹理图像
nhood = true(9);
closeBWao = imclose(BWao,nhood);% 形态学关操作
subplot(122); imshow(closeBWao)% 显示边缘光滑后的图像
roughMask = imfill(closeBWao,'holes');% 填充操作
figure; subplot(121)
imshow(roughMask);% 显示填充后的图像
I2 = I;
I2(roughMask) = 0;% 底部设置为黑色
subplot(122); imshow(I2);% 突出显示图像的顶部
E2 = entropyfilt(I2);% 创建纹理图像
E2im = mat2gray(E2);% 转化为灰度图像
figure; subplot(121)
imshow(E2im);% 显示纹理图像
BW2 = im2bw(E2im,graythresh(E2im));% 转化为二值图像
subplot(122); imshow(BW2)% 显示二值图像
mask2 = bwareaopen(BW2,1000);% 求取图像顶部的纹理掩膜
figure; imshow(mask2);% 显示顶部纹理掩膜图像
texture1 = I; texture1( ~mask2) = 0;% 底部设置为黑色
texture2 = I; texture2(mask2) = 0;% 顶部设置为黑色
figure; subplot(121)% 显示图像顶部
imshow(texture1); subplot(122),
imshow(texture2);% 显示图像底部
boundary = bwperim(mask2);% 求取边界
segmentResults = I;
segmentResults(boundary) = 255;% 边界处设置为白色
figure; imshow(segmentResults);% 显示分割结果
S = stdfilt(I,nhood);% 标准差滤波
figure; subplot(121)
imshow(mat2gray(S));% 显示标准差滤波后的图像
R = rangefilt(I,ones(5));% rangefilt 滤波
subplot(122); imshow(R);% 显示 rangefilt 滤波后的图像
```

程序运行后部分图像分割效果如图 9－12 至图 9－15 所示。

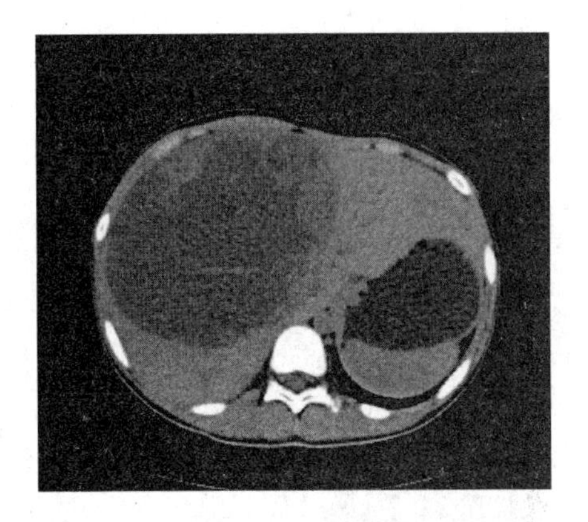

图 9－12　原始图像

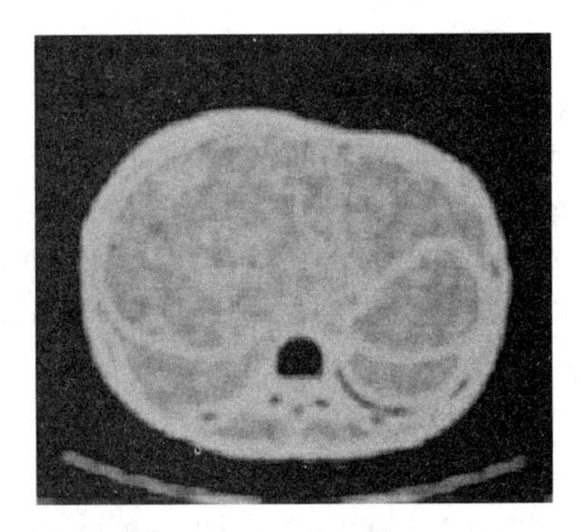

图 9－13　显示纹理效果

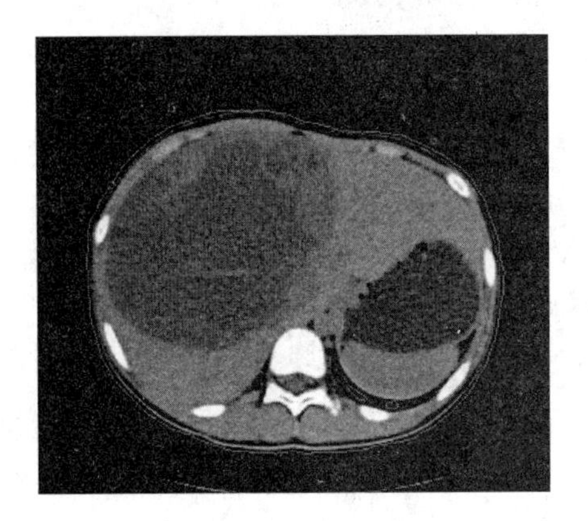

图 9－14　求取边界

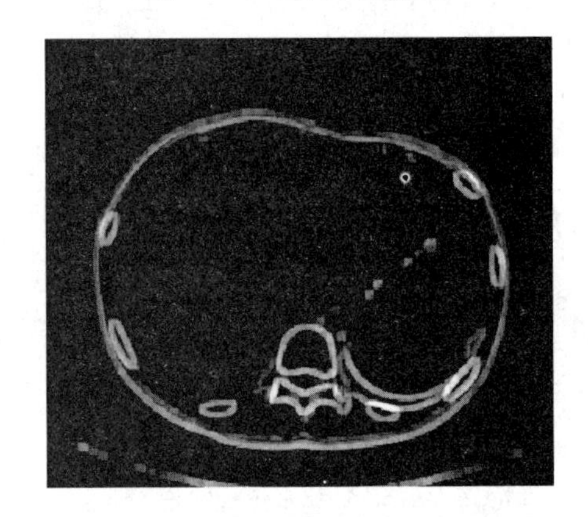

图 9－15　分割效果

几种常用图像分割的特点：

Roberts 算子：边缘定位准，但是对噪声敏感。适用于边缘明显且噪声较少的图像分割。

Prewitt 算子：对噪声有抑制作用，抑制噪声的原理是通过像素平均，但是像素平均相当于对图像的低通滤波，所以 Prewitt 算子对边缘的定位不如 Roberts 算子。

Sobel 算子：Sobel 算子和 Prewitt 算子都是加权平均，但是 Sobel 算子认为，邻域的像素对当前像素产生的影响不是等价的，所以距离不同的像素具有不同的权值，对算子结果产生的影响也不同。一般来说，距离越远，产生的影响越小。

Isotropic Sobel 算子：加权平均算子，权值反比于邻点与中心点的距离，当沿不同方向检测边缘时梯度幅度一致，就是通常所说的各向同性。

上面提到的算子都是利用一阶导数的信息。

Laplacian 算子：其为二阶微分算子，具有各向同性，即与坐标轴方向无关，坐标轴旋转后梯度结果不变。但是，其对噪声比较敏感，所以，图像一般先经过平滑处理，因为平滑处理也是用模板进行的，所以，通常的分割算法都是把 Laplacian 算子和平滑算子结合起来生成一个新的模板。

借助于图像处理软件也可以实现肝脏 CT 图像分割，比如图像处理软件 Photoshop 和图像分析软件 IPP 可实现手动和半自动的方法来划分病灶边界，实现 CT 肝区病灶的分割和量化统计。

9.2　多媒体数据库

信息管理主要经历了人工管理、文件管理、数据库管理阶段，数据库是长期存储在外存储器中的规范可共享的数据集合。传统数据库中存储的信息类型主要为整型、浮点型、固定长度字符类型等，因此在信息管理中，必须把真实世界抽象为规范的数据模型。当计算机处理的信息引入了声音、图像、视频等多媒体类型以后，传统的数据管理模式不适应对多媒体信息的管理。因为要在传统的数据库中引入多媒体数据和操作方式，不能只是简单地把多媒体信息数字化以后加入到数据库中就可以进行管理。为了构造出符合多媒体系统需要的数据库，必须解决从最基本的数据元素到终端用户接口的系列问题。而没有多媒体就没有随心所欲的交互性，因此虚拟现实技术所要求多媒体数据管理必定是能以多媒体方式存储并有序呈现的。信息媒体的多样化使得现阶段需要管理的信息已经从数值数据和字符数据扩大到了多媒体数据的存储、组织、使用和管理。

9.2.1　实现多媒体信息管理需要解决的关键问题

多媒体数据库不是对传统的数据进行界面上的包装，而是要从底层数据库管理的信息的逻辑性、多媒体信息的特征出发，根据媒体信息的相似性、媒体信息的多样性以及有机结合性来拆分、合并及归类多媒体数据库的信息。多媒体数据库的实现从本质上来说，要解决三个难题。

（1）解决数据管理中的媒体信息的多样化问题，数据类型不仅仅包括数值数据和字符数据，而是要扩大到多媒体数据的存储、组织、使用和管理。每一种多媒体数据类型除了要有自己最基本的操作和功能、合适的数据结构以及存取方式以外，还要有标准的操作规范，包括各种多媒体数据通用的操作及多种新媒体产生的新的数据类型的集成。

（2）在信息管理中要解决多媒体信息的有机集成性，通过多媒体数据库访问实现多媒体数据之间的交叉调用和融合。多媒体信息管理过程中对集成性的逻辑划分越细致，多媒体有机结合性的表达才能越自然，多媒体数据库的应用价值也才越大。

（3）解决多媒体信息管理中的人机交互性问题。将传统数据库被动访问方式向多媒体信息与人之间的交互访问方式转变，能以多媒体信息访问的交互方式对多媒体数据库管理的信息进行多种模式的交互和管理。

9.2.2　多媒体数据库的组织和存储

多媒体数据库需处理的信息包括数值（Number）、字符串（String）、文本（Text）、图形（Graphics）、图像（Image）、声音（Voice）和视像（Video）等。对这些信息进行管理、运用和共享的数据库就是多媒体数据库。不同的媒体属性决定了多媒体数据库的不同组织和存储方式，而媒体间的属性差异非常大。如何将数据库中原始记录从传统类型转换为媒体类型，除了需要解决不同媒体的物理结构和逻辑结构问题更需要解决海量信息的管理问题，以确保存储器的充分利用和媒体信息的快速存取。

不同媒体类型的媒体信息对应于不同的数据处理方法，而同一种媒体类型由于采集的设备，处理的方式不同就会产生多种媒体格式。这就要求多媒体数据库管理系统（MDBMS）能够不断扩充新的媒体类型及其相应的操作方法。新增加的媒体类型对用户应该是开放和开原的。

传统的数据库只处理精确的元数据和属性。但在多媒体数据库中相似性匹配和相似性查询将占相当大的比重。因为即使是同一个对象若用不同的媒体进行表达，对计算机来说也是不同的。其次还有诸如颜色和形状等目前无法精确描述的属性，如果在对图像、视频信息进行访问需要用到这些属性，很显然只能是一种模糊的非精确的匹配方式来完成。多媒体的复合、分散及其形象化的特点，注定要使数据库不再是只通过字符进行查询，而应该是通过媒体的语义进行查询。然而，我们却很难了解并且正确处理多媒体的语义信息。这些基于内容的语义在有些媒体中是已经确定的（如字符、数值等），但对另一些媒体却不容易确定，甚至会因为应用的不同和观察者的不同而产生不同。

多媒体数据库管理中媒体信息的描述是信息查询中的关键。因而多媒体数据库对用户的接口要求不仅仅是接受用户的描述，而是要协助用户描述出他的想法，找到他所要的内容，并在接口上表现出来。多媒体数据库的查询结果将不仅仅是传统的表格，而将是丰富的多媒体信息的表达，甚至是由计算机组合而成的人工智能的结果。

传统的信息管理事务一般是可抽象的短小精悍的信息，在多媒体数据库管理体系中也应该尽可能采取短事务。但有些场合，短事务不能满足虚拟现实需要，如从动态视频库中提取并播放一段数字化影片，往往需要长达几小时的时间，作为良好的数据库管理系统，应该保证播放过程中不会发生中断，因此需要对多媒体数据库的管理增加处理长事务的能力。

在具体应用中，往往涉及对某个处理对象的不同版本的记录和文件。我们需要解决多版本的标识、存储、更新和查询，尽可能减少各版本所占存储空间，而且控制版本访问权限。但现有的数据库管理系统一般都没有提供这种功能，而由应用程序编制版本控制程序，这显然无法满足多媒体数据库管理系统的要求。其他方面多媒体数据管理还要考虑媒体信息的规范化和信息的归一化问题。

练　习

一、选择题

1. 目前常规医学影像存储文件后缀名为（　　）。

　A. bmp　　B. jpg

　C. DCM　　D. tif

2. 多媒体数据库与传统的数据库相比，属于多媒体数据库独有的特征是（　　）。

　A. 能实现对数据库数据的操作，包括对数据的查询、插入、修改

　B. 对媒体信息可以追加和变更，并能实现媒体的相互转换

　C. 所有操作都是在控制程序管理下进行

　D. 具备与操作联机处理的能力

3. 多媒体数据具有(　　)特点。

A. 数据量大和数据类型多

B. 数据类型间区别大和数据类型少

C. 数据量大、数据类型多、数据类型间区别小、输入和输出不复杂

D. 数据量大、数据类型多、数据类型间区别大、输入和输出复杂

二、思考题

1. 多媒体技术在医学领域的应用主要有哪些?

2. 浅析多媒体数据库的适用领域。

第 10 章　多媒体存储技术

目前数字化信息常用的存储设备容量基本都达到了 GB 级别，即便是小巧的 MP3 播放器和其他手持存储设备，通常也都是以 GB 为存储容量。MP3 是一种能播放特定音乐格式文件的播放器，主要由存储器（存储卡）、显示器（LCD 显示屏）、中央处理器［MCU（微控制器）或解码 DSP（数字信号处理器）等组成。2017 年 5 月 13 日，夫琅和费集成电路研究所（Fraunhofer Institute for Integrated Circuits）宣布终止某些 MP3 相关专利的授权，意味着该机构不再对这种格式继续提供支持，MP3 正式退出历史舞台。

作为全球最大的闪存供应商之一，金士顿在 MWC 2017 移动世界大会上发布了最新的 DataTraveler USB 闪存，如图 10－1 所示，这款 Ultimate GT 闪存号称拥有目前最大的 2TB 容量。配备了 USB 3.0 接口（USB 3.1 Gen1），可以用来进行数据快速传输。当时官方售价高达 2273 美元（约合人民币 15600 元）。

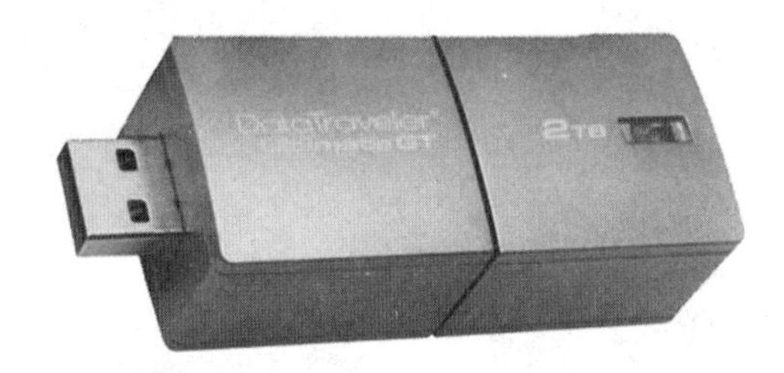

图 10－1　金士顿闪存

以前，PC 机的存储设备主要有：软盘驱动器（FDD）、硬盘驱动器（HDD、SSD）、光磁盘（Magnet Optical，MO）、磁带存储设备、半导体存储器、用于读取多媒体信息的 CD-ROM 光驱，以及用于存储音乐等信息的小磁盘驱动器 MDD（Mini Disk Drive）等。这些存储设备都有各自的存储介质，诸如软盘、硬盘、CD-ROM 光盘以及磁带等。随着存储技术的发展，以上提及的部分存储设备已被市场淘汰。

多媒体信息包括文本、图形、图像、视频、声音等，数字化后需要占用大量的存储空间。传统的软盘、磁盘等很难满足多媒体信息的存储。由此海量存储技术得到了快速的发展，海量存储器主要有海量磁鼓存储器、海量磁盘存储器、海量磁带存储器和光盘存储器等。本章主要介绍计算机存储器、光盘存储技术、大容量存储技术以及云存储技术。

10.1　存储器的类型

从定义来讲，只要是能够存储多媒体信息的硬件设备就是多媒体存储器。常用的多媒体存储器包括：磁鼓存储器，磁带存储器，磁盘存储器，光盘存储器，优盘存储器，移动硬盘存储器等。

10.1.1　磁鼓存储器

磁鼓存储器利用高速旋转的圆柱体磁性表面作记录媒体的存储设备。磁鼓存储器在20世纪50至60年代用作计算机的主要外存储器。它利用电磁感应原理进行数字信息的记录(写入)与重现(读出)。主要组成部分包括:作为信息载体的磁鼓筒、磁头、读写及译码电路和控制电路等。磁鼓筒是一个高速旋转的精密非磁性材料圆柱,其外表面涂敷一层极薄的磁性记录媒体。作为电磁转换器的磁头与鼓筒表面保持微小而恒定的间隙并沿鼓筒轴线均匀排列,在电子电路的控制下进行信息的写入和读出。

1932年奥地利的Gustav Tauschek发明了磁鼓存储器。作为计算机的主干工作存储器,磁鼓存储器广泛用于20世纪五六十年代。50年代中期的磁鼓存储器容量大约是10KB,图10-2所示为磁鼓存储器。

图10-2　磁鼓存储器

60年代以后磁鼓存储器已逐渐被淘汰,目前仅用于特殊应用场合。海量磁鼓存储器具有快速响应的特点,是海量存储器中速度最快的一种。如10的7次方容量的磁鼓;平均存取时间为2.3ms;10的8次方容量的磁鼓;平均存取时间为17ms;10的9次方容量的磁鼓,平均存取时间为92ms,但就磁鼓存储器技术研发来说,存储容量不容易提高。

10.1.2　磁带存储器

磁带首次用于数据存储是在1951年。磁带设备被称为UNISERVO,它是UNIVACI型计算机的主要输入/输出设备。UNISERVO的有效传输效率大约是每秒7200个字符。图10-3所示磁带装置是金属,全长1200英尺(365m),因此非常重。

海量磁带存储器是一种超大容量的磁带存储系统,其基本单元是磁带盒,通过机械结构选取所需的磁带盒进行读写。磁带盒的磁带宽51mm(2英寸),长19.6m(770英寸),存储容量为50MB,数量从几百个到几千个,最多可达9440个,整个系统总共可存储472000MB,是海量存储器中容量最大的一种。每位存储成本仅相当于磁盘的1/10。IBM公司把这种海量存储器与IBM3333/3330磁盘子系统组成虚拟磁盘存储器称为IBM3850型海量外存系统,它兼有磁盘与磁带的优点,可作为海量的联机数据库。目前一些医院在后台备份数据时,鉴于磁带存储的廉价,依然选择磁带存储器作为数据备份的存储介质。

图 10-3　UNIVAC I 型计算机全貌,右侧有 6 个白圈部件是磁带列

海量磁盘存储器存取时间和存储容量介于海量磁鼓和海量磁带存储器之间,多片可换式磁盘存储器由于盘组可以更换,具有很大脱机容量,适宜于做海量磁盘存储器。

10.1.3　机械硬盘

硬盘存储器即是磁盘存储器的一个分类。以磁盘为存储介质的存储器。它是利用磁记录技术在涂有磁记录介质的旋转圆盘上进行数据存储的辅助存储器。具有存储容量大、数据传输率高、存储数据可长期保存等特点。磁盘存储器通常由磁盘、磁盘驱动器(或称磁盘机)和磁盘控制器构成。

1956 年 9 月 13 日,IBM305RAMAC 计算机问世。随之一起诞生的是世界上第一款硬盘——IBM Model 350 硬盘,它由 50 块 24 英寸磁盘构成,总容量为 500 万个字符,换算成当前的存储单位,还不到 5MB,如图 10-4 所示。

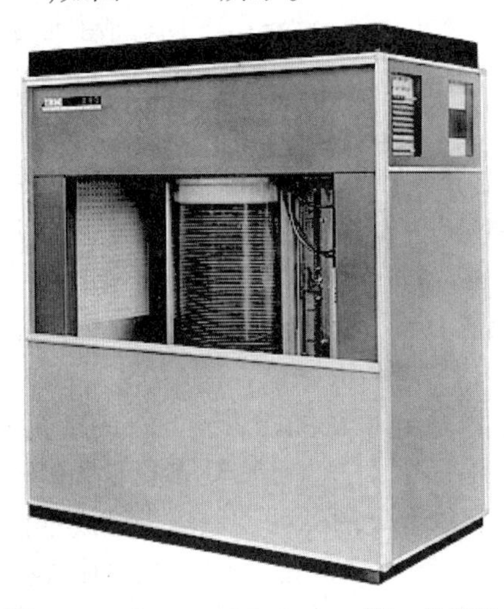

图 10-4　IBM Model 350——第一款硬盘

硬盘技术指标如下：

1. 转速

转速（Rotational speed 或 Spindle speed）是指硬盘盘片每分钟转动的圈数，单位为 r/min。早期 IDE 硬盘的转速一般为 5200r/min 或 5400r/min，曾经 Seagate 的“大灰熊”系列和 Maxtor 则达到了 7200r/min，是 IDE 硬盘中转速最快的。如今的硬盘都是 7200r/min 的转速，而更高的则达到了 10000r/min。

2. 平均访问时间

平均访问时间（Average Access Time）是指磁头从起始位置到达目标磁道位置，并且从目标磁道上找到要读写的数据扇区所需的时间。

平均访问时间体现了硬盘的读写速度，它包括了硬盘的寻道时间和等待时间，即平均访问时间 = 平均寻道时间 + 平均等待时间。

硬盘的平均寻道时间（Average Seek Time）是指硬盘的磁头移动到盘面指定磁道所需的时间。这个时间当然越小越好，目前硬盘的平均寻道时间通常在 8 ~ 12ms 之间，而 SCSI 硬盘则应小于或等于 8ms。

硬盘的等待时间，又叫作潜伏期（Latency），是指磁头已处于要访问的磁道，等待所要访问的扇区旋转至磁头下方的时间。平均等待时间为盘片旋转一周所需的时间的一半，一般应在 4ms 以下。

3. 传输速率

传输速率（Data Transfer Rate）是指硬盘读写数据的速度，单位为兆字节每秒（MB/s）。硬盘数据传输率又包括了内部数据传输率和外部数据传输率。

内部传输率（Internal Transfer Rate）也称为持续传输率（Sustained Transfer Rate），它反映了硬盘缓冲区未用时的性能。内部传输率主要依赖于硬盘的旋转速度。

外部传输率（External Transfer Rate）也称为突发数据传输率（Burst Data Transfer Rate）或接口传输率，它标称的是系统总线与硬盘缓冲区之间的数据传输率，外部数据传输率与硬盘接口类型和硬盘缓存的大小有关。

4. 缓存

与主板上的高速缓存（RAM Cache）一样，硬盘缓存的目的是为了解决系统前后级读写速度不匹配的问题，以提高硬盘的读写速度。目前，大多数 SATA 硬盘的缓存为 8MB，而 Seagate 的“酷鱼”系列则使用了 32MB Cache。

硬盘由一个或者多个铝制或者玻璃制的碟片组成。碟片外覆盖有铁磁性材料。硬盘有固态硬盘（SSD 盘，新式硬盘）、机械硬盘（HDD 传统硬盘）、混合硬盘（HHD 一种基于传统机械硬盘诞生出来的新硬盘）。SSD 采用闪存颗粒来存储，HDD 采用磁性碟片来存储，混合硬盘（HHD：Hybrid Hard Disk）是把磁性硬盘和闪存集成到一起的一种硬盘。硬盘又分为固定在主机硬盘驱动器中的硬盘和移动硬盘。

10.1.4　固态硬盘

固态硬盘（SSD）是使用固态内存来保存永久性数据。它和传统硬盘（HDD）有所不同，HDD 是机电设备，包括可旋转的磁盘和可移动的读写磁头。相反，SSD 使用微型芯片，并没有可以移动的部件。所以，和 HDD 相比，SSD 的抗震性更强、噪声更低、读取时间和延迟时间更少。SSD 和 HDD 有着相同的接口,因此在大多数应用程序中,SSD 可以很容易取代 HDD。

图 10－5 所示为某品牌固态硬盘,固态硬盘(Solid State Drive)用固态电子存储芯片阵列而制成的硬盘,由控制单元和存储单元(FLASH 芯片、DRAM 芯片)组成。固态硬盘在接口的规范和定义、功能及使用方法上与普通硬盘的完全相同,在产品外形和尺寸上也完全与普通硬盘一致。被广泛应用于军事、车载、工控、视频监控、网络监控、网络终端、电力、医疗、航空、导航设备等存储领域。

图 10－5　固态硬盘

其芯片的工作温度范围很宽,商规产品(0～70℃)工规产品(－40～85℃)。虽然成本较高,但也正在逐渐普及到 DIY 市场。由于固态硬盘技术与机械硬盘技术不同,所以产生了不少新兴的存储器厂商。新一代的固态硬盘普遍采用 SATA-2 接口、SATA-3 接口、SAS 接口、MSATA 接口、PCI-E 接口、NGFF 接口、CFast 接口和 SFF-8639 接口。

随着互联网的飞速发展,人们对数据信息的存储需求也在不断提升,现在多家存储厂商推出了自己的便携式固态硬盘,更有支持 Type-C 接口的移动固态硬盘和支持指纹识别的固态硬盘推出。

固态硬盘具有如下特点:

(1) 读写速度快。采用闪存作为存储介质,读取速度相对机械硬盘更快,持续写入的速度可达 500MB/s。固态硬盘不用磁头,寻道时间几乎为 0,而最常见的 7200r/min 机械硬盘的寻道时间一般为 12～14ms。

(2) 物理特性,低功耗、无噪声、抗震动、低热量、体积小、工作温度范围大。固态硬盘没有机械马达和风扇,工作时噪声值为 0dB。基于闪存的固态硬盘在工作状态下能耗和发热量较低(但高端或大容量产品能耗会较高)。内部不存在任何机械活动部件,不会发生机械故障,也不怕碰撞、冲击、振动。典型的硬盘驱动器只能在 5～55℃ 范围内工作。而大多数固态硬盘可在－10～70℃ 工作。固态硬盘比同容量机械硬盘体积小、重量轻。

固态硬盘以上优势机械硬盘都不具备,固态硬盘比机械硬盘还要耐用,更低温、更抗震、更便携。因此固体硬盘才能广泛应用于军事、车载、工业、医疗、航空等领域。

10.1.5　移动硬盘

移动硬盘(Mobile Hard disk)是计算机之间交换大容量数据,携带便捷的存储器。多采用 USB、IEEE1394、eSATA 等传输速度较快的接口,USB2.0 接口传输速率可达 60MB/s,USB3.0 接口传输速率可达 625MB/s,IEEE1394 接口传输速率可达 50 ~ 100MB/s,在没有 IEEE 1394 以前,编辑电子影像必须利用特殊硬件,把影片下载到硬盘上进行编辑。随着硬盘空间越来越便宜,高速的 IEEE 1394 反而取代了 USB 2.0 成为了外接计算机硬碟的最佳接口。但 USB 的发展从未停歇,超高速 USB 已经超越了 IEEE-1394b 的 3.2Gb/s 总线速度。

移动硬盘在数据的读写模式与标准 IDE 硬盘是相同的。截至 2015 年,主流 2.5 英寸品牌移动硬盘的读取速度约为 50 ~ 100MB/s,写入速度约为 30 ~ 80MB/s,在与主机交换数据时,GB 数量级的大型文件传递只需几分钟,移动硬盘特别适合多媒体信息的存储和交换。同时移动硬盘具备相当大的存储容量,市场中的移动硬盘拥有 320GB、500GB、600G、640GB、900GB、1000GB(1TB)、1.5TB、2TB、2.5TB、3TB、3.5TB、4TB 等存储容量,目前最高可达 12TB 的容量。

移动硬盘具备数据存储安全可靠、信息传递高速、大容量、轻巧便捷等优点,与笔记本电脑硬盘的结构类似,多采用硅氧盘片。硅氧盘片是比铝、磁更为坚固耐用、盘面更加平滑的盘片材质,并且具有更大的存储量和更好的可靠性,有效地降低了不规则盘面盘片可能影响数据可靠性和完整性的情况,另外还具有防振功能,在剧烈振动时盘片自动停转并将磁头复位到安全区,防止盘片损坏。同时更高的盘面硬度使移动硬盘具有更高的可靠性,提高了数据存储的安全性。

移动硬盘损坏包括磁头组件损坏、控制电路损坏、综合性损坏和扇区物理性损坏。磁头损坏,主要指移动硬盘中磁头组件的某部分被损坏,造成部分或全部磁头无法正常读写的情况。磁头组件损坏的可能性比较多,主要包括磁头脏、磁头磨损、磁头悬臂变形、磁线圈受损、移位等。电路损坏是指移动硬盘的电子线路板中的某一部分线路断路或短路,或者某些电气元件或 IC 芯片损坏等,导致移动硬盘损坏修复在通电后盘片不能正常起转,或者起转后磁头不能正确寻道等。综合损坏主要是指因为一些微小的变化使移动硬盘损坏修复产生了问题。比如在使用过程中因为发热或者其他原因导致的部分芯片老化;移动硬盘在受到振动后,外壳、盘面或马达主轴产生了微小的变化或位移。物理损坏是指因为碰撞、磁头摩擦或其他原因导致磁盘盘面出现的物理性损坏,譬如划伤、掉磁等。软损坏包括磁道伺服信息出错、系统信息区出错和扇区逻辑错误,一般又被称为逻辑坏道。

部分 2.5 英寸的移动硬盘没有电源开关,只有一条 USB 连接线,如果强行关闭电源,此时,硬盘可能还在转动,会造成移动硬盘损伤。解决办法是:在完成了或没有读写、复制操作的情况下单击 Windows 桌面右下角的“安全删除硬件”图标选择→停止按钮→单击“是”后等待 3 ~ 5min 后移动硬盘在没有任何读写操作的情况下会自动停止转动。

移动硬盘的技术参数包括:

1. 速度

速度是衡量移动硬盘性能的重要综合性指标，主要取决于硬盘的数据传输率和转速。硬盘的数据传输率主要指的是内部传输率,即硬盘磁头与缓存之间的数据传输率,而移动硬盘则更多是指其接口的数据传输率。因为移动硬盘通过外部接口与系统相连接,其接口的速度就限制着移动硬盘的数据传输率。但在实际应用中会因为某些客观的原因,例如存储设备采用的主控芯片、电路板的制作质量是否优良等原因而减慢在应用中的传输速率。家用的普通硬盘的转速一般有 5400r/min、7200r/min 等,而对于笔记本电脑硬盘一般以 4200r/min、5400r/min 为主,虽然已经有公司发布了 7200r/min 的笔记本硬盘,但在市场中还较为少见。主流 2.5 英寸品牌移动硬盘的读取速度约为 15 - 25MB/s,写入速度约为 8 ~ 15MB/s。如果以 10MB/s 的写入速度复制一部 4GB 的 DVD 电影到移动硬盘的话,需耗费时间约为 6min40s;如果以 20MB/s 的读取速度从移动硬盘中复制一部 4GB 的 DVD 电影到计算机主机硬盘的话,需要时间约为 3min20s。

2. 供电

2.5 英寸 USB 移动硬盘工作时,由 USB 接口供电,USB 接口可提供 0.5A 电流,而笔记本计算机硬盘的工作电流为 0.7 ~ 1A,可应付一般的数据交换。但如果硬盘容量较大或移动文件较大时很容易出现供电不足,若 USB 接口同时给多个 USB 设备供电时也容易出现供电不足的现象,造成数据丢失甚至硬盘损坏。为加强供电,2.5 英寸 USB 移动硬盘一般会提供从 PS/2 接口或者 USB 接口取电的电源线。所移动硬盘以在移动较大文件等时候就需要接上 PS/2 取电电源线。3.5 英寸的移动硬盘一般都自带外置电源,所以供电基本不存在问题。IEEE1394 接口最大可提供 1.5A 电流,所以也无须外接电源。

提示:电源问题方面,一般情况下,一个 USB 接口供电已经足够。但是有可能会遇到需要同时接两个接口的情况,可通过一条带两个 USB 接口的数据线来避免供电不足的情况出现。

3. 尺寸

目前移动硬盘按尺寸可以分为三种:3.5 英寸台式机硬盘;2.5 英寸笔记本硬盘;1.8 英寸微型硬盘。其中 3.5 英寸台式机硬盘,具有速度快、容量大的优点,但体积大、重最大,携带不方便,由于该硬盘是为台式机设计的,防震性能也较差,不过在价格和容量方面仍有一定的优势。2.5 英寸笔记本硬盘是专门为笔记本设计的,尺寸、重量都较小,在防震方面也有专门的设计,抗振性能好,在目前移动硬盘中应用最多。1.8 寸微型硬盘,也是针对笔记本设计的,抗振性能好,而且尺寸、重量也是三者中最小的,但其价格较高,容量也较小,普及比较困难,更适合于特殊需要的用户。

4. 容量

容量是移动硬盘的存储空间。2006 年,主流硬盘容量由 160GB 提升至更大容量。目前,250GB 和 320GB 的产品性价比相当好。全球最大单盘容量达到 750GB,320GB 产品市场已经相当成熟,价格也很合理。而 400GB 或以上产品则还属高价系列,普通用户很少考虑。虽然 160GB 和 250GB 是主流容量,但限于成本和实际使用需求,对于一般办公和家庭应用,选择 80GB 甚至更低的 40GB 已完全能够满足需要。

5. 接口

接口类型是指该移动硬盘所采用的与计算机系统相连接的接口种类,而不是其内部硬盘的接口类型。因为移动硬盘要通过接口才能与系统相连接, 因此接口就决定着与系统连接的性能表现和数据传输速度。目前,移动硬盘常见的数据接口有 USB 和 IEEE1394 两种。USB 是目前移动硬盘的主流接口方式, 也是计算机几乎都有的接口, 具有可热插拔、标准统一、可外接多个设备等优点。USB 有两种标准:USB1.1 和 USB2.0。USB2.0 传输速度高达 480Mb/s,是 USB1.1 接口的 40 倍。USB2.0 需要主板的支持,可向下兼容。同品牌 USB2.0 移动硬盘盒比 USB1.1 的要贵 30 ~ 50 元 , 但由于其速度的巨大差异, USB2.0 已成为市场的主流。

在 USB2.0 标准还没有问世之前,USB1.1 标准是非常慢的,读写速度最快不过 1.5MB/s;而 IEEE 1394(火线接口)的读写速度最高可接近约 50MB/s,因此在相当长的一段时间里,火线就是高速传输的代名词。

但是 USB2.0 标准问世之后,读写速度最高接近 60MB/s,而且几乎所有的计算机都有 USB 连接端口,只有极少的计算机有火线端口,因此购买移动硬盘时完全可以不用考虑采用火线接口的型号。目前,移动硬盘开始支持 USB3.0 标准,USB 3.0 在保持与 USB 2.0 的兼容性的同时,传输速度大幅提升:最大传输带宽高达 5.0Gb/s,也就是 640MB/s。不过,苹果计算机依然保持 IEEE 1394 接口,对于苹果计算机,应该选购采用火线接口的移动硬盘更合适。

由于 IEEE1394 接口最大的优点是“热插拔”:即系统在全速工作时,IEEE 1394 设备也可以插入或拆除。IEEE1394 规范是由苹果的 FireWare 接口发展而来成为通用的国际标准的,但却得不到 PC 业界的龙头公司英特尔公司的芯片组太大的支持。未来的外设接口(不排除还有新的标准出现),最终谁将成为主流还有待厂商和用户的支持。

6. 防震

在抗振性方面,2.5 英寸笔记本电脑硬盘的主轴都采用了 FBD (Fluid Dynamic Bearing)液态轴承马达。以油膜代替滚珠,有效避免了由于滚珠摩擦而带来的高温和噪声。同时,对于突如其来的振动,油膜能够很好地吸收。另一方面,笔记本电脑硬盘普遍都采用了“零接触”磁头启停技术。在非工作状态下,磁头在停靠区,和盘片不接触。工作时,磁头飞行高度较低, 先进的硅氧盘片表面光滑,工作时磁头意外振动造成的划伤机率也大大减小。这些技术都降低了移动硬盘在移动过程中受损的概率。所以,许多原装知名品牌硬盘都通过了专业实验室不同角度数百次以上的摔落测试。

10.1.6　停止“通用卷”设备的解决方法

在移动硬盘或优盘使用过程中,通常会遇见无法停止“通用卷”设备的情况,此时如果强制取下,则有可能损坏,或者导致文件被破坏,其解决办法主要有以下几种:

第一种方法:

在采用“复制”和“粘贴”进行文件交换时,如果复制的是硬盘上的文件,这个文件就会一直放在系统的剪切板中,处于待用状态。而如果这种情况下要删除硬盘,就会出现无法停止通用卷的提示。

相应的解决办法就是:清空剪切板,清空剪切板的方法在不同操作系统下会有所不同,或者在固定硬盘中随便进行一下复制某文件再粘贴的操作,再去删除移动硬盘或 U 盘的提示符,由文件交换原因造成的无法退出问题应该可以解决了。

第二种方法：

如果第一种方法无效，可尝试下面这个方法：

同时按下键盘的“Ctrl” +“Alt” +“Del”组合键，打开“任务管理器”窗口，单击“进程”标签，在“映像名称”中寻找“rundll32. exe”进程，选择“rundll32. exe”进程，然后单击“结束进程”，这时会弹出任务管理器警告，问你确定是否关闭此进程，单击“是”，即关闭了“rundll32. exe”进程。再删除移动硬盘和优盘就可以正常删除了。使用这种方法时请注意：如果有多个“rundll32. exe”进程，需要将多个“rundll32. exe”进程全部关闭。

第三种方法：

这种方法同样是借助了任务管理器，打开“任务管理器”的窗口，单击“进程”，寻找“explorer. exe”进程并结束它。接下来在任务管理器中单击文件—新建任务—输入 explorer. exe—确定，用来退出移动存储器。

第四种方法：

通过安装 unlocker 软件来解决退出移动存储器的问题。

如果觉得出现问题时才解决有些麻烦，可以采用下面这个提前的预防措施：关闭系统的预览功能。方法：双击我的计算机—工具—文件夹选项—常规—任务—使用 Windows 传统风格的文件夹，就可以永久解决这类问题。

第五种方法：

当然所有方法中，最直截了当的方法就是关闭计算机或者重启计算机。

10.1.7 光盘存储器

多媒体技术的发展是从多媒体信息可以被自由传播开始的，光盘的发明使多媒体信息的传播变得更简单、便捷、廉价，因此多媒体存储技术主要是指光盘存储技术。

光盘存储器是一种正在发展中的海量存储器，采用光学原理读写信息，实现高密度海量存储。例如 speny5071 光盘系统，每个活动盘组的容量为 2600MB，系统可配置 120 个盘组，总容量为 330000MB，相当于 2300 盘 6250 位/英寸密度的磁带，盘组平均寻道时间为 200ms。激光存储器只允许写入一次，但可任意反复读出，光盘组有用寿命为 10 年左右。

CD-ROM 盘上信息的写入和读出都是通过激光来实现的。激光通过聚焦后，可获得直径约为 1μm 的光束。据此，荷兰飞利浦（Philips）公司的研究人员开始使用激光光束进行记录和重放信息的研究。1972 年，他们的研究获得了成功，1978 年激光视盘简称 LD 或 LVD（Laser Vision Disc）投放市场。从 LD 的诞生至今，光盘有了很大的发展，它主要经历了三个阶段：

（1）LD-激光视盘；

（2）CD-DA 激光唱盘；

（3）CD-ROM。

10.2 光盘存储技术

光盘存储技术发展很快，特别是近 10 年来，近代光学、微电子技术、光电子技术及材料科学的发展为光学存储技术的成熟及工业化的生产创造了良好的条件。光盘存储以其存储容量大、工作稳定、密度高、介质可换、便于携带、价格大众化等优点，成为多媒体系统普遍采用的设备。

光存储系统由光盘驱动器和光盘盘片组成。光盘存储的基本特点是用激光引导测距系统的精密光学结构取代硬盘驱动器的精密机械结构。光盘驱动器的读写头是用半导体激光器和光路系统组成的光学头，记录介质采用磁光材料。驱动器采用一系列透镜和反射镜，将微细的激光束引导至一个旋转光盘上的微小区域。由于激光的对准精度高，所有写入数据的密度要比硬磁盘高得多。

光盘存储系统工作时，光学读/写头与介质的距离比起硬盘磁头与盘片的距离要远得多。光学头与介质无接触，所以读/写头很少因为撞击而损坏。与磁盘或磁带相比，光盘存储介质更安全耐用，不受环境影响而退磁。一般来说，硬盘驱动器使用 5 年以后常见有失效情况出现，而磁光型介质至少是 30 年、读/写 1000 万次，只读光盘的则要 100 年。

目前应用最广泛的光存储设备是 CD-ROM 与 DVD-ROM。

1. 光盘库系统

光盘库是一种带有自动换盘机构（机械手）的光盘网络共享设备。光盘库系统一般由放置光盘的光盘架、自动换盘机构（机械手）和一个或多个驱动器组成。由精确伺服控制的机电机械手自动升降器机构，在盘片堆栈上的槽和驱动器之间来回移动光盘。在盘播放完毕后机械手机构从驱动器上将盘卸下并放回堆栈上对应的槽内。在程序控制下，机械手设备可操作和管理多个驱动器。

光盘库系统可以含有多种不同类型的驱动器，包括 CD-ROM、WORM、可重写式或多功能驱动器。光盘库系统可含有一个或多个驱动器。驱动器在 SCSI 总线上与它们自己的 SCSI ID 菊花式链接。机械手设备也作为一种 SCSI 设备并有它自己的 SCSI ID，这样就可用程序来控制设备。

近年来，由于单张光盘的存储容量大大增加，光盘库相较于常见的存储设备如磁盘阵列、磁带库等价格性能优势越来越显露出来。光盘库作为一种存储设备已开始渐渐被运用于各个领域，如银行的票据影像存储、保险机构的资料存储，以及其他所有的大容量在线资料存储的场合。

光盘库系统的大小可以从较小尺寸的小型桌面型变化到较大的尺寸至少两个立柜的立柜型。光盘库堆栈可以存放几十至几百张光盘片，所有光盘库系统可以存储至少几个 TB 的数据。

2. CD-ROM 光存储系统

CD-ROM 有标准的物理规格，它由直径为 120mm，厚度为 1.2mm 的聚碳酸酯盘组成，中心有一个 15mm 的主轴孔。聚碳酸酯衬底含有凸区和凹坑区。每个凹坑区都深 100nm，宽 500nm。两个相邻凹坑区之间的地方称为凸区。凸区和凹区表示二进制的零，从凸区到凹坑区和从凹坑区到凸区的过渡由二进制的 1 表示。聚碳酸酯的表面覆盖着反射铝或铝合金或金以增加记录面的反射性。反射面由防止氧化的漆膜层保护。图 10－6 所示为光驱功能示意图。

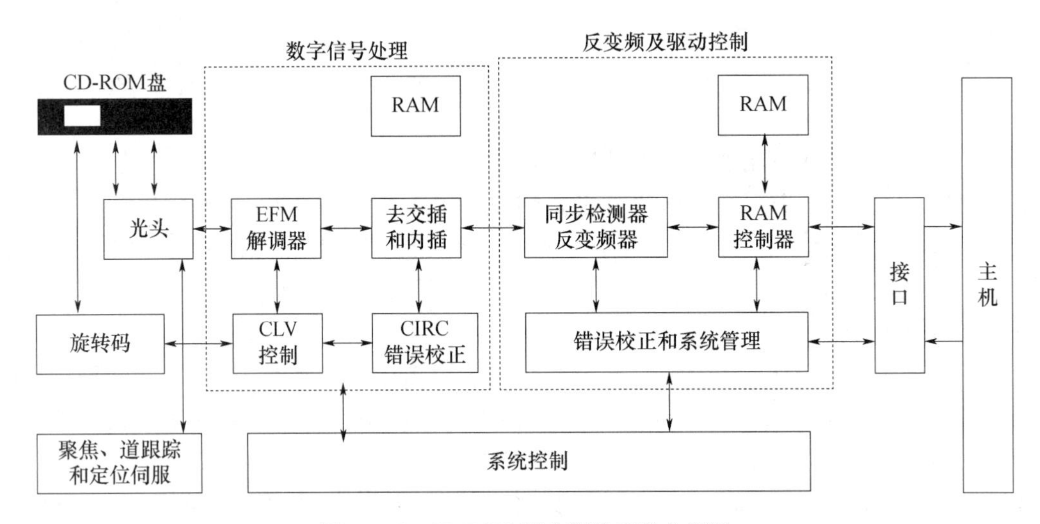

图 10-6　CD-ROM 驱动器的系统方框图

3. CD-R 光存储系统

CD-R 光盘与普通 CD 光盘有相同的外观尺寸。它记载数据的方式与普通 CD 光盘一样,也是利用激光的反射与否来解读数据,但是它们的原理是不同的。CD-R 光盘上除了含有合成塑胶层和保护漆层外,将反射用的铝层改用 24K 黄金层(也可能是纯银材料),另外再加上有机染料层和预置的轨道凹槽。

CD-R 的刻录是将刻录光驱的写激光聚焦后,通过 CD-R 空白盘的聚碳酸酯层照射到有机染料的表面,激光照射时产生的热量将有机染料烧熔,并使其变成光痕。

当 CD-ROM 驱动器读取 CD-R 盘上的信息时,激光将透过聚碳酸酯和有机染料层照射镀金层的表面,并反射到 CD-ROM 的光电二极管检测器上。光痕会改变激光的反射率,CD-ROMA 驱动器根据反射回来的光线的强弱来分辨出数据 0 和 1。

4. 磁光 MO 存储系统

磁光盘是利用激光和磁进行数据读、写和擦除的一种光存储系统。数据记录时使用激光和磁场,读取时仅用激光。激光和磁场分别位于盘片的两面。

当数据要写入磁光盘时,利用凸透镜进行聚焦,将高功率激光以极小的光点照射在磁光盘记录层上,当它的表面温度上升到 300℃的居里点时,用外部磁场的作用而改变其原磁化方向,然后中止激光光束让记录层冷却,形成不受外磁场影响的牢固记录层。

当要进行数据重写时,需要经过“擦”和“写”两个步骤,先要利用中功率激光照射介质段区中的所有数据,使得段区中的数据点都沿着与介质表面垂直的方向均匀磁化,即通过写入“0”来抹去原有数据。然后再根据要求用高功率激光在“0”位置写入数据“1”,这样就完成了数据的重写。

数据的读取是利用低功率激光探测盘片的表面,通过分析反射回来的偏振光的偏振面方向是顺时针还是逆时针来决定读取的数据是“1”还是“0”。

5. 相变光存储系统

相变式可重复擦写光盘(PD)最早由日本松下电气在 1995 年推出。但由于 CD-RW 和 DVD-RAM 等的出现,PD 逐渐退出舞台。

相变记录方式利用物质的状态变化即所谓的相变进行数据的读、写和擦除,相变型光盘用在基盘上沉积电介质层、相变记录层、冷却层和保护层等形成多层结构,相变记录层由一种银合金材料组成,视其加热温度的不同,它可以形成晶体,也可以形成非晶体。在晶体状态中原子整齐排列,光反射率高;相反,在非晶体状态原子排列不整齐、光的反射率低。它用光反射率的这种变化进行数据的读、写和擦除。

6. DVD 光存储系统

DVD(数字视频光盘或数字影盘),它是利用 MPEG2 的压缩技术来存储影像的。它集计算机技术、光学记录技术和影视技术等为一体,其,目的是满足人们对大存储容量、高性能的存储媒体的需求。DVD 光盘用途非常广泛,在音/视频领域、出版、广播、通信、WWW 等行业得到广泛的应用。

从表面上看,DVD 盘与 CD/VCD 盘很相似。但是实质上,两者相差很大,按单/双面与单/双层结构的各种组合,DVD 可以分成单面单层、单面双层、双面单层和双面双层四种物理结构。单面单层 DVD 盘容量为 4. 7GB,约为 CD-ROM 容量的 7 倍。双面双层的 DVD 盘容量达到 17GB。无论是单层盘还是双层盘都由两片基底组成,每片基底的厚度约为 0. 6mm。

DVD 光存储系统大致可以分为五种规格:DVD-ROM 计算机软件只读光盘;DVD-Video 家用影音光盘;DVD-Audio 音乐盘片;DVD-R 只能写一次的 DVD 光盘;DVD-RAM 可多次读写的光盘等。

10. 2. 1　光盘存储器工作原理

光盘分成两类,一类是只读型光盘,其中包括 CD-Audio、CD-Video、CD-ROM、DVD-Audio、DVD-Video、DVD-ROM 等;另一类是可记录型光盘,它包括 CD-R、CD-RW、DVD-R、DVD + R、DVD + RW、DVD-RAM、Double layer DVD + R 等类型。高密度光盘(Compact Disc)是近代发展起来不同于磁性载体的光存储介质,用聚焦的氢离子激光束处理记录介质的方法存储和读取信息。光盘又称激光光盘,CD、VCD、DVD 都属于光盘。

CD 光盘的最大容量大约是 700MB,DVD 盘片单面 4. 7GB,最多能刻录约 4. 59GB 的数据,双面能刻 8. 5GB,最多约能刻 8. 3GB 的数据,因为 DVD 的 1GB = 1000MB,而硬盘的 1GB = 1024MB,其中高清晰度 DVD(HD DVD)存储不同于 DVD,单面单层可存储 15GB 信息、双层可存储 30GB 信息,能存放 48h 的视频信息,HD DVD 需要用高清电视来显示清晰的画面;蓝光(Blu-Ray)则存储容量更大,单面单层可存放 25GB、双面可达 50GB。

普通 DVD 有足够的分辨率,通常可以在 480 行模拟显示器中获得良好效果,但是这种分辨率对大屏幕新型显示器来说却不够用。东芝 HD-DVD 播放器可以自动将普通 DVD 向上变频,以适应 720 或 1080 行显示器的需要。虽然经过变频的图像无法获得 HD-DVD 的完整分辨率,但却比 DVD 播放器使用的模拟信号效果要好。

光盘的存储原理比较特殊,用刻录机读写可记录型光盘,绝大部分 DVD 刻录机都能刻录 CD,但 VCD 光驱无法播放 DVD。

10. 2. 2　光盘存储原理

DVD 将信息存储为按照长螺旋状排列的一系列微小凹槽。红色激光从另一面读取这些凹槽,所以激光把凹槽视为凸点。凸点将激光照射的光线反射到传感器上。DVD 播放器通过内部的电子设备读取传感器传来的信息，并将这种信息视为数字信号。

HD-DVD 采用的原理与此相同：包含凹凸涂层，将激光照射的光线反射到传感器上，产生数字信号。HD-DVD 的规格大小和 DVD 完全一样（直径为 120mm、厚度为 1.2mm）。但是，两者又存在三个主要不同点，这样使得 HD-DVD 比 DVD 能够存储更多的信息。

HD-DVD 采用 405nm 蓝紫激光，而 DVD 采用 650nm 红色激光反馈存储信息。其凹槽更小且轨道之间的距离更近。借助更有效的压缩方式使存储文件变得更小。普通 DVD 的轨道间距为 0.74μm，而 HD-DVD 的轨道间距为 0.40μm。

10.2.3 光盘材料组成

CD 光盘主要分为五层，其中包括基板、记录层、反射层、保护层和印刷层等。下面分别进行说明。

1. 基板

基板是各功能性结构如沟槽等的载体，更是整个光盘的物理外壳。其使用的材料是聚碳酸酯，冲击韧性极好、使用温度范围大、尺寸稳定性好、无毒性。一般来说，CD 光盘的基板厚度为 1.2mm、直径为 120mm，中间有孔，呈圆形。光盘之所以能够随意取放，主要取决于基板的硬度。在基板方面，CD、CD-R、CD-RW 之间是没有区别的。

2. 记录层

记录层是烧录时刻录信号的地方，是在基板上涂抹专用的光敏材料，以供激光记录信息。由于烧录前后的反射率不同，经由激光读取不同长度的信号时，通过反射率的变化形成 0 与 1 信号，借以读取信息。目前市场上存在三大类有机染料：花菁（Cyanine）、酞菁（Phthalocyanine）及偶氮染料聚合物（AZO）。其他还有 Te、TE-c、Te 合金、Te-Se、卤化银膜，非晶半导体膜，非晶硫硒碲化合物，热塑材料，光磁材料，光色材料等。记录介质要有一定的记录灵敏度、高分辨率、高信噪比，能够实时记录和瞬时读出，并且容易制成长期稳定且均匀完好的记录膜。

需要特别说明的是，对于可重复擦写的 CD-RW 而言，所涂抹的就不是有机染料，而是某种碳性物质，当激光在烧录时，就不是烧成一个接一个的“坑”，而是改变碳性物质的极性，通过改变碳性物质的极性，来形成特定的“0”“1”代码序列。这种碳性物质的极性是可以重复改变的，这也就表示此光盘可以重复擦写。

3. 反射层

反射层是光盘的第三层，它是反射光驱激光光束的区域，借反射的激光光束读取光盘片中的资料。其材料为纯度为 99.99% 的纯银金属。

4. 保护层

保护层是用来保护光盘中的反射层及染料层防止信号被破坏。材料为光固化丙烯酸类物质。另外现在市场使用的 DVD +/- R 系列还需在以上的工艺上加入胶合部分。

5. 印刷层

印刷层是印刷盘片的标识、容量等相关资讯的地方，这就是光盘的背面。它不仅可以标明信息，还可以起到一定的保护光盘的作用。

光盘的发展趋势是向高容量存储导向的。现在，已经出现了单面双层的 DVD 盘片。单面双层盘片（DVD + R Double Layer）是利用激光（Laser Beam）聚焦的位置不同，在同一面上制作两层记录层,单面双层盘片在第一层及第二层的激光功率(Writing Power)相同(激光功率为 <30mW),反射率(Reflectivity)也相同(反射率为 18% ~30%),刻录时,可从第一层连续刻录到第二层,实现资料刻录不间断。

10.2.4　光盘读取技术

光盘信息记录方式有许多种,因此信息读出的方法也各不相同。比较常见的是凹坑记录信息的读出。这是对于采用凹坑记录信息方式的光盘,照射到光盘信息轨迹上的激光波长约 0.8μm,接近激光波长。当激光落在无信息坑的平面上,光能量会大致全部反射回(80%);当光点落在小坑上时,只有少量的光被反射(10%),这样使得光敏二极管输出强度变化的比例达到 10∶1 以上,就可读出信号。对于可擦写光盘,激光头输出的光分两种,一种是强光,另一种是弱光。强光用于记录信息,弱光用于读取信息。

光盘的读取方式主要有如下几种:

(1) CLV 技术。CLV 技术(Constant-Linear-Velocity)恒定线速度读取方式。在低于 12 倍速的光驱中使用的技术。它是为了保持数据传输率不变,而随时改变旋转光盘的速度。读取内沿数据的旋转速度比外沿要快许多。

(2) CAV 技术。CAV 技术(Constant-Angular-Velocity)恒定角速度读取方式。它是用同样的速度来读取光盘上的数据。但光盘上的内沿数据比外沿数据传输速度要低,越往外越能体现光驱的速度,倍速指的是最高数据传输率。

(3) PCAV 技术。PCAV 技术(Partial-CAV)区域恒定角速度读取方式。是融合了 CLV 和 CAV 的一种新技术,它是在读取外沿数据采用 CLV 技术,在读取内沿数据采用 CAV 技术,提高整体数据传输的速度。

10.2.5　光盘存储器的分类

CD(Compact-Disc):光盘。CD 是由 lead-in(资料开始记录的位置);而后是 Table-of-Contents 区域,由内及外记录资料;在记录之后加上一个 lead-out 的资料轨结束记录的标记。在 CD 光盘,模拟数据通过大型刻录机在 CD 上面刻出许多连肉眼都看不见的小坑。

CD-DA(CD-Audio):用来存储数位音效的光碟片。1982 年 SONY、Philips 所共同制定红皮书标准,以音轨方式存储声音资料。CD-ROM 都兼容此规格音乐片的能力。

CD-G(Compact-Disc-Graphics):在 CD-DA 基础上加入图形成为另一格式,但未能推广。是对多媒体计算机的一次尝试。

CD-ROM(Compact-Disc-Read-Only-Memory):只读光盘机。1986 年,SONY、Philips 一起制定的黄皮书标准,定义档案资料格式。定义了用于计算机数据存储的 MODE1 和用于压缩视频图像存储的 MODE2 两种类型,使 CD 成为通用的储存介质。并加上侦错码及纠错码等位元,以确保计算机资料能够完整读取无误。

GD-ROM(Gigabyte Disc):千兆光盘,是由雅马哈制作,日本世嘉公司于 1998 年投入适用于媒体记录和游戏机的一种多媒体光盘,最大存储量为 1GB,用于取代当时市场上普遍存在的 650 ~700MB 容量的 CD-ROM 光盘。GD-ROM 由雅马哈生产,它的工作原理是在原有 CD-ROM 的基础上,对数据进行再次打包,压缩处理来增加存储量。GD-ROM 的数据由于其构造和生产因素,无法用传统的 CD 刻录机进行复制。

CD-PLUS:1994 年,Microsoft 公布了新的增强的 CD 的标准,又称为 CD-Elure。它是将 CD-Audio 音效放在 CD 的第一轨,而后放资料档案,如此一来 CD 只会读到前面的音轨,不会读到资料轨,达到计算机与音响两用的好处。

CD-ROM XA(CD-ROM-eXtended-Architecture):1989 年,SONY、Philips、Microsoft 对 CD-ROM 标准扩充形成的白皮书标准。又分为 FORM1、FORM2 两种和一种增强型 CD 标准 CD+。

VCD(Video-CD):激光视盘。SONY、Philips、JVC、Matsushita 等共同制定,属白皮书标准。是指全动态、全屏播放的激光影视光盘。

CD-I(Compact-Disc-Interactive):是 Philips、SONY 共同制定的绿皮书标准。是互动式光盘系统。1992 年实现全动态视频图像播放。

Photo-CD:1989 年,KODAK 公司推出相片光盘的橙皮书标准,可存 100 张具有五种格式的高分辨率照片。可加上相应的解说词和背景音乐或插曲,成为有声电子图片集。

CD-R(Compact-Disc-Recordable):1990 年,Philips 发表多段式一次性写入光盘数据格式。属于橘皮书标准。在光盘上加一层可一次性记录的染色层,可以进行刻录。

CD-RW:在光盘上加一层可改写的染色层,通过激光可在光盘上反复多次写入数据。

SDCD(Super-Density-CD):由东芝(TOSHIBA)、日立(Hitachi)、先锋、松下(Panasonic)、JVC、汤姆森(Thomson)、三菱、Timewamer 等制定一种超密度光盘规范。双面提供 5GB 的存储量,数据压缩比不高。

MMCD(Multi-Mdeia-CD):由 SONY、Philips 等制定的多媒体光盘,单面提供 3.7GB 存储量,数据压缩比较高。

HD-CD(High-Density-CD):高密度光盘。容量大。单面容量 4.7GB,双面容量高达 9.4GB,有的达到 7GB。HD-CD 光盘采用 MPEG-2 标准。动态压缩标准 MPEG-2:1994 年,ISO/IEC 组织制定的运动图像及其声音编码标准。针对广播级的图像和立体声信号的压缩和解压缩。

DVD(Digital-Versatile-Disk):数字多用光盘,以 MPEG-2 为标准,拥有 4.7GB 的大容量,可存储 133min 的高分辨率全动态影视节目,包括杜比数字环绕声音轨道,图像和声音质量是 VCD 所不及的。

DVD+RW:可反复写入的 DVD 光盘,又称为 DVD-E。由 HP、SONY、Philips 共同发布的一个标准。容量为 3.0GB,采用 CAV 技术来获得较高的数据传输率。

PD 光驱:由 Panasonic 公司将可写光驱和 CD-ROM 合二为一,有 LF-1000(外置式)和 LF-1004(内置式)两种类型。容量为 650MB,数据传输率达 5.0MB/s,采用微型激光头和精密机电伺服系统。

DVD-RAM:DVD 论坛协会确立和公布的一项商务可读写 DVD 标准。它容量大而价格低、速度快且兼容性高。

10.2.6 光盘格式的标准

CD 格式包含逻辑格式和物理格式。逻辑格式实际上是文件格式的同义词,它规定如何把文件组织到光盘上以及指定文件在光盘上的物理位置,包括文件的目录结构、文件大小以及所需盘片数目等事项;物理格式则规定数据如何放在光盘上,这些数据包括物理扇区的地址、数据的类型、数据块的大小、错误检测和校正码等。

1）CD-DA 标准，红皮书标准

红皮书标准——数字音频（适用于记录或播放音频 CD）。它是由 Philips 和 Sony 于 1980 年制定的，是用于存储音频声音轨道的 CD-DA 光盘标准，此规格仅包含音频扇区的轨道。称为红皮书。这是最先建立的规格。它采用脉冲编码调制 PCM，用 44.1kHz 的采样频率对音频信号进行采样和编码，记录在 CD-DA 盘片上。CD-DA 可以得到超级 Hi Fi 的音响效果。

由于 CD-ROM 来源于音频 CD，光盘上存储的大量信息可根据分钟、秒、帧测定，其中：1 分 =60 秒，1 秒播放 75 帧，1 帧 =2048 字节（2 千字节），由于扇区边界的额外消耗，光盘上文件占用的实际空间通常大于其原大小。

2）CD-ROM 标准，黄皮书标准

黄皮书标准——CD-ROM（适用于 CD-ROM 的读写）。1985 年为 CD-ROM 制定的规格，称为黄皮书。它对光盘的物理格式和盘地址作了规定。1986 年又制定了它的逻辑格式，在 1987 年正式作为国际标准 ISO9660。

3）ISO9660 标准

ISO9660 是个国际上认可的 CD 媒体逻辑级标准，它定义了 CD-ROM 上文件和目录的格式。此标准允许有不同操作系统的不同计算机访问同样的数据格式。CD-ROM 当前的成功不仅应归于媒体自身明显的优势，而且通过 ISO9660 之类的标准完成了媒体的全世界认同和彼此协作性。所有计算机平台将数据作为一个文件系统放在光盘。文件系统被设计成为 UNIX，VAX\VMS，MS-DOS 和 Mac 及它们的各种派生系统所公认，ISO9660 意味着与不同操作系统兼容，这种兼容性是通过使用所有目标系统共有功能来实现。因此，ISO9660 要求以下几条限制：

ISO 9660 规定每个文件由 1 个文件域组成，支持的单文件容量为 2GB 以下，目录层次不超过 8 层，主文件名包括它的扩展名必须是少于 30 个字符。对于在 MS-DOS 下使用，它有更多限制：文件名最多 8 个字符，而扩展名最多 3 个字符。使用 ASCII 字符集，目前有 Level 1 和 Level 2 两个标准。Level 1 与 DOS 兼容，文件名采用 8.3 格式，目录标识符不超过 8 个字符，字符集由大写英文字母 A—Z、数字 0—9 及下划线组成，共 37 个字符，文件域中没有扩展属性记录。Level 2 在 Level 1 的基础上加以改进，允许使用长文件名和长目录名，但文件名与扩展名的总长度不超过 30 个字符，目录标识符的长度不超过 31 个字符，不支持 DOS。

光盘刻录软件在正式传送数据到 CD 记录器进行记录之前创建一个 ISO9660 映像文件，并且有助于去除运行时记录错误。

4）扩展 ISO9660——Joliet 和 Romeo 文件系统

在 ISO9660 中有一些限制，如字符设置限制，文件名长度限制和目录树深度限制。这些规定阻碍了用户复制数据到可被不同计算机平台读取的 CD-ROM，因此一些操作系统出售商以几种方式扩展 ISO9660。

Joliet 文件系统是扩展文件系统之一，由 Microsoft 提出和实现。它以 ISO9660（1988）标准为基础，如果 CD 是用 Joliet 文件系统创建，它只能在 Windows 9x 和 Windows NT4.0 或更新版下读取，但是不能在任何其他平台上读取。在 Joliet 文件系统下，长文件名允许字符数最多为 64,长目录允许数目最多为 64。但是,文件名加它的完全路径总字符数不能超过 120。Romeo 只定义为 Window 9x 长文件名,最多 128 字符。

5)CD-I 标准,绿皮书标准

绿皮书标准。1988 年 Philips 公司和 Sony 公司联合推出 CD-I 系统,并对其软、硬件部分作了详细的规定,称为绿皮书。它是所有规格中最复杂的一种,采用了多种压缩编码技术,完成对各种数据的编码。对于音频信号采用 PCM 和 ADPCM 技术进行压缩编码,可获得四种不同音质的信号。绿皮书中的 ADPCM 技术使 CD-I 光盘的容量较红皮书规格扩大 16 倍。

6)CD-ROM/XA 标准

这是 1989 年 Philips 和 Microsoft 合作推出的、并在 1991 年国际多媒体和 CD-ROM 大会上宣布为扩展结构体系标准。它减少了数字化音频信号的光盘存储空间,是对原CD-ROM 规格的扩充。具体是用 ADPCM 作为压缩编码,使用三种不同的采样频率。CD-ROM/XA 规格是黄皮书和绿皮书规格的结合。

7)Photo-CD 标准

1992 年 Kodak 公司推出,等待计算机厂商的确认。Photo-CD 光盘用于记录数字化照片信息。

8)CDTV 标准

1991 年由 Commodore 公司专门设计并规定了它的格式,由于 CDTV 没有采用 CD-I 标准,只能在指定的系统中使用。

9)DVI 标准

1990 年由 IBM 和 Intel 公司联合推出,DVI 光盘只能在 DVI 系统环境下使用,但 DVI 技术具有很强的功能,将全屏幕全动态视频图像、高清晰度静态图像、双声道高保真音频信号及传统的图形和文本集成到一个交互的环境,可实现动态视频/音频数据的实时采集、实时压缩存储/反压缩播放,成为全数字化多媒体技术的代表。

10)VCD 标准:白皮书标准。

视频光盘 Video CD(适用于播放 MPEG 解码视频)

11)橙皮书标准

多对话式 Multi-Session(适用于在可记录 CD 上增加文件)

10.2.7　光盘检错和纠错

光盘同磁盘、磁带一类的数据记录媒体一样,受到盘的制作材料的性能、生产技术水平、驱动器以及使用人员水平等的限制,从盘上读出的数据很难完全正确。据有关研究机构测试和统计,一片未使用过的只读光盘,其原始误码率约为 3×10^{-4};有伤痕的盘约为 5×10^{-3}。针对这种情况,光盘存储采用了功能强大的错误码检测和纠正措施,采用的具体对策归纳起来有三种:

(1) 错误检测码(Error Detection Code, EDC)。采用 CRC 码(Cyclic Redundancy Code)检测读出数据是否有错。CRC 码有很强的检错功能,但没有开发它的纠错功能,因此只用它来检错。

(2) 错误校正码或称为纠错码(Error Correction Code,ECC)。采用里德-索洛蒙码,简称为 RS 码,进行纠错。RS 码被认为是性能很好的纠错码。

(3) 交差里德-索洛蒙码(Cross Interleaved Reed-Solomon Code,CIRC)。这个码可以理解为在用 RS 编译码前后,对数据进行插值和交叉处理。

10.3　大容量存储技术

在大容量离线存储领域,人们比较熟悉的是大容量磁带存储技术和大容量光盘存储技术,这些领域由于 Sony、HP、IBM 等跨国公司的介入,不仅产品得以在市场上畅销,而且技术上不断更新。随着关键技术的突破,近年来光带存储技术也凭借着它的优异性能和较高的性价比显示出较好的发展潜力。光带是一种将数据信息存储在条形介质带上的光存储器件,兼有光盘高密度的特点和磁带总存储容量可以扩大化的优点。光带存储容量大,数据传输速率快,信息存取时间短,系统成本低,使用寿命可长达 100 年,因此目前它是发达国家积极开发的数据存储技术之一。大容量存储器的发展一直是科学界被关注的重点。

10.3.1　USB 大容量存储设备及相关组织

USB 大容量存储设备(USB Mass Storage Device Class,也称为 USB MSC 或 UMS),其实是一个协议,协议规定允许一个 USB 接口的设备与主计算设备相连接,以便在两者之间传输文件。对于主计算设备来说,USB 设备看起来就像一个移动硬盘,允许拖放型文件的传送。它实际上是由 USB 实施者论坛所通过许多通信协议的汇总,这一标准提供了许多设备的界面。包括移动硬盘、闪存盘、移动光学驱动器、读卡器、数码相机、数码音乐播放器、PDA 以及手机等。

通用串行总线(Universal Serial Bus,USB)是连接计算机系统与外部设备的一种串口总线标准,也是一种输入输出接口的技术规范,被广泛地应用于个人计算机和移动设备等信息通信产品之间的连接,并已被扩展至摄影器材、数字电视(机顶盒)、游戏机等其它相关领域。

多媒体计算机刚问世时,外接式设备的传输接口各不相同,如打印机只能接 LPT port、调制解调器只能接 RS232、鼠标键盘只能接 PS/2 等。繁杂的接口系统,加上必须安装驱动程序并重启才能使用,造成了给用户造成很多不便。因此,迫切需要创造出一个统一且支持易插拔的外接式传输接口,USB 应运而生。最新一代的 USB 是 USB 3.2,传输速度为 20Gb/s,三段式电压 5V/12V/20V,最大供电 100W。另外仅有个别的 USB Type-A、Micro-B 以及新型 USB Type-C 接头不再分正反。

USB 开发者论坛(USB Implementers Forum,缩写:USB-IF),是由一群开发 USB 的公司于 1995 年所建立。主要会员有苹果计算机、惠普、恩益禧、微软、英特尔与杰尔系统。是一个推广与支援通用序列总线的非营利组织。主要的业务即是推广与行销 USB、无线 USB、USB OTG 与其相关规格标准的维护,同时也制订施行相容性计划。在 USB-IF 中的工作委员会有:

(1) 装置元件工作小组。

（2）相容性委员会。

（3）市场营销委员会。

（4）OTG 工作小组。

10.3.2 大容量数据及存储设备

大容量存储器是为了弥补计算机主存储器容量的有限性而配置的辅助存储器。目前主要包括磁盘、移动硬盘、优盘等，随着多媒体技术的发展，手机、摄影器材等存储容量也进一步扩大。从数据存储的模式来看，海量存储技术可以分为直接附加存储（Direct Attached Storage，DAS）和网络存储两种，其中网络存储又可以分为网络附加存储（Network Attached storage，NAS）和存储区域网络（Storage Area Network，SAN）。从数据存储系统的组成上看，无论是 DAS、NAS 还是 SAN，其存储系统都可以分为三个部分：首先是磁盘阵列，它是存储系统的基础，是完成数据存储的基本保证；其次是连接和网络子系统，通过它们实现了一个或多个磁盘阵列与服务器之间的连接；最后是存储管理软件，在系统和应用级上，实现多个服务器共享、防灾等存储管理任务。

PB 指 Peta Byte，它是较高级的存储单位，其上还有 EB，ZB，YB 等单位，1PB = 1024TB。未来学家 Raymond Kurzweil 在他的论文中关于对 PB 级数据定义解释说：人类功能记忆的容量预计在 1.25TB，这意味着，800 个人类记忆才相当于 1PB。AnyShare 是一款软硬件一体化的专业文档管理设备，集成了独特的 FAST 引擎、OFS 网络文件系统等多项核心技术，可提供统一文档管理、安全文档管理、无缝文档协作、便捷文档分享四个维度的文档管理解决方案。AnyShare 支持海量的非结构化数据统一存储，提供亿万级容量存储，并且支持数据重删，提升容量存储效率。可按需进行容量扩展，同时扩展性能，降低单 GB 数据存储成本，从而降低总存储费用。AnyShare 支持 WORM 特性的对象存储系统，以 AnyShare NAS 网关的方式实现周期超过三个月的非结构化数据的固化归档，三个月内的活跃文件存储在本地业务系统上，保证电子档案、证据、卷宗等数据长期固化存储，防止被篡改、删除。AnyShare 的固化归档的文件可根据关键词、文件全称或标签等多种搜索方式精确检索到所需文件，全文检索 1s 定位。AnyShare 支持为文件或文件夹添加标签，不仅能手动添加标签，还能自动生成标签，这样在记不住标题以及记不住内容关键字的时候，也能通过标签快速地检索到需要的文件，提高办公效率。自动标签是 AnyShare 自动分析文档内容后生成的标签，手动标签是根据需要手动添加的标签，帮助 PB 级数据根据文档内容分类、归档，并可基于标签精确检索，提高文档使用、访问效率。

10.3.3 云存储技术

面对当前 PB（1024TB，1024 * 1024GB）级的海量数据存储需求，云存储以其扩展性强、性价比高、容错性好等优势得到了业界的广泛认同。云存储是在云计算（cloud computing）概念上延伸和发展出来的一个新的概念，是一种新兴的网络存储技术，是指通过集群应用、网络技术或分布式文件系统等功能，将网络中大量各种不同类型的存储设备通过应用软件集合起来协同工作，共同对外提供数据存储和业务访问功能的一个系统。当云计算系统运算和处理的核心是大量数据的存储和管理时，云计算系统中就需要配置大量的存储设备，那么云计算系统就转变成一个云存储系统，因此云存储是一个以数据存储和管理为核心的云计算系统。简单来说，云存储就是将存储资源放到网络存储器上供人存取的一种新兴方案。使用者可以在任何时间、任何地方，透过任何可连网的装置连接到云上方便地存取数据。

云存储伴随着云计算产生，目前学术界以及工业界对云计算还没形成一个统一的定义。在文献中，云计算被定义为一个包含大量可用虚拟资源的资源池，该资源池一般由基础设施提供商按照服务等级协议采用按时付费或按需付费的模式进行开发管理，其中的虚拟资源根据不同负载进行动态配置，以达到优化资源利用率的目的。

练　习

一、选择题

1. 以下存储器中信息存取速度最快的是(　　)。

   A. U 盘　　B. 机械硬盘　　C. 固态硬盘　　D. 内存储器

2. 云存储是在(　　)概念上延伸和发展出来的一个新的概念，是一种新兴的网络存储技术。

   A. 云计算　　B. 优盘　　C. 移动硬盘　　D. 硬盘

3. 可达最大存储容量的是(　　)

   A. U 盘存储　　B. 机械硬盘存储

   C. 固态硬盘存储　　D. 云存储

二、思考题

1. 请计算对于双声道立体声，采样频率为 44.1kHz，采样位数为 16 位的激光唱盘(CD-A)用一个 650MB 的 CD-ROM 可存入多长时间的音乐(需要写清计算公式和步骤)。

2. 大容量存储设备主要有哪些?

3. 简述云计算和云存储之间的关系。

第 11 章　虚拟现实技术基础

多媒体技术虽然为数字化信息增加了影音效果，但从人的感知上却与电视节目或 VCD 等差不多。虚拟现实（Virtual Reality，简称 VR，又被译为灵境、幻真），也称灵境技术或人工环境，是多媒体技术发展的最高境界，虚拟现实技术可以将常规的键盘、鼠标或是屏幕等输入输出设备化为无形而直接通过语言和手势进行人机交互。利用计算机模拟产生一个三维空间虚拟世界，给使用者提供关于视觉、听觉、触觉等感官的感觉媒体，让使用者如同身临其境一般，人们可以实时、没有角度限制地观察三维模拟空间，通过触发器和 3D 软件显示窗口在二维显示屏中展示三维信息。虚拟现实是以沉浸性（Immersion）、交互性（Interaction）和构想性（Imagination）为基本特征的计算机高级人机界面。它综合利用了计算机图形学、仿真技术、多媒体技术、人工智能技术、计算机网络技术、并行处理技术和多传感器技术，模拟人的视觉、听觉、触觉、力觉等感觉器官功能，使人能够沉浸在计算机生成的虚拟环境中，并能够通过语言、手势等方式与之进行交互，虚拟现实技术创建了一种模拟现实的多维信息空间。本章主要介绍虚拟现实技术的主要概念、硬件组成及虚拟现实技术的简单实现。

11.1　虚拟现实技术介绍

希腊数学家欧几里德（Euclid）发现了人类之所以能洞察立体空间，主要是由左右眼睛所看到的图像不同而产生的，这种现象被叫作双眼视差（Binocular Parallax）。在 1838 年，Charles Wheatstone 利用双目视差原理发明出了可以看出立体画面的立体镜。通过立体镜观察两个并排的立体图像或照片给用户提供纵深感和沉浸感。1849 年 David Brewster 以凸透镜取代立体镜中的镜子发明了改良型的立体镜。View-Master 立体镜（1939 年专利）的后期发展被用于“虚拟旅游”。

1929 年，Edward Link 发明了 Link Trainer（1931 年专利），它可能是历史上第一个纯机电的商业飞行模拟器。它由连接到方向舵和转向柱的电动机控制，以修改俯仰和滚转。以小型电动机驱动的装置可以模拟湍流和扰动。这样做是为了用更加安全的方式去训练飞行员，当时美国军方以 3500 美元购买了 6 个这样的设备。在第二次世界大战期间，超过 500000 名飞行员使用 10000 多个“Blue Box”Link 训练器进行初始培训以提高他们的飞行技能。

虚拟现实是采用计算机技术产生一个仿真世界的动态三维视觉环境，使操作者产生一种身临其境的感觉，虚拟现实技术包括实时三维计算机图形技术，广角（宽视野）立体显示技术，对观察者头、眼和手的跟踪技术等，虚拟现实系统的核心设备仍然是计算机。它的一个主要功能是生成虚拟现实的图形。图像显示设备是用于产生立体视觉效果的关键外设，目前常见的产品包括光学眼镜、三维投影仪和头盔显示器等。其中高档的头盔显示器在屏蔽现实世界的同时，提供高分辨率、大视场角的虚拟场景，并带有立体声耳机，可以使人产生强烈的沉浸感。其他外设主要用于实现与虚拟现实的交互功能，包括数据手套、三维鼠标、运动跟踪器、力反馈装置、语音识别与合成系统等。

参与者使用诸如键盘、数据手套、三维鼠标器、跟踪球、操纵杆、眼球跟踪装置、超声波头部跟踪器、头盔显示器、摄录像设备、大屏幕彩色投影机、立体护目镜、音响、耳机、语音识别与合成装置、工作站及数据服等装备以获得所需的感知，来体验计算机生成的虚拟世界。虚拟现实技术的应用前景十分广阔。它最初是为了满足军事和航空航天领域的需求而开发设计，目前虚拟现实技术的应用正逐步向工业、建筑设计、教育培训、文化娱乐等方面挺进。它正在改变着人们的生活。

11.1.1 虚拟现实技术的特点

1989年，美国VPL Research公司的创始人Jaron Lanier提出了“Virtual Reality”(虚拟现实)的概念。在这里，“Reality”的含义是现实的世界，或现实的环境。J. Laniar认为虚拟现实是指“用电子计算机合成的人工世界”。从一开始这个领域与计算机就有着不可分离的密切关系，计算机技术是合成虚拟现实的基本前提，虚拟现实技术发展到现在主要具备以下几个特点：

1. 多感知性(Multi-Sensory)

多感知是指除了一般计算机技术所具有的视觉感知之外，还有听觉感知、力觉感知、触觉感知、运动感知，甚至包括味觉感知、嗅觉感知等。理想的虚拟现实技术应该具有一切人所具有的感知功能。由于相关技术，特别是传感技术的限制，目前虚拟现实技术所具有的感知功能仅限于视觉、听觉、力觉、触觉、运动等几种。

2. 沉浸感(Immersion)

沉浸感又称临场感，指用户感到作为主角存在于模拟环境中的真实程度。理想的虚拟现实环境应该使用户难以分辨真假，使用户全身心地投入到计算机所创建的三维虚拟环境中，该环境中的一切看上去是真的，听上去是真的，动起来是真的，甚至闻起来、尝起来等一切感觉都是真的，如同在现实世界中的感觉一样。

3. 交互性(Interactivity)

交互性是指用户对模拟环境内物体的可操作程度和从环境得到反馈的自然程度，交互功能具有实时性。例如，用户可以用带有传感器的手去抓取模拟环境中虚拟的物体，这时手有握着感，并可以感觉物体的重量，视野中被抓取的虚拟物体也能随着手的移动而移动。

4. 构想性(Imagination)

构想性强调虚拟现实技术应具有广阔的可想像空间，可拓宽人类认知范围，不仅可再现真实存在的环境，也可以随意构想客观不存在的甚至是不可能发生的环境。虚拟现实技术可以实现或重现人类对未知情景的思维过程。

11.1.2 虚拟现实系统的构成

一般来说，一个完整的虚拟现实系统有：高性能计算机；计算机网络；虚拟环境生成器；包含三维视景图像生成及立体显示的视觉系统；语音识别、声音合成与声音定位为核心的听觉系统；方位跟踪器、数据手套和数据衣为主体的身体运动跟踪测量系统；味觉、嗅觉、触觉与力反馈触觉系统；人机接口界面及多维的通信设备；各种数据库（地形地貌、地理信息、图像纹理、气动数据、武器性能参数、导航数据、气象数据、背景干扰及通用模型等）；软件支撑环境等功能单元构成。

虚拟环境生成器是 VR 系统的核心部件，虚拟现实输入设备给 VR 系统提供来自用户的输入，并允许用户在虚拟环境中改变自己的位置、视线方向和视野，允许改变虚拟环境中虚拟物体的位置和方向。虚拟现实输出设备是由 VR 系统把虚拟环境综合产生的各种感官信息输出给用户，使用户产生一种身临其境的逼真感。

11.1.3 虚拟现实关键技术

一个基本的 VR 系统应该由 VR 生成系统、感知系统、开发平台与展示平台等几部分组成。虚拟现实技术随着计算机技术、传感与测量技术、图形学、人工智能、仿真技术和微电子技术等的飞速发展而发展，由于在该系统中尚存大量未解决的难题以及理论和技术上的盲区，在其发展过程中以下关键技术尚待更进一步解决：

1. 环境建模技术

虚拟环境的建立，目的是获取实际三维环境的三维数据，并根据应用的需要，利用获取的三维数据建立相应的虚拟环境模型。虚拟环境是 VR 系统的核心内容，动态环境建模技术的目的就是获取实际环境的三维数据，并根据应用的需要建立相应的虚拟环境模型。三维数据的获取可以采用 CAD 技术，3ds MAX 技术，全景摄像技术等多种方式采集。更多的情况则需要采用非接触式的视觉技术，两者有机结合可以有效地提高数据获取的效率。三维图形的生成技术已经较为普遍和成熟，但关键是实时三维图形的生成技术，为了达到实时的目的，至少需要保证三维图形的刷新频率不低于 15 帧/s，最好高于 30 帧/s。所以在不降低图形质量和增加复杂程度的前提下，如何提高刷新频率是三维图形实时显示技术需要考虑的关键问题。

2. 立体声合成和立体显示技术

虚拟现实的交互能力依赖于立体显示和传感器技术的发展，现有的设备还远远不能满足需要，比如头盔式三维立体显示器有以下缺点：过重，分辨率低，图像质量差，延迟时间过长，刷新频率过低，有线行动不便，跟踪精度低，视场过窄，因此非常有必要开发新的三维显示技术。在虚拟现实系统中消除声音的方向与用户头部运动的相关性，同时在复杂的场景中实时生成立体图形是虚拟现实发展需要关注的问题。

3. 触觉反馈技术

在虚拟现实系统中让用户能够直接操作虚拟物体并感觉到虚拟物体的反作用力，从而产生身临其境的感觉。

4. 交互技术

虚拟现实中的人机交互的方式除了包含键盘和鼠标的传统模式，另外衍生出了多种模式：如数字头盔、数字手套等传感器设备，三维交互技术以及语音识别、语音输入技术都已成为人机交互的重要手段。

5. 虚拟现实开发技术

虚拟现实应用的关键是寻找合适的场合和对象，即如何发挥想像力和创造性。选择适当的应用对象可以大幅度提高生产效率，减轻劳动强度，提高产品质量。为了达到这一目的,必须研究虚拟现实的开发工具,例如 VR 系统开发平台、分布式虚拟现实技术等。

6. 网络技术

从计算机技术的角度分析未来的 VR 系统的特点,将是一个交互、分布、实时和多维化信息的处理系统。随着 VR 技术在网络上的推广与应用,数以亿万计的人进入未来的网络,世界将变得愈来愈小,而人类的感知与认知能力将变得愈来愈强。由此可见,分布式多维化网络技术必将对 VR 系统产生更为深远的影响。

7. 信息压缩与数据融合技术

为使 VR 系统能实时地处理大量的多维化信息,一方面应尽量提高计算机的处理速度;另一方面亦应研究出更高效的信息压缩与数据融合的算法和技术。在 VR 系统中所进行观测活动状况下的图像处理,是基于交互作用的图像处理。故 VR 系统对图像处理便提出了更高的要求,不能将全部负担都压在计算机的硬件性能上,而应把研究新型、高效的数据压缩算法及研制专用数据压缩芯片、数据融合新技术与新算法作为关键技术予以突破。

8. 系统集成技术

系统集成技术包括:信息同步技术、模型标定技术、数据转换技术、识别和合成技术等。人在真实世界中通过感觉器官来实现视觉、触觉(力觉)、嗅觉、听觉等功能。使我们能够感知一个客观真实世界并与之交互。

在 VR 系统中存在由各种传感器所输出的数字和模拟信息,它们有的用声、图、文的形式表示,有的用视觉、听觉、力感、触感、味觉、嗅觉的方式表达,同时,在 VR 系统中还存在着虚拟和真实的环境,在该环境中有虚拟的对象和真实的人。这些信息存在实时与非实时、瞬变与缓变、可确定与不可确定、相互支持与互补或相互制约与矛盾的因素。如何将这些多维化信息、来自虚拟和真实对象的信息进行综合集成,使之协调一致,是一项十分重要的关键技术,主要是靠 VR 系统中的核心,即虚拟环境生成器来完成。集成的目的旨在建立一个最优化结构、自适应、高性能、颇具竞争力的实时、互操作的大系统。

为满足人们对沉浸性、交互性和构想性日趋增高的需求,在众多技术难题中至少应重点提升以下关键技术的水平。

9. 提高“身临其境”的沉浸感

沉浸感在很大程度上依赖于 VR 技术的图像处理和理解能力的提高,图像处理的质量愈高,图像处理的速度愈快,图像识别的能力愈强,系统的理解能力愈完善,系统的视觉沉浸感便愈佳。视觉是提高沉浸感的重要因素,但并非是唯一的因素,听觉或许会是 VR 技术中最先达到逼真程度的领域,触觉是一个刚起步研究与试验的领域。由微处理器和传感器构成的数据手套,与视觉、听觉相配合,大大地增强了 VR 系统的逼真感,而嗅觉与味觉还属于一个尚未实质性地开展研究的领域。故提高 VR 系统的沉浸感,还有很多尚未攻克的技术难题。

10. 开发高性能的传感器

要使虚拟交互更接近于自然交互,这在很大程度上取决于与计算机相连的高性能传感器及其相应的软件。交互技术研究的主要任务是设计出交互技术并评估其性能,目前至关重要的两种设计方法是:依据应用程序的特殊需求,凭直觉或想象设计出交互技术;按任务的结构划分来指导进行设计。

针对VR系统的需求研制性能更为完善和便于佩戴的传感器,如用红外或其他光学方法跟踪眼睛的活动,当知道人的眼睛注视何处时,便可用其实现某些控制。目前这些新型的传感设备尚未成熟,人们正通过研制新材料、新结构、新工艺或新的控制机理,以提高其性能,这是当前VR技术中颇为活跃的一部分研究工作。

11. 研制高性能的计算机

未来VR技术的发展必将会对计算机的性能提出更高的要求,具体主要表现在网络技术、信息压缩与数据融合、系统集成技术等三个方面的提高。

11.2 虚拟现实技术硬件设备

虚拟现实系统中,硬件设备由三部分组成,输入设备、输出设备、虚拟世界生成设备。输入设备分为两种类型:基于自然的交互设备,用于对虚拟世界信息的输入;三维定位跟踪设备,用于对输入设备在三维空间中的位置进行判断,并送入虚拟现实系统中。虚拟现实输入设备主要有:数据手套、数据衣、三维控制器:三维力矩,力矩球、三维扫描仪、三维定位跟踪设备。虚拟世界输出设备是指感知设备,将虚拟世界中各种感知信号转变为人所能接受的多通道信号,具体包括:视觉感知设备、听觉感知设备、触觉(力觉)感知设备。虚拟现实生成设备主要分为:基于高性能个人计算机的VR系统、基于高性能图形工作站的VR系统、高度并行的计算机系统的VR系统、基于分布式计算机的VR系统。在VR硬件系统中,有许多功能不同的虚拟现实系统专用的设备,下面是一些有代表性设备的介绍。

11.2.1 三维显示器

1968年开创了头盔式三维显示技术,具体包括:

(1) 固定CRT形式,放于桌面,可多人共享,用户约束感小,易于实现交互,但视角小,无环视感。一般要求用户佩戴光闸眼镜。并配以视线跟踪装置。

(2) HMD形式,一般用两个LCD屏形成立体对,头盔结构中安装广角光路,同时附有视线运动检测装置,用户走动自由,但约束感较强,LCD分辨率低。

(3) 双目全向监视器(Binocular Omni-Orientation Monitor,BOOM)形式类似于HMD,但显示装置悬挂于机械臂,重量得到平衡,位置与姿态得到测量,用户用手操纵,约束感适中,装置可配以高分辨率的CRT对。BOOM可移动式显示器是一种半投入式视觉显示设备。使用时,用户可以把显示器方便地置于眼前,不用时可以很快移开。BOOM使用小型的阴极射线管,产生的像素数远远小于液晶显示屏,图像比较柔和,分辨率为1280×1024像素。图11-1所示为BOOM 3c可移动式头盔。

(4)CAVE形式、大视角、高分辨率、环绕视觉感较强,用户只需佩戴轻质光闸眼镜,约束感小,也可多人共享,但需较大的安装空间和投影系统。

(5)Videoplace形式,用户无需佩戴任何硬件装置,毫无约束感,但对人体的位置与姿态的检测较难,缺乏触觉、力觉交互手段。这种“无障碍”方式目前不是VR的主流。

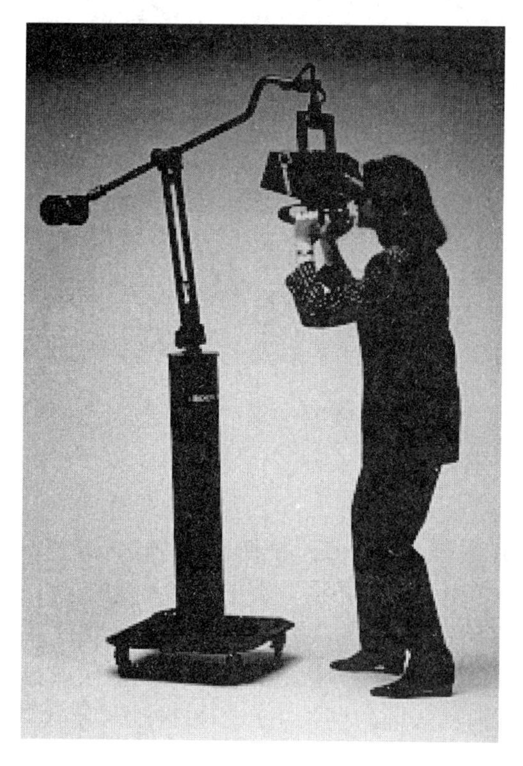

图 11－1　BOOM 3c 可移动式头盔

11.2.2　数据手套

数据手套作为一种输入装置,可以把人手的动作转化为计算机的输入信号。一般它的实体由很轻的弹性材料构成,该弹性材料紧贴在手上,同时附着许多位置、方向传感器和光纤导线,以检测手的运动。光纤可以测量每个手指的弯曲和伸展,而通过光电转换,手指的动作信息可以被计算机识别。作为一只虚拟的手用于与虚拟现实系统进行交互,可以在虚拟世界中进行物体抓取、移动、装配、操纵、控制等操作,并把手指和手掌伸屈时的各种姿势转换成数字信号传送给计算机,计算机通过应用程序识别出用户的手在虚拟世界中操作时的姿势,执行相应的操作。在实际应用中,数据手套还必须配有空间位置跟踪器,检测手在空间中的实际方位及运动方向。现在已经有多种传感手套产品,TELE-TACT 手套是一种用于触觉和力觉反馈的装置,利用小气袋向手提供触觉和力觉的刺激。这些小气袋能被迅速地加压和减压。当虚拟手接触一件虚拟物体时,存储在计算机里的该物体的力模式被调用,压缩机迅速对气袋充气或放气,使手部有一种非常精确的触觉。各种不同种类的虚拟手套的区别主要在于采用传感器的不同。5TD Data Glove ultra 是 5DT 公司为现代动作捕捉和动画制作领域的专业人士专门设计的一款数据手套产品,采用 USB 或 RS-232 接口与计算机连接,5DT 数据手套每个手指上有 2 个传感器,具有较高的信号采集质量,较低的交叉关联,具有 8-bit 曲度解析率,可测量手指弯曲的程度与手指间的外部肌肉的张力。图 11－2 所示为 5DT 数据手套。

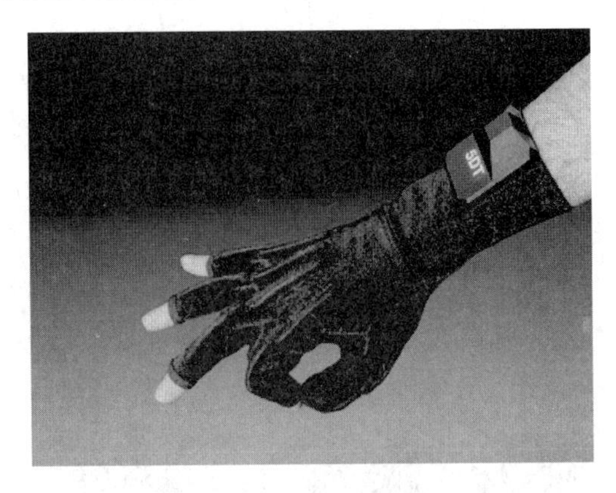

图 11－2　5DT 数据手套

11.2.3　数据衣

数据衣是为了让 VR 系统识别全身运动而设计的输入装置，可以检测出人的四肢、腰部等部位的活动，以及各关节弯曲的角度。数据衣将大量的光纤、电极等传感器安装在一个紧身服上，对人体大约 50 多个不同的关节进行测量，包括膝盖、手臂、躯干和脚。通过光电转换，身体的运动信息被送入计算机进行图像重建。假如数据衣能实现网络交互功能，沉浸在未来的网络虚拟社区中的网络用户恐怕很难区分虚拟人和自己了。图 11－3 所示为具有输入功能的数据衣。

图 11－3　数据衣

11.2.4　三维控制器

空间球如图 11－4 所示，它是一种可以提供 6 自由度的桌面设备，它被安装在一个小型的固定平台上,可以通过手的扭转、挤压、按下、拉出和来回摇摆等实现相应的操作。

图 11 -4　空间球

三维浮动鼠标器如图 11 -5 所示,它的工作原理是:在鼠标内部安装了一个超声波或电磁探测器,利用这个接收器和具有发射器的固定基座,就可以测量出鼠标离开桌面后的位置和方向。

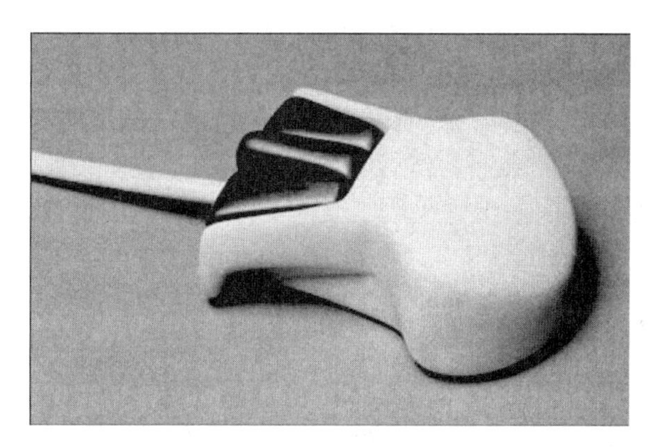

图 11 -5　三维鼠标

11.2.5　三维扫描仪

三维扫描仪是一种较为先进的三维模型输入设备,是当前使用的对实际物体三维建模的重要工具。能快速方便地将真实世界的立体彩色的物体信息转换为计算机能直接处理的数字信号,为实物数字化提供有效的手段。

三维扫描仪的功能是通过扫描真实模型的外观特征,构造出该物体对应的计算机模型,通常分为激光式、光学式、机械式等三种类型。三维激光扫描仪(3D Laser Scanner)应用最为广泛,其数据处理的过程一般包括数据采集、数据预处理、几何模型重建和模型可视化等四个步骤。

11.2.6　三维定位跟踪设备

检测位置与方位,并将其数据报告给虚拟现实系统。在虚拟现实系统中最常见的应用是跟踪用户的头部位置与方位来确定用户的视点与视线方向,而视点位置与视线方向是确定虚拟世界场景显示的关键。

虚拟现实系统中常需要检测头部与手的位置。要检测头与手在三维空间中的位置和方向,一般要跟踪6个不同的运动方向,即沿 X、Y、Z 坐标轴的平动和沿 X、Y、Z 轴方向的转动。由于这几个运动都是相互正交的,因此共有6个独立变量,即对应于描述三维对象的宽度、高度、深度、俯仰角、转动角和偏转角,称为六自由度(DOF)。

11.3 虚拟现实的分类

按VR沉浸程度的不同可将虚拟现实系统分为桌面虚拟现实系统(Desktop VR),沉浸虚拟现实系统(Immersive VR)和分布式虚拟现实系统(Distributed VR)。

11.3.1 桌面VR系统

桌面VR系统使用个人计算机和低档工作站实现仿真,计算机的屏幕作为参与者观察虚拟环境的一个窗口。一般由计算机监视器,配合双目立体眼镜组成。根据监视器的数目不同,还可分为单屏式和多屏式两类。各种外部设备一般用来驾驭该虚拟环境,并用于操纵在虚拟场景中的各种物体,这些外部设备包括鼠标器、跟踪球、力矩球等。桌面VR系统要求参与者使用位置跟踪器和手拿输入设备,如3或6自由度鼠标器、游戏操纵杆或力矩球,参与者虽然坐在监视器前面,但可以通过屏幕观察范围内的虚拟环境,但参与者并没有完全沉浸,因为他仍然会感觉到周围现实环境的干扰。桌面VR系统虽然缺乏头盔显示器的那种完全沉浸功能,但它仍然比较普及,这主要是因为它们的成本和价格相对较来说是比较低的。

在桌面VR系统中,立体视觉效果可以增加沉浸的感觉。一些廉价的三维眼镜和安装在计算机屏幕上方的立体观察器、液晶显示光闸眼镜等都会产生一种三维空间的幻觉。同时由于它采用标准的CRT显示器和立体图像显示技术,其分辨率较高,价格较便宜。因此易普及应用,使得桌面VR在各种专业应用中具有生命力,特别是在工程、建筑和科学领域内。

声音对任何类型的VR系统都是很重要的附加因素,对桌面VR系统也不例外。声卡和内部信号处理电路可以用廉价的硬件产生真实性很强的效果。在桌面VR系统中,常常用耳机代替扬声器。

桌面VR软件允许参与者构造一种场景或结构(如建筑物),然后引导所产生的虚拟环境。如同其他VR系统一样,它能产生一种三维空间的交互场景。通过交互操作,使虚拟环境的物体平移和旋转,以便从各个方向观看物体,也可以进入里面,因此它具有“Through Walk”的进入功能,在虚拟环境中浏览,就像在虚拟环境中漫游一样。

桌面VR系统可以使用多种输入设备,但并不是所有的设备和功能都适于各种应用程序,这取决于软件开发人员是否编写了某个设备的驱动程序或指令。

桌面VR系统和沉浸VR系统之间的主要差别在于参与者身临其境的程度,这也是它们在系统结构、应用领域和成本上都大不相同的原因。桌面VR系统以常规的CRT彩色显示器和三维立体眼镜来增加身临其境的感觉,主要交互装置为6自由度鼠标或三维操纵杆。沉浸虚拟现实系统则采用头盔显示器HMD,主要的交互装置为数据手套和头部跟踪器。

11.3.2　沉浸式 VR 系统

沉浸式 VR 系统利用头盔显示器和数据手套等交互设备把用户的视觉、听觉和其他感觉封闭起来，使参与者暂时与真实环境隔离，而真正成为 VR 系统内部的一个参与者，他可以利用各类交互设备操作和驾驭虚拟环境。

1. 沉浸式 VR 系统与桌面 VR 系统的区别

（1）沉浸式 VR 系统具有高度的实时性能。如当用户移动头部以改变观察点时，虚拟环境必须以足够小的延迟连续平滑地修改景区图像。

（2）沉浸式 VR 系统同时使用多种输入/输出设备。例如，用户把手指指向一个方向并说“那里！”，这样一个简单的行为会产生三个同步事件，这些事件分别来自头部跟踪器、数据手套及语音识别器，这说明多种输入/输出设备的并行处理是虚拟现实的基本特征。

（3）沉浸式 VR 系统为了能够提供“真实”的体验，它总是尽可能利用最先进的软件技术及软件工具，因此虚拟现实系统中往往集成了许多大型、复杂的软件，如何使各种软件协调工作是当前虚拟现实研究的一个热点。

（4）沉浸式 VR 系统总是尽可能利用最先进的硬件设备、软件技术及软件工具，这就要求虚拟现实系统能方便地改进硬件设备及软件技术；因此必须用比以往更加灵活的方式构造虚拟现实系统的软、硬件体系结构。

（5）沉浸式 VR 系统提供尽可能丰富的交互手段。在设计虚拟现实系统的软件体系结构时不应随便限制各种交互式技术的使用与扩展。

2. 常见的沉浸式 VR 系统

1）洞穴自动虚拟环境

洞穴自动虚拟环境（CAVE）又称工作室，洞穴状自动虚拟环境包含在一个较大的空间中，这个空间必须绝对黑暗，它是一种完全沉浸式 VR 系统。Thomas A. DeFanti、Daniel J. Sandin 和 Carolina Cruz-Neira 带领的研究小组在芝加哥的伊利诺伊大学创造了第一个洞穴状虚拟环境（Cave Automatic Virtual Environment，CAVE），并在 1992 年的 SIGGRAPH 会议上进行了演示。它利用立体投影仪把图像投射到左、中、右三个墙面，天花板和地面也用同样的方法投射。这 5 个面就能构成由计算机生成的虚拟空间。它最多允许 10 个人完全投入该虚拟环境，其中一个人是向导，他利用输入设备（如头盔显示器、位置跟踪器、6 自由度鼠标器、手持式操纵器等）控制虚拟环境；而其他的人使用同样的输入设备，却是被动观察者。他们只是一起前进，所有参与者都带上立体光阀眼镜观看显示器。

2007 年 5 月，来自加拿大卡尔加里大学的研究人员创造了洞穴状自动虚拟环境（CAVE）人类，这是第一个 4D 的人类图谱。4D 包括三维空间（3D）加上时间（Time），它允许研究者模拟一段时间内疾病和治疗效果的进展。

2）坐舱式 VR 系统

坐舱式 VR 系统，置身在一个坐舱内，它有一个向外可以看到虚拟空间的屏幕。在该环境中向周围观望，就可转动坐舱到感兴趣的方向。用户在舱内可不戴各种显示器或交互装置、身上没有负担地和虚拟空间交互。人们只要进入坐舱就可以进入虚拟环境，它是一种代表最古老的虚拟现实模拟器，但它并不属于完全沉浸的 VR 系统。

当参与者进入坐舱(实际上是一个封闭物)后,就可以通过坐舱的窗口观看一个虚拟环境,该窗口是由一个或多个计算机监视器构成,用来显示虚拟场景。该坐舱给参与者提供的沉浸程度类似于头戴显示器。一旦进入坐舱,参与者就可以利用控制设备驾驭虚拟环境。跨过进入控制室的门槛后,每个参与者就可以自由地与坐舱中的其他参与者进行交互,但所有坐舱必须连接同一个虚拟环境。

坐舱设计有单人坐舱和组合坐舱。单人坐舱允许一个参与者在虚拟环境中旅行和活动,这种类型的VR系统通常用于娱乐中心和各种训练飞行员、警官、军事人员的环境。这种系统往往包括很多联网的坐舱,可使一群参与者同时进入一个虚拟环境。而组合坐舱允许几个参与者在同一个坐舱中,进入同一个虚拟环境,该坐舱内配备有一个很宽的屏幕、几把椅子、以及每人一个控制台板。

3) 投影式VR系统。

投影式VR系统也属于沉浸式虚拟环境,但又是另一种类型的虚拟现实经历,参与者实时地观看自己在虚拟环境中的形象并参与虚拟环境交互活动。为此使用了一种称为"蓝屏"的特殊效果,面对着蓝屏的摄像机捕捉参与者的形象,这类似于进行电视天气预报时投影一张地图那样的过程。实际上,蓝色屏幕特别适合于运动图像和电视,它可以将两个独立的图像组合成另外一个图像。

一般可以通过并排放置多个显示器创建大型显示墙,或通过多台投影仪以背投的形式投影在环幕上,各屏幕同时显示从某一固定观察点看到的所有视像,由此提供一种全景式的环境。在投影式虚拟现实系统中摄像机捕捉参与者的形象,然后将这形象与蓝屏分离,并实时地将它们插入到虚拟境界中显示,再用一个视频摄像仪将参与者的形象与虚拟环境本身一起组合后的图像,投射到参与者前面的大屏幕上,这一切都是实时进行的,因而使得每个参与者都能够看到他自己在虚拟景物中的活动情况。在该系统内部的跟踪系统可以识别参与者的形象和手势,例如来回拍一个虚拟球,而且只通过手指就可以改变他们在虚拟环境中的位置,从而使得参与者可以驾驭该虚拟环境,并与该环境内的各个物体交互作用。一般情况下,参与者需要一个很短的学习过程,然后就能很快地、主动地参与该虚拟环境的活动。

投影式虚拟现实系统对一些公共场合是很理想的,例如艺术馆或娱乐中心,因为参与者不需要任何专用的硬件,而且还允许很多人同时享受一种虚拟现实的经历。

11.3.3 遥视VR系统

"遥在"技术是一种新兴的综合利用计算机、三维成像、电子、全息、现实等,把远处的现实环境移动到近前,并对这种移近环境进行干预的技术。整个"遥在"工作系统是由计算机以及软件系统、显示系统、音响系统、力产生系统和目标定位系统等各个系统所组成。

这类虚拟环境可以对某种抽象概念模型进行虚拟显示,作为各种科学计算以及可视化技术的完美展示,例如由计算机生成虚拟"风洞",研究者可以通过三维视景考察环绕飞行器的流线特征,控制流场的时空变化尺度等。

人们利用"遥在"技术还可以用来控制远处机器人的动作,对其进行远距离操纵。当机器人在执行拆卸原子锅炉等各种危险、复杂的任务时,操作人员在远离现场的操作室里进行指挥。英国一家电信企业正计划推出一种利用这种技术的可控电话,通过把每位与会者的真实图像与虚拟会场结合起来,就可以让相隔千里之遥处于不同地区的与会者坐到同一张会议桌旁进行视频会议,使会话者彼此之间就像面对面地进行谈话。美国宇航局还准备利用它,使宇航员在飞船中控制机器人对火星进行考察。

11.4　虚拟现实技术建模语言

Open Inventor(以下简称 OIV)是 SGI 公司开发的基于 OpenGL 的面向对象三维图形软件开发包。使用 OIV 开发包,程序员可以快速、简洁地开发出各种类型的交互式三维图形软件。来源于 OIV 的虚拟现实建模语言(Virtual Reality Modeling Language, VRML)是一种 ASCII 描述语言,是 SGI 公司为其本身需求而开发的 3D 图形描述语言,以节点(Node)作为基本单位,节点即可以是构造类型,也可以是构造类型的材质等,后来逐步演变为用户开发虚拟空间的开发工具,并成为互联网上开发三维虚拟现实的主要语言标准。目前大多数图像软件都开发了 VRML 文件格式(.wrl)的输出类型。VRML 规定了 3D 应用中大多数常规功能,也提供给了用户丰富的创造空间。VRML 旨在将虚拟现实环境与 3D Web 集成在一起,VRML 提出了一个非专用的标准,即虚拟现实开发的独立平台,让用户以漫游的方式浏览虚拟现实网站。

11.4.1　VRML 建模能力

VRML 定义了类型丰富的几何、编组、定位等节点。VRML 提供了 6 +1 度的自由,可以沿着三个方向移动,也可以沿着三个方向旋转,同时还可以建立与其他 3D 空间的超链接,因此 VRML 是超空间的建模语言。VRML 和 CAD、建模、动画、以及虚拟现实一样使用场景图数据结构来建立 3D 实境,这种数据结构是以 SGI(Silicon Graphics Incorporated)开发的 Open Inventor 3D 工具包为基础的一种数据格式。VRML 的场景图包含世界静态特征的节点:几何关系、材质、纹理、几何转换、光线、视点以及嵌套结构。

(1) 基本几何形体:Box(长方体),Sphere(球体),Cone(圆锥体),Cylinder(圆柱)。

(2) 构造几何形体:Index Line Set(索引线集),Index Face Set(索引面集),Extrusion(挤出面造型),Point Set(点集),Elevation Grid(高程网格地形构造节点)。

(3) 造型编组、造型定位、旋转及缩放:Group(组),Transform(变换)。

(4) 特殊造型:Billbord(布告牌),Background(背景),Text(文本)。

基本几何形体节点只能作十分有限的几何造型,而用点、线、面索引节点及拉伸节点就可以构造任意复杂的实体形状。造型编组可以用来描述装配关系,其中 Transform 节点可以确定装配位置、方向。

11.4.2　VRML 真实感渲染能力

VRML 通过提供丰富的渲染,可以很精细地实现光照、着色、纹理贴图、三维立体声源。

(1) 光照:Head Light(顶光源),Spot Light(聚光灯光源),Point Light(点光源),Directional Light(平行光)。

(2) 材质及着色:Material,Appearance,Color,Color Interpolator。

（3）纹理：Image Texture，Movie Texture，Pixel Textrue，Tex Ture Transform。

（4）雾：Fog。

（5）明暗控制（法向量）说明：Normal，Normal Interpolator。

（6）三维声音：Sound。

场景光照的设置直接影响观察者的视觉效果，这几种光照节点可以提供各种虚拟场景的光源。不同材质的物体色彩及反光效果不同，VRML 的材质及着色节点的使用可以仿造如同真实物体给出的视觉效果。纹理节点可以对实体表面粘贴图片或进行像素的设置以使实体具有同实物一样的表面花纹。雾、明暗控制对场景的光线反射有影响。声音节点可以在场景中模拟出实际空间可能产生的各种声响，如音乐、碰撞声等。

11.4.3 交互手段及观察方式

VRML 传感器类型丰富，可以感知用户交互，视点可以控制对三维世界的观察方式。

（1）传感器：Cylinder Sensor，Plane Sensor，Visibility Sensor，Proxymity Sensor，Spheresensor，Touch Sensor。

（2）控制视点：ViewPoint，NavigationInfo。

各种传感器节点可以感知用户鼠标的指针，比如 Touch Sensor 节点在数控床操作按钮功能的仿真中十分有用。视点控制可以预先提供给用户一些更好的观察角度。

11.4.4 动画控制

（1）关键帧时间传感器：TimeSensor。

（2）线性插值器及姿态调整：Coordinate Interpolator，Orientation Interpolator，Scalar Interpolatof。

这两组节点的配合使用可以产生场景中的动画效果，关键帧时间传感器节点驱动线性插值器节点按照时间顺序给出关键值插值，这些插值就是关键帧动画时控制实体位置、状态所需要的中间过渡值。

细节等级管理及碰撞（观察者与虚拟实体）检测：LOD、Collision。

细节等级管理是对复杂实体的细节显示加以控制，使该实体可在视点外或远离视点时不显示或粗略显示，VRML 自身提供的碰撞检测是指观察者在虚拟场景中的替身与实体的碰撞。

（3）超链接及嵌入：Anchor、Inline。

这两个节点使 VRML 可以由一个虚拟场景直接链接到另一个场景，或者将另一个场景中的实体嵌入自己的场景中。

通过使用对 VRML 的 Script 节点编程，与 Java 间事件访问和建立场景图内部消息通道，能够很方便地实现虚拟实体的交互和动画功能。VRML 的交互与动画执行都是由事件驱动的。VRML 场景可以接受两种事件驱动：从路由语句传过来的入事件及由外部程序接口写入的直接事件。路由语句说明由场景传出的每一条事件消息的传递路径，也就是从某个节点的出事件域（Event Out）传出的事件传递到某个节点的入事件域（Event In）。场景中传感器节点通常定义了触发事件，它通过路由发送到场景图中其他节点的入事件域。如传感器节点的触发事件直接传递到插补器节点产生关键值，也可以传递到 Script 节点进行运算处理产生关键值插值。Script 节点的处理过程就是用 JavaScript 语法编写的脚本程序。Script 节点还可以通过 URL 域引入 Java 程序进行事件处理。节点相应事件后处理的结果作为出事件的传递数据继续路由到其他需要的节点，比如传送给实体改变它的位置、形状。由外部程序接口写入的直接事件不需要路由传递，但其他执行过程都是一样的。如果需要外部程序的响应，它应该能够有读取节点出事件域数据的接口。

节点事件域（Node Event Field）、路由（Routes）、传感器（Sensors）、插补器（Interpolators）和脚本描述节点（Script Node），前 4 个结构用于连接和控制动作、反应和动画，脚本描述节点包括 JavaScript 或指向一个外部 Java Applet 的关联，允许创作者扩充 VRML 的行为和动态，此外还可以定义用户自己的节点类型以扩充虚拟现实建模的需要。

VRML 主要用来描述三维物体及其运动行为，构建虚拟世界，它的基本特征包括三维性、交互性、分布式继承性和真实感等。随着网络技术和虚拟现实硬件技术的发展，虚拟现实技术将成为今后网络多媒体发展方向的主流。

11.4.5　VRML 创作工具

VRML 编写环境可以是 Windows 自带的记事本 NotePad，在保存时选择任意文件类型，后缀名起名为 .wrl 即可。对于复杂的三维造型如果用 VRML 语句逐句写出，那么工作量是非常大的，有很多大型的具有三维造型功能的软件（如 3ds MAX，PRO/E 等）都开发了 VRML 文件的输入输出，可以利用这些造型工具直观快速地创建一个三维空间，然后输出为 .wrl 后缀的文件。SGI 公司曾经出过好几个图形化 VRML 编辑工具。Cosmo World 2.0 就是其中一个。另外还有 Cosmo Home Space、Open Inventor 等，但 Cosmo World 是最优秀的一个。本章推荐使用的 VRML 创作工具是 Vrml Pad，它是一种功能强大且简单好用的 VRML 开发设计专业软件。通过 Vrml Pad 可以对 VRML 文件进行浏览编辑，对资源文件进行有效的管理，并且提供了 VRML 文件的发布向导，可以帮助开发人员编写和发布自己的 VRML 虚拟现实作品。

VRML 脚本描述节点可以包括 JavaScript 或指向一个外部 Java Applet 的关联。它更大的功能来自于它能够用程序去建立复杂、交互的界面，这个程序语言就是 Java 语言，Java 和 VRML 互相补充，Java 主要讨论对象行为，但很少涉及外部特征，而 VRML 则着重于外表，不太考虑对象行为。可以说，VRML 所展现的正是 Java 所要做的，随着网络技术的发展，Java 和 VRML 的关系将更加紧密。VRML 2.0 提供了两种扩展 VRML 和外部程序实现连接的机制，即 Script 节点和外部编程接口（External Authoring Interface，EAI），通过扩展 Script 节点定义和改变场景中对象的外观和行为。Script 节点可以包含一个 Java 或 Java Script 文件，在 Script 初始化时调用。Script 节点可以将事件和节点从 VRML 传递到 Java（Event In），而命令从 Java 传递到 VRML（Event Out）。VRML 文件中域的定义同时在 Java 程序中使用。事件（Events）在 VRML 场景中被检测到并传递给 Java，由 Java 作出响应，或者进行反向传递。外部编程接口提供了更为灵活的连接外部编程环境的途径，它可以提供强有力的方法来实现交互式网络多媒体应用。VRML 浏览器可以通过嵌入网页中的 Java Applet 来启动。Java Applet 可以监视 VRML 场景中节点的改变并能够在节点间传递事件来直接改变节点的属性。可以弥补 VRML 在键盘输入响应等方面的不足，取长补短,可以实现最大程度的交互性。因此在 VRML 开发时了解一些 Java 语言知识有助于开发能力的提高。

11.4.6 VRML 文件的构成

VRML 文件由语句构成,具体包括:文件头、节点语句、事件路由语句和注释语句。

文件头格式如下:

```
#VRML V2.0 <encoding type>[optional comment] <line terminator>
```

其格式除了[optional comment]之前可以加多个空格外,其他各部分间必须有且只能有一个空格。

#VRML:为该文件的浏览器指明 VRML 文件。

V2.0:指明该 VRML 文件执行 VRML 规范的 2.0 版本。

<encoding type>:该文件使用的编码类型,可以是 UTF-8 或者是 ISO/IEC14772 其他部分定义的经过认可的其他值。最常用的"utf8"是一种纯文本编码方式。

[optional comment]:指附加的注释信息。

<line terminator>:指行终止符,可为换行符或回车符。

注释语句指以"#"开始直到行尾符的部分(文件头除外),VRML 在解释执行时,注释语句将被忽略。

一个简单的 VRML 例子:

```
#VRML V2.0 utf8   #文件头
Group{ #基本组节点,将以下各节点编组
  children [ #子节点列表
  Shape{ # Group 的子节点之一:桌面
  appearance DEF Blue Appearance{ #定义蓝色外观节点即桌面的颜色
  material Material{diffuseColor 0 0 1} #蓝色(RGB 为 0 0 1)
  }
  geometry Box{size 6.0 0.1 4.0} #桌面的几何形状:长方体(Box)
  }
  Transform{# Group 的子节点之二:桌腿一,只拥有一个子节点的组节点
  translation -2.5 -1.5 1.75 #本组节点的基本坐标位置
  children DEF Deskleg Shape{#定义桌腿的形状,Transform 组节点唯一子节点
  appearance USE Blue#桌腿颜色用已定义的蓝色
  geometry Cylinder{ #桌腿的几何形状为圆柱(Cylinder)
  radius 0.2 #圆柱的半径域和域值
  height 3.0 #圆柱的高度域和域值
  }
  }
  }
  Transform {# Group 的子节点之三:桌腿二
  translation 2.5 -1.5 1.75 #桌腿二的坐标位置
  children USE Deskleg #桌腿二的形状使用已定义的桌腿一的形状
  }
  Transform{ # Group 的子节点之四:桌腿三
  translation -2.5 -1.5 -1.75
```

```
    children USE Deskleg
    }
    Transform{# Group 的子节点之五:桌腿四
    translation 2.5  -1.5  -1.75
    children USE Deskleg
    }
    Group{# Group 的子节点之六:桌面上的球,同时也是一个编组节点
    children [
    DEF Mysphere Transform{ #定义桌面上的球
    translation 0 0.55 0#球的坐标位置
    children Shape{#球的形状
    appearance Appearance{#球的外观
    material Material{}#球的颜色用缺省的白色
    }
    geometry Sphere{radius 0.5}#球的半径
    }
    }
    DEF MysphereSensor PlaneSensor{#定义球的平面传感器
    maxPosition 2.8 0.55#和下一句一起限制球的移动范围
    minPosition -2.8 0.55
    }]}]
  }
  ROUTE MysphereSensor.translation_changed TO Mysphere.set_translation
  #路由:将球的平面传感器的输出(鼠标移动位置)连接到球的输入(球的坐标位置)
```

程序运行后获得在三维浏览器中显示的会在蓝色桌面上随鼠标移动位置的白色小球,如图 11-6 所示,该 WRL 程序因为缺少视点,因此只能得到三维前视图。三维造型在虚拟空间中可以漫游。

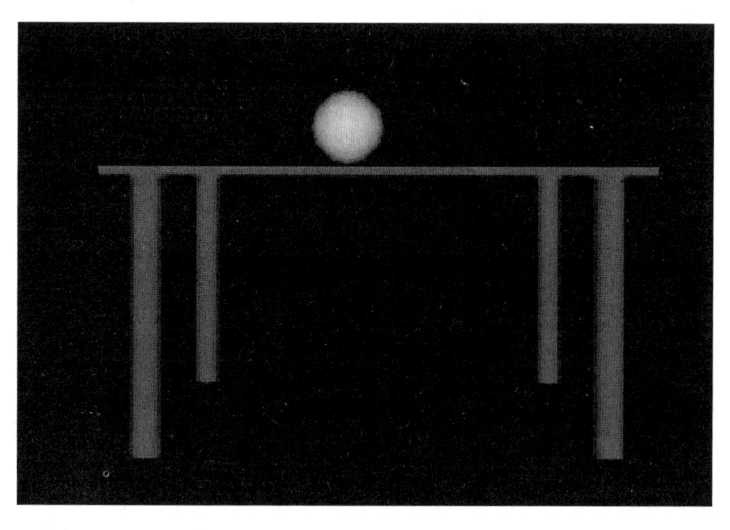

图 11-6　VRML 源码三维造型图

11.5 虚拟现实技术的应用

通过人的视觉、触觉、力觉、听觉等感知器官,虚拟现实技术提供的多感知性让使用者沉浸其中,又因为虚拟现实建模相对容易、快速、廉价、安全等原因,虚拟现实技术已被越来越多的行业所重视,早在20世纪70年代人们便将虚拟现实技术用于宇航员的培训。现在虚拟现实已被推广到各行各业的培训中。并且被推广到不同领域的多种场合,得到了广泛应用。

11.5.1 虚拟现实技术在新产品开发上的应用

由于虚拟现实建模相对简单快速因此可缩短开发周期,减少费用。例如克莱斯勒公司1998年初便利用虚拟现实技术,在设计某两种新型车上取得突破,首次使设计的新车直接从计算机屏幕投入生产线,省略了中间的试生产。由于利用了卓越的虚拟现实技术,使克莱斯勒避免了1500项设计差错,节约了8个月的开发时间和8000万美元费用。利用虚拟现实技术还可以进行汽车冲撞试验,不必使用真的汽车便可显示出不同条件下的冲撞后果。

目前虚拟现实技术已经和理论分析、科学实验一起,成为人类探索客观世界的一种手段。用它来设计新材料,可以预先了解改变成分对材料性能的影响。在材料还没有制造出来之前便知道用这种材料制造出来的零件在不同受力情况损坏程度如何。

11.5.2 虚拟现实技术在商业上的应用

虚拟现实不仅被广泛应用于产品广告宣传和产品使用效果展示上,在建筑工程投标时,也有突出表现,投标方把设计的方案用虚拟现实技术表现出来,便可把业主带入未来的建筑物里参观,使业主对门的高度、窗户朝向、采光多少、屋内装饰等,都有一个相对客观的了解。虚拟现实技术同样可用于旅游景点以及功能众多、用途多样的商品推销。比如让仿真虚拟人代替真人试穿各种衣服,可以让购买者即看到衣服穿在身上的模样,又能省去购买者试穿衣服的麻烦。虚拟现实技术展现商品的魅力,比单用文字或图片宣传更加有吸引力。

11.5.3 虚拟现实技术在医学上的应用

虚拟现实技术自诞生以来,研究人员就一直在探求和实践其在医疗领域内的应用。目前虚拟现实应用于医疗大致上有两类。一类是虚拟人体,也就是数字化人体,通过虚拟人体模型医生更容易了解人体的构造和功能。另一类是虚拟手术系统,可用于指导规避手术风险。虚拟现实利用特定的交互工具输入设备,如传感手套和视频目镜,模拟医疗真实操作中的软硬件环境,用户在操作过程中有身临其境的感觉,可以广泛的应用于手术培训、手术预演、临床诊断、远程干预、医学教学等各个环节。手术医生在真正走向手术台前,需进行大量精细的训练。而虚拟现实系统可提供理想的培训平台,受训医生观察高分辨率三维人体图像,并通过工作台模拟触觉,让受训者在切割组织时感受到器械的压力,使操作的感觉就像在真实的人体上手术一样。这样既不会对病人造成生命危险,又可以重现高风险、低成功率的手术病例，而且可供培训对象反复练习；虚拟现实技术可用病人的实际数据产生虚拟图像，在计算机中建立一个模拟环境，医生借助虚拟环境中的信息进行手术预演，以合理、定量制的制定手术方案，对于选择最佳手术路径、减小手术损伤、减少对临近组织损害、提高肿瘤定位精度、执行复杂外科手术和提高手术成功率等具有十分重要的意义。

虚拟现实技术与医学和教育的融合可以在很大程度上改善我国高等医学教育现状，为实习医生和学生们更好地掌握医学知识和熟练地提升试验技能提供沉浸式虚拟现实实验环境，加强学生对医学知识的感受。虚拟现实技术在医学领域的应用主要体现在以下几个方面。

1. 手术场景模拟

在外科手术中，可以利用各种影像数据，建立出模拟的环境，进行手术计划的制定，制定好计划之后进行重复的手术模拟演练，通过这种方式开展手术的教学。这样非常有利于提高医生们的手术水平，又可以对经验不足的年轻医生们进行培养，以面对真实手术环境时随机应变的能力，在很大程度上降低了手术过程中因为经验不足、预备不够等原因造成的不必要的失误发生率。同时，如果将整个模拟环境手术操作过程录制为影像资料，也方便医学生对该手术的学习，进行教学实践的模拟训练，增强自身的手术能力。

在手术教学模拟的实验操作中，可以通过计算机软件构建如肝脏、胆囊、心脏、骨骼等三维模型，并在模型中建立相应的生理特性。接受培训的医生在操作虚拟手术前，可以观察高分辨率三维人体图像，感受模拟触觉，如切割组织时产生的阻力等，使手术操作者有在真实人体手术的感觉。在不伤害病人的前提下给培训的医生提供反复练习的机会。在虚拟手术之后，系统还可以通过对切口压力与角度、组织损害和其他指标的准确测定，监测培训医生手术操作技术是否有进步。

2. 临床诊断

在临床诊断方面，可以利用三维重构技术，建立部分虚拟内镜的模型，使医生的视角在病人体内甚至毛细血管中自由转换，这种动态的虚拟现实对临床诊断具有珍贵的价值。还可以将人体躯干模型重建，其中的虚拟器官能够模拟真实器官的弯曲、伸长以及切割时产生的边缘收缩现象。为诊断提供了良好的实验环境。同时，还可以建立虚拟耳窥镜模块，以虚拟现实的形式显示耳的剖面结构，通过 CT 和 MRI 图像数据重建耳的内表面，模拟传统内镜对内耳的检查过程，并针对其功能进一步的深入研究。

3. 远程干预

远程干预能够使在手术室中的外科医生与远程的专家实时的交互并对病人会诊，使在某一领域具有丰富经验的专家不受空间距离的限制。目前，存在的主要难题是网络数据的传输延迟，传输延迟会导致操作不能连贯进行，解决这一问题比较好的方法是采用专用的网络通道、高性能的 GPU 进行控制。在虚拟现实手术会议系统中，能够实现对器官和肿瘤的模拟，通过头部定位的现实装置进行查看，癌症模型进行手术的过程中，远程的专家能够对病人器官的真实视频图像进行实时的交互。

11.5.4　虚拟现实技术在军事上的应用

利用虚拟现实技术模拟战争过程已成为最先进的多快好省的研究战争、军事演习的方法。由于虚拟现实技术达到很高水平,所以尽管不进行核试验,也能不断改进核武器。战争实验室在检验预定方案用于实战方面也能起巨大作用。1991 年海湾战争开始前,美军便把海湾地区各种自然环境和伊拉克军队的各种数据输入计算机内,进行各种作战方案模拟后才定下初步作战方案。后来实际作战的发展和模拟实验结果相当一致。

20 世纪 90 年代初,美国率先将虚拟现实技术用于军事领域。近几年,随着科学技术的发展,虚拟现实技术已经渗透进军事生活的各个方面,开始在军事领域中发挥着越来越大的作用。

VR 这一新颖的技术已经开始被应用于军事领域,涵盖了陆海空三大军种,这些应用目前是以军事训练为主要目的。VR 领域的军事训练对于训练士兵在军事实战的情况下和在其他危险应急的情况下做出恰到好处的快速反应起到了至关重要的作用。目前 VR 技术在军事领域的应用主要有以下两个方面。

1. 模拟真实战场环境

通过背景生成与图像合成创造一种险象环生、几近真实的立体战场环境,使受训士兵“真正”进入形象逼真的战场,从而增强受训者的临场反应,大大提高训练质量。使用该系统在单兵模拟训练中,可为受训者设置不同的战场背景,而受训者则通过立体头盔、数据服、数据手套或三维鼠标操作传感装置做出或选择相应的战术动作,输入不同的处置方案,体验不同的作战效果,进而像参加实战一样,锻炼和提高技战术水平、快速反应能力和心理承受力。与常规的训练方式相比较,虚拟现实训练具有环境逼真、“身临其境”感强、场景多变、训练针对性强和安全经济、可控制性强等特点。目前广泛装备各国军队的各种训练模拟器,就是典型虚拟现实技术产品。

2. 模拟诸军种联合演习

建立一个“虚拟战场”,使参战双方同处其中,根据虚拟环境中的各种情况及其变化,实施“真实的”对抗演习。在这样的虚拟作战环境中,可以使众多军事单位参与到作战模拟中来,而不受地域的限制,可大大提高战役训练的效益;还可以评估武器系统的总体性能,启发新的作战思想。虚拟军事演习系统可以任意增加联合演习的次数。这样便于作战方案与理论的研究。传统的实兵演习周期长、耗费大,如果借助虚拟军事演习系统进行训练,就可以较小的代价、较短的时间实施大规模战区、战略级演习,并可通过多次演习或一次演习多种方案,发现、解决实战中可能出现的问题。进行指挥员训练利用虚拟现实技术,根据侦察情况资料合成出战场全景图,让受训指挥员通过传感装置观察双方兵力部署和战场情况,以便判断敌情,定下正确决心。

将虚拟现实应用于军事领域,符合减少人员物资的损耗、提高军事训练效费比的现实需求与发展方向。今后的应用将会越来越广泛,发挥的作用也将会越来越大。而随着 VR 技术的进一步发展,未来的士兵将在模拟舱内身经“百战”,体验生死,磨练意志,娴熟战术技能。超前的训练使军队在虚拟中体验战争、把握战争,以往那种认为“战术专家是打出来的,而不是训练出来”的观念正面临严峻挑战。

11.5.5 虚拟现实技术在电影特技上的应用

虚拟现实技术在电影《阿凡达》和灾难片《2012》都有出色的表现,用虚拟技术模拟电影场景比起真人演示取得了更好的效果,电影制作方只要花较少的费用就能先在计算机里建立故事情节，编辑并删除无关紧要的部分，这能省下大把时间、精力和金钱。灾难片《2012》中，火山爆发、海啸、水灾，以及将整个加利福尼亚州“撕碎”的地震特效，都是由虚拟现实技术来实现的，让人如身临其境。3min 的灾难镜头，特效制作师利用 60000 张高动态图像作参考，建立了具有真实感的三维立体街区模型。然后，他们开始制造每个邮箱、每棵树木、每栋建筑物振动并崩塌的效果，再不断补充如声音和视频等细节，演示出逼真的效果。

11.5.6　虚拟现实技术在娱乐上的应用

如今，互联网上早已不再是简单的二维世界，用 Web3D 可以实现网络上的 VR 展示，只需构建一个三维场景，以人为主体在其中穿行。利用互联网络的优势，可以运行在线三维游戏，场景和控制者之间能产生交互，加之高质量的生成画面使人产生身临其境的感觉。

英国出售的一种滑雪模拟器。使用者身穿滑雪服、脚踩滑雪板、手拄滑雪棍、头上戴着头盔显示器，手脚上都装着传感器。虽然在斗室里，只要做着各种各样的滑雪动作，便可通过头盔式显示器，看到堆满皑皑白雪的高山、峡谷、悬崖陡壁，一一从身边掠过，其情景通过大脑反应就和在滑雪场里进行真的滑雪所感受的一样。

虚拟现实技术不仅创造出虚拟场景，而且还创造出虚拟主持人、虚拟歌星、虚拟演员。日本电视台推出的歌星 DiKi，不仅歌声迷人而且风采翩翩，引得无数歌迷纷纷倾倒，许多追星族欲亲睹其芳容，迫使电视台只好说明她不过是虚拟的歌星。美国迪斯尼公司还准备推出虚拟演员。这将使“演员”艺术青春常在、活力永存。虚拟演员成为电影主角后，电影将成为软件产业的一个分支。各软件公司将开发数不胜数的虚拟演员软件供人选购。如果说由计算机拍成的游戏节目《古墓丽影》片中的女主角入选全球知名人物，预示着虚拟演员时代即将来临。“初音未来”更是虚拟技术作为主角独立走向舞台的一个标志，“初音未来”是日本 CRYPTON FUTURE MEDIA 以 Yamaha 的 VOCALOID 2 语音合成引擎为基础开发贩售的虚拟女性歌手软件，把人类的声音录音并合成为酷似真正的歌声，是日本 3D 和智能的最高水平。并于 2011 年 7 月 2 日当地时间 20：30 成功举行了 3D 全息投影技术支持的虚拟现实演唱会。固然，在幽默和人情味上，虚拟演员在很长一段时间内甚至永远都无法同真人演员相比，但它的确能为人们带来全新的尝试和感受。

11.5.7　虚拟现实技术的发展前景

虚拟现实技术与通信技术的结合，极大地刺激了人们对虚拟现实的创作热情与期望。在某种意义上来说虚拟现实技术改变人们的思维方式，甚至可能改变人们对世界、自我、空间和时间的看法。不得不说虚拟现实技术是一项发展中的、具有深远的潜在应用方向的新技术。利用它，我们可以构建真正的远程社会，在虚拟教室中我们可以和来自五湖四海的朋友们一同学习、讨论、游戏，就像在现实中一样。使用网络计算机及其相关的三维设备，我们的工作、生活、娱乐将更加有情趣。在高风险领域通过虚拟现实技术的参与，人们的安全将得以最好的保障。随着虚拟现实技术的发展，学子们对多媒体教室全息投影技术也有了新的期盼。

练　习

一、填空题

1. 实时三维图形的生成技术中,三维刷新频率需要达到______帧/s?

2. 虚拟现实技术的特征?

3. 虚拟现实的关键技术?

二、思考题

1. 简述虚拟现实技术在医学领域的应用。

2. 简述桌面式 VR 系统与沉浸式 VR 系统的区别

三、案例实训

1. 用 VRML 语言编写默认大小的白色球状结构三维造型程序;改变球的 RGB 颜色;改变造型为立方体;圆锥体;圆柱体。

参考文献

[1]林福宗．多媒体技术基础[M].4 版．北京:清华大学出版社,2017.

[2]林福宗．多媒体文化基础 [M]．北京:清华大学出版社,2010.

[3]普罗克斯．数字信号处理:原理、算法与应用[M].4 版．方艳梅,刘永青,译．北京:电子工业出版社,2014.

[4]殷宏．虚拟现实技术及应用[M]．北京:国防工业出版社,2018.

[5]刘美丽．MATLAB 语言与应用[M]．北京:国防工业出版社,2012.

[6]拉斐尔 C 冈萨雷斯,理查德 E 伍兹．数字图像处理[M].3 版．阮秋琦,译．北京:电子工业出版社,2017.

[7]延斯-赖纳・奥姆,多媒体信号编码与传输[M]．卢鑫,金雪松,顾谦．译．北京:电子工业出版社,2018.

[8]鲁宏伟,甘早斌．多媒体计算机技术[M].5 版．北京:电子工业出版社,2019.

[9]邹羚,戚一翡．Photoshop 图像处理项目式教程[M]．北京:电子工业出版社,2018.

[10]郭芬．多媒体技术及应用[M]．北京:电子工业出版社,2018.

[11]詹青龙,董雪峰．数字媒体技术导论[M]．北京:清华大学出版社,2014.

[12]方其桂．Flash 多媒体课件制作实例教程[M].3 版．北京:清华大学出版社,2019.

[13]吕勇,李昌利,谭国平．数字信号处理[M]．北京:清华大学出版社,2019.

[14]金升灿,杨家毅,张运香．Flash 动画制作[M]．北京:清华大学出版社,2012.

[15]袁诗轩．会声会影 X9 全面精通[M]．北京:清华大学出版社,2017.